U0348604

数据资产丛书

THE COMPLETE GUIDE TO CHIEF DATA OFFICERS

一本书讲透首席数据官

CDO知识体系与能力模型详解

王晓华 赵瑞 著

机械工业出版社
CHINA MACHINE PRESS

图书在版编目（CIP）数据

一本书讲透首席数据官：CDO 知识体系与能力模型详解 / 王晓华，赵瑞著. -- 北京：机械工业出版社，2025. 3. --（数据资产丛书）. -- ISBN 978-7-111-77414-3

Ⅰ. TP274

中国国家版本馆 CIP 数据核字第 2025HZ0868 号

机械工业出版社（北京市百万庄大街 22 号 邮政编码 100037）

策划编辑：杨福川　　责任编辑：杨福川　章承林

责任校对：孙明慧　杨　霞　景　飞　　责任印制：任维东

天津嘉恒印务有限公司印刷

2025 年 4 月第 1 版第 1 次印刷

170mm × 230mm · 18 印张 · 3 插页 · 282 千字

标准书号：ISBN 978-7-111-77414-3

定价：99.00 元

电话服务

客服电话：010-88361066

010-88379833

010-68326294

网络服务

机　工　官　网：www.cmpbook.com

机　工　官　博：weibo.com/cmp1952

金　书　网：www.golden-book.com

机工教育服务网：www.cmpedu.com

封底无防伪标均为盗版

前言

为何写作本书

撰写这本书的初衷源于我对当前数据驱动的时代下首席数据官（CDO）角色的重要性和复杂性的深刻认识。随着数字化转型的加速推进，数据已经成为组织最宝贵的资产之一，而如何有效地管理、利用和保护这些数据以支持组织决策和业务增长，成了一个亟待解决的问题。

其一，本书的写作是为了全面介绍和解析CDO这一新兴职位。在数字化浪潮中，CDO这个角色越来越重要，但很多人对其职责、能力要求和在组织中的定位的认知仍十分模糊。本书通过系统梳理CDO的定义、起源、发展状况、政策和发展趋势，旨在为读者提供一个清晰、全面的认知框架。

其二，本书的写作基于对CDO在数字化转型中关键作用的深刻理解。数字化转型不仅是技术的升级，更是组织架构、业务模式和思维方式的全面变革。CDO作为数据领域的领导者，在推动数字化转型、制定数据战略等方面发挥着不可替代的作用。本书深入探讨CDO在数字化转型中的具体作用和工作内容，旨在帮助读者更好地理解和把握CDO的核心价值。

其三，本书的写作也基于对CDO具体工作、岗位职责和考核机制的深入剖析。在高度数字化的组织中，CDO的工作不限于数据战略的制定与执行，还涉及数据全生命周期的质量管理和安全合规管理，以及组织数据价值的挖掘，无论是数据在组织内部的应用还是数据在组织外部的流通交易。因此，明确CDO的岗位职责和考核机制对于确保数据工作的有序进行和高效运作至关重要。

其四，本书还关注 CDO 应具备的基础数据知识和数据管理能力。在数据驱动的时代背景下，CDO 需要具备扎实的数据基础知识、优秀的数据管理能力和敏锐的数据洞察力。本书详细阐述组织数据的基本知识、形态变化、数据体系以及 CDO 在数据管理中的角色和职责，旨在帮助读者进一步了解 CDO 的工作。

其五，本书将构建完整的 CDO 能力模型和知识体系。在复杂多变的市场环境中，CDO 会面临诸多挑战和机遇。本书通过分析内外部环境对 CDO 的要求和约束，构建 CDO 的能力模型和知识体系，并提出 CDO 的路线图和发展建议，旨在帮助读者更好地规划自己的职业发展路径，提升在数据领域的竞争力。

总之，撰写本书的目的是全面介绍和解析 CDO 这一新兴职位，帮助读者更好地理解和把握 CDO 在数字化转型中的关键作用和价值，提升数据管理能力和数据思维水平，并为读者提供完整的 CDO 能力模型和知识体系。我相信这本书对于从事数据管理和数字化转型工作的人士来说，将是一本极具参考价值的书。

现在，让我们翻开这本书，一起探索 CDO 的奥秘吧！

本书主要内容

本书从多个角度全面介绍 CDO 的相关内容，包括 CDO 的定义、政策环境、CDO 在数字化转型中的作用与职责、如何实现组织数据体系建设和管理、如何促进数据产生价值以及构建能力模型和知识体系等。这些内容相互关联，层层递进，为读者提供了一个全面、深入、系统地了解 CDO 的视角。全书分为 6 章，具体内容如下：

第 1 章对 CDO 进行全面介绍。读者可以从中了解到 CDO 的定义、兴起的背景、起源、国内外的发展现状和政策情况、发展趋势。这部分内容旨在为读者构建一个关于 CDO 的初步认知框架，为后续章节的深入讨论打下基础。

第 2 章则聚焦于 CDO 与数字化转型的关系。数字化转型是当前组织发展的重要趋势，而 CDO 作为数据领域的领导者，在推动数字化转型中发挥着至关重要的作用。本章将详细讨论数字化转型的概念、理想组织架构以及 CDO

在数字化转型中的作用与职责等，使读者能够深入理解 CDO 在数字化转型中的价值所在。

第 3 章和第 4 章则进一步探讨 CDO 应具备的基础数据知识和组织数据管理能力。这两章从组织数据的基本知识出发，介绍组织内数据的流动与变化、常见的数据分类、内外部环境对数据的要求以及不同数据管理阶段的数据形态、数据体系的具体内容等。同时，还将详细阐述 CDO 如何建设和管理数据体系：CDO 在数据战略管理、数据资源管理、数据资产管理和流通、数据治理、数据管理保障体系建设等方面的职责和作用，为读者提供实用的指导和建议。

第 5 章将详细探讨 CDO 的角色、职责、价值以及绩效考核体系。首先对 CDO 的角色进行划分，并分析其角色随着数据驱动决策重要性的增加而演变的趋势。接着，详细列出 CDO 的核心岗位职责，包括数据战略管理、数据资产流通与变现、数据资产开发、数据资源治理、数据资产管理等关键领域。然后，讨论组织如何有效发挥 CDO 的价值，强调 CDO 的关键作用。进一步，深入探讨组织对 CDO 进行绩效考核的方法和标准，以确保 CDO 的工作与组织的战略目标保持一致。最后，还将深入分析 CDO 如何对数据团队进行考核，以确保数据工作的有效落实。

第 6 章将构建完整的 CDO 能力模型和知识体系。通过分析 CDO 面临的挑战和机遇以及内外部环境对 CDO 的要求和约束，提出 CDO 应具备的关键能力和知识体系，并给出 CDO 的职业发展路线图和发展建议。这部分内容旨在帮助读者更好地规划自己的职业发展道路，提升在数据领域的竞争力。

本书读者对象

本书的读者对象主要包括以下几类人群：

- CDO 及其潜在候选人：对于已经担任或有意向担任 CDO 职位的人来说，本书构建了一个知识体系，可以帮助他们全面了解 CDO 的角色定位、职责范围、所需技能和未来发展路径，从而更好地适应职位挑战或为职业转型做好准备。
- 高层管理人员和决策者：本书为高层管理人员和决策者提供了关于数据

驱动决策的重要性、CDO 在推动数字化转型中的关键作用以及如何构建高效的数据管理团队的深刻见解。这有助于他们更好地理解数据在现代企业中的价值，并做出明智的决策。

- 数据管理领域的专业人士：数据管理是一个复杂且快速发展的领域，包括 CDO、数据架构师、数据建模师、数据分析师、数据科学家、数据库管理员在内的数据管理专业人士，可以从本书中获得关于数据管理最新趋势、策略以及组织内最佳实践等方面的深刻见解。
- 对企业数据管理和数字化转型感兴趣的学者和研究人员：本书为学者和研究人员提供了关于 CDO 角色、数据管理和数字化转型的丰富研究资源，有助于他们深入了解该领域的最新动态和发展趋势。
- 希望了解数据管理最佳实践和趋势的企业员工：对于在企业中从事与数据相关工作的员工来说，本书是一份宝贵的参考资料，可以帮助他们了解数据管理的前沿技术和最佳实践，提升个人能力和职业竞争力。

本书特色

本书的内容特色主要体现在以下几个方面：

1）全面性与系统性：本书对 CDO 的角色、职责、技能要求、发展趋势等方面进行了全面而系统的介绍。从 CDO 的起源、发展背景到其在数字化转型中的关键作用，再到 CDO 所需具备的基础数据知识和组织数据管理能力，本书都进行了详尽阐述，为读者提供完整的认知框架。

2）前沿性与实用性：本书紧跟数据管理和数字化转型的最新趋势，介绍前沿的理论、技术和方法。同时，本书也注重实用性，通过大量的分析和实践指南，帮助读者将理论知识应用于实际工作中，提升数字化转型和数据管理的成效。

3）政策分析与实践结合：本书在介绍 CDO 角色和职责的同时，深入分析国内外关于 CDO 的政策法规和实践情况。通过政策解读和实践案例分析，使读者能够更清晰地了解 CDO 在政策层面获得的支持和面临的挑战，为制定有效的数据管理策略提供有力支持。

4）能力模型与知识体系构建：本书构建了完整的CDO能力模型和知识体系，包括CDO应具备的关键能力、知识体系以及职业发展路线图等。这有助于读者更好地规划自己的职业发展道路，提升在数据领域的竞争力。

5）跨学科融合：本书融合了管理学、信息学、数据科学等多个学科的知识，为读者提供了跨学科的数据管理和数字化转型视角。这种跨学科融合有助于读者更全面地理解CDO角色和数据管理的复杂性，促进不同学科之间的交流和合作。

致谢

在本书的编写过程中，我获得了来自四面八方的帮助和支持，这些力量汇聚成一股洪流，推动着我不断前行。此刻，我想要用最真挚的话语向他们表达我深深的感激之情。

首先，我要向我的家人致以最崇高的敬意。他们始终是我最强大的精神支柱，无论我遇到多大的困难和挫折，他们总是默默地站在我身边，给予我无尽的鼓励和支持。在我埋头于书稿的日子里，他们温暖的关怀和细致入微的照顾，让我能够心无旁骛地投入到这项艰巨而又富有挑战的工作中。

紧接着，我要感谢我的朋友们，他们是我人生旅途中的良师益友。在我写作的过程中，他们不仅提供了许多独到的见解和宝贵的建议，还帮助我不断地打磨和完善书稿。他们的专业知识和丰富阅历为本书注入了许多的活力，增加了深度。

此外，我还要向那些无私奉献、为本书提供生动案例和准确数据的组织和个人表示衷心的感谢。他们不仅分享了宝贵的数据和经验，还让我有机会更深入地了解CDO在实际工作中的点滴与挑战。这些宝贵的素材使本书更加贴近实际，更具有指导意义和实用价值。

同时，我不能不提及数据领域的诸多同行。在这个充满活力和创新的行业中，大家孜孜不倦地探索和实践，共同推动着数据科学的发展。是他们的卓越成就和无私奉献，让我能够站在一个很高的起点上，汲取前人的智慧，完成知识的沉淀和积累。这本书的出版，也是对他们努力的一种致敬和回馈。

最后，我要向所有捧起这本书的读者朋友们表达我最深的谢意。是你们的支持和期待，赋予了我继续创作的动力和激情。我衷心希望，这本书能够成为你们在CDO道路上的一盏明灯，为你们照亮前行的方向，提供有力的指导和帮助。

虽然我已经非常努力地投入到这本书的编写中，并且得到了许多人的帮助和支持，但是错误和疏漏仍然是在所难免的。我深知，写这本书是一次抛砖引玉的过程，是我们对CDO的又一次探索。如果你在阅读过程中发现了任何问题或有待改进之处，恳请不吝赐教，与我分享你的宝贵意见，你可发送邮件至350289410@qq.com。你的反馈将是我不断进步的源泉，也是我们共同推动数据领域发展的动力。感谢你的支持和理解！

王晓华

目录

第 6 章 CDO 能力模型与知识体系

第1章 CHAPTER 1

全面了解CDO

在数字化浪潮席卷全球的今天，数据已成为驱动社会进步、企业创新和政府决策的关键要素。随着大数据、云计算、人工智能等技术的飞速发展，数据的管理、分析与应用能力成为衡量一个组织竞争力的核心指标。在这一背景下，一个新兴而重要的角色——首席数据官（Chief Data Officer，CDO），逐渐从幕后走向前台，成为连接数据战略与业务发展的桥梁。本章将全面剖析CDO的定义、兴起背景、起源、国内外发展状况以及未来发展趋势，为读者揭示这一关键角色的全貌。

首先，从CDO的定义入手，探讨不同组织对其角色的理解和界定，进而明确本书对CDO的独特视角和定义。这不仅有助于准确把握CDO的核心职责和使命，也为后续的分析和讨论奠定坚实的理论基础。

接下来，深入分析CDO兴起的背景。从政治环境的变迁到社会需求的转变，从经济结构的调整到技术革新的推动，多重因素交织在一起，共同促进了CDO角色的诞生和发展。这些背景因素不仅揭示了CDO角色存在的合理性和必要性，也为理解CDO的未来发展提供了重要的参考依据。

在明确了 CDO 的定义和背景之后，聚焦于 CDO 的起源，并展示 CDO 在推动数据战略、优化数据治理、促进数据共享与利用等方面所发挥的重要作用。

随后，把目光投向国内外 CDO 的发展状况。通过对比分析不同国家和地区在 CDO 制度建设、政策支持和实践应用等方面的差异与特色，可以更全面地了解 CDO 在全球范围内的发展趋势和动态。同时，深入解读国内 CDO 相关的政策文件和实践案例，为读者呈现一个更加立体和生动的 CDO 发展图景。

最后，展望 CDO 的未来发展趋势。随着数据技术的不断进步和应用场景的不断拓展，CDO 的角色和职责也将不断演变和丰富。本章将从多个维度探讨 CDO 未来的发展方向和可能面临的挑战，为读者提供有价值的参考和启示。

1.1 CDO 的定义

1.1.1 不同组织对 CDO 的定义

不同组织对 CDO 的定义存在细微差异。

（1）国际数据组织或行业协会

CDO 被定义为组织内部负责数据战略、管理和治理的核心人物。他们不仅关注数据的安全性和合规性，还致力于推动数据驱动的业务决策和创新。这些组织通常强调 CDO 在提升组织数据价值、优化数据流程以及推动跨部门数据共享方面的作用。

（2）企业界

CDO 通常被视为负责企业数据资产管理、数据分析和数据驱动的业务战略的关键角色。他们需要与企业内部各个部门合作，确保数据的有效利用，并为企业提供基于数据的洞察和建议。在企业界，CDO 往往直接向 CEO（首席执行官）汇报，参与高层决策，为企业的战略规划和业务发展提供数据支持。

（3）政府部门

对于政府部门而言，CDO 一般更多地关注公共数据的开放和利用，以及数据在政策制定和公共服务中的作用。他们负责推动政府数据的整合和共享，提高政府决策的透明度和效率。政府部门的 CDO 还可能负责监督数据的安全性和隐私保护，确保公共数据得到合规使用。

（4）研究机构或咨询公司

研究机构或咨询公司通常将 CDO 视为数据科学和大数据领域的专家，他们不仅具备深厚的技术背景，还能够将数据洞察转化为实际的业务价值。他们更多地参与数据相关项目的研究和咨询工作，为客户提供关于数据治理、数据分析和数据驱动的解决方案。

需要注意的是，这些定义并不是绝对的，不同组织对 CDO 的角色和职责可能根据自身需求和行业特点有所调整。此外，随着数据技术的不断发展和市场的变化，CDO 的定义和职责也可能进一步演变和完善。因此，对于具体的组织而言，明确 CDO 的角色和职责，并为其提供适当的支持和资源，是确保数据驱动战略成功实施的关键。

1.1.2　本书对 CDO 的定义

根据广泛接受的企业管理和信息技术领域知识，CDO 在组织中的定义如下：

CDO（首席数据官）是一个关乎企业未来的战略性职务，负责加强企业内部、外部供应商、客户之间的关系互动和数据流动，推动企业传统组织方式、运营模式与数字技术的融合。它实际上包含两层深刻的意义：一是将传统的成本中心、内向型的职务（如首席信息官）转向利润中心、外向型岗位；二是孕育着组织变革的发生。目前，在企业管理和信息技术领域，CDO 的定义已经得到了广泛的认可和应用。

上述关于 CDO 的定义，主要来源于对企业管理和信息技术领域的专业理解以及相关的行业知识，是基于该职位在实际工作环境中的职责和功能所做出的总结。需要注意的是，本书中的首席数据官并不区分是政府首席数据官还是企业首席数据官，都统称为（组织）首席数据官，简称为 CDO。而组织则是一个宽泛的概念，可以是企业，也可以是政府，或者是机构等相关组织形式。

从字面上理解，CDO 是组织在数据领域的最高管理者。可以看出，CDO 是一个关乎组织未来的战略性职务，这一职位的定义和职责，是基于现代组织对数据管理的需求和对数据价值的认识所形成的。

注意：在一些公司中，CDO 也用来代指开发总监（Chief Development

Officer)，负责公司的开发战略和运营。此外，在数字化转型过程中，组织中出现了一种新的高级管理者——首席数字官（Chief Digital Officer)，这是一个在组织中负责数字化转型和数字化战略的高层管理者，负责引领企业在数字化领域的创新和发展。这个职位一般由组织的 CEO（一把手）兼任，有时也用 CDO 代指。在本书中，我们讨论的是首席数据官，而非首席数字官，这一点要注意，在本书中我们用 CDO 来代指首席数据官。

1.2 CDO 兴起的背景

CDO 的兴起主要源于数据在现代社会中的战略地位以及组织对数据治理和管理的迫切需求，具体如图 1-1 所示。

政治（Politics）

各国政府开始积极推动数字化转型，以利用数据资源提升公共服务水平，在这个过程中，CDO 应运而生，成为政府数字化转型和数据治理的重要推动者

技术（Technology）

- 随着大数据技术的崛起，组织能够收集、存储和处理的数据量呈指数级增长
- 云计算技术的发展为数据处理和分析提供了强大的支持
- 人工智能等技术的快速发展为数据分析和应用提供了更强大的工具

经济（Economy）

- 随着信息技术的飞速发展和大数据时代的到来，数据已经渗透到各行各业，成为重要的生产要素和战略资源
- 在数字经济中，数据不仅是企业内部的资源，也是企业与外部合作伙伴、客户等互动和连接的桥梁

社会（Society）

- 新技术不断涌现，深刻改变了社会生产方式和人们的生活方式
- 社会对数据利用和管理的需求日益增长
- 数字化转型已经成为社会发展的必然趋势

图 1-1　CDO 兴起的背景

1. CDO 产生的政治背景

CDO 产生的政治背景主要体现在政府对数字化转型和数据治理的高度重视。

近年来，多个国家和地区的政府认识到数据在推动经济社会发展中的重要作用，并开始积极推动数字化转型，以利用数据资源提升公共服务水平、促进经济增长、增强国际竞争力。

在这个过程中，政府意识到需要有一个专门的职位来统筹和管理数据资源，

确保数据的质量、安全和合规性，以及数据在各部门之间的共享和利用。于是 CDO 应运而生，成为政府数字化转型和数据治理的重要推动者。

例如，我国政府高度重视数字化转型和数据治理，出台了一系列政策和措施来推动相关工作的开展。在这个过程中，设立 CDO 成为提升政府数据治理能力、推动数字化转型的重要举措之一。此外，美、法、英等国也纷纷设立 CDO，以加强数据治理能力和推动数字化发展。

2. CDO 产生的经济背景

CDO 产生的经济背景与数据在现代经济体系中的核心价值密切相关。

第一，随着信息技术的飞速发展和大数据时代的到来，数据已经渗透到各行各业，成为重要的生产要素和战略资源。数据在决策制定、市场预测、产品研发、客户服务等方面发挥着越来越重要的作用，对企业的发展和创新具有决定性的影响。

第二，在数字经济中，数据不仅是企业内部的资源，也是企业与外部合作伙伴、客户等互动和连接的桥梁。通过有效地管理和利用数据，企业可以更好地了解市场需求、优化产品设计、提升客户体验，从而增强竞争力并获取更多的商业机会。

然而，随着数据量的爆炸式增长和数据来源的多样化，企业面临着数据散乱、数据孤岛、数据质量不高等问题。这些问题导致企业无法有效地利用数据资源，甚至可能因数据错误或泄露而面临重大风险。

在这样的经济背景下，CDO 应运而生。他们作为高层管理者，负责制定和执行企业的数据战略，协调数据管理和运用，确保数据的质量和安全，并推动企业构建和激活数据管理能力。CDO 的出现，不仅有助于企业更好地管理和利用数据资源，提升竞争力，还有助于推动整个行业的数字化转型和创新发展。

3. CDO 产生的社会背景

CDO 产生的社会背景与社会进步和发展的核心需求密切相关。

第一，随着信息技术的快速发展，大数据、云计算、人工智能等新技术不断涌现，深刻改变了社会生产方式和人们的生活方式。在这样的背景下，数据已经成为推动经济社会发展的重要引擎，对各行各业都产生了深远影响。

第二，社会对数据利用和管理的需求日益增长。无论是政府决策、企业运营还是个人生活，都需要对数据进行收集、分析、利用和保护。然而，由于数据种类繁多、来源复杂、质量参差不齐，数据安全问题频发，因此对数据的有效管理和合理利用成了一个亟待解决的问题。

第三，数字化转型已经成为社会发展的必然趋势。无论是传统行业还是新兴行业，都在积极推进数字化转型，以适应新时代的发展需要。而数据作为数字化转型的核心要素，其管理和利用水平直接影响着数字化转型的成败。

在这样的社会背景下，CDO 应运而生。他们不仅具备深厚的数据分析和挖掘能力，还具备战略眼光和创新精神，能够为企业提供全面的数据解决方案，帮助企业实现数字化转型，提升竞争力。

4. CDO 产生的技术背景

CDO 产生的技术背景主要是近年来数据技术的迅猛发展和广泛应用。

第一，随着大数据技术的崛起，组织能够收集、存储和处理的数据量呈指数级增长。这不仅包括结构化数据，如数据库中的记录，还包括非结构化数据，如社交媒体上的文本、图片和视频等。大数据技术的出现使企业能够更全面地了解市场、客户和运营情况，但同时也给企业带来了数据管理和分析的挑战。

第二，云计算技术的发展为数据处理和分析提供了强大的支持。通过云计算，企业可以按需获取计算资源和存储空间，实现数据的快速处理和分析。同时，云计算还提供了数据共享和协作的平台，使不同部门和团队之间可以更加高效地利用数据资源。

第三，人工智能等技术的快速发展为数据分析和应用提供了更强大的工具。这些技术可以自动化地从数据中提取有价值的信息，发现数据中的模式和趋势，为决策提供有力支持。

在这样的技术背景下，企业需要专业的数据管理者来统筹和协调数据工作，确保数据的质量、安全和有效利用。于是 CDO 应运而生，他们不仅具备深厚的数据技术背景，还具备战略眼光和创新能力，能够推动企业实现数据驱动的发展。

1.3　CDO的起源

CDO起源于21世纪初。具体来说，美国Captial One公司在2002年最先设立了CDO职位，由其主要负责公司的数据战略、政策制定和系统构建等工作。随后，雅虎在2004年也设立了这一职位。

1. 政府CDO

（1）国外政府CDO出现的时间

美国是最早设立政府CDO职位的国家之一。2009年，美国科罗拉多州率先设立政府CDO职位，随后，纽约、芝加哥、费城、新奥尔良等城市跟进设立。2013年，美国联邦储备委员会设立CDO职位，紧接着，美国的交通部、商务部、总务管理局、消费者金融保护局、国际开发署等联邦政府机构先后设立这一职位。

（2）国内政府CDO出现的时间

在我国，政府CDO的角色也在近年来逐渐受到重视。虽然具体的设立时间可能因地区和部门而异，但总体趋势是越来越多的政府部门开始意识到数据管理和数据驱动决策的重要性，并考虑或已经设立了CDO职位。

政府CDO的主要职责包括推进数字政府建设，组织制定数据治理工作的中长期发展规划及相关制度规范，统筹协调内外部数据需求，以及实施常态化指导监督等。他们致力于通过数据分析和数据驱动的方法提高政府决策效率和质量，促进数据共享和开放，并推动公共数据与社会数据的深度融合和应用场景创新。

2. 企业CDO

（1）国外企业CDO出现的时间

CDO的角色最初出现在企业界。根据维基百科，第一位CDO在2002年出现在美国银行业。LinkedIn上显示，2002—2005年期间，第一资本（Capital One）银行中，由Cathy Doss女士担任CDO。而当前Cathy Doss女士在美国里士满联邦储蓄银行（Federal Reserve Bank of Richmond）担任副总裁兼CDO，该职务旨在将数据政策、数据管理与相关监管法律和道德保持一致。

（2）国内企业 CDO 出现的时间

2012 年，阿里巴巴任命了我国企业界的第一位 CDO。互联网等新兴技术的发展驱动数据管理成为企业的重要业务，京东大数据研究院、蚂蚁集团、威马汽车等国内企业都已设有 CDO 一职。在我国，随着数据价值的不断提升和企业对数据驱动的认可，越来越多的企业开始设立 CDO 职位，以更好地管理和利用数据资源，提升企业的竞争力和创新能力。

企业 CDO 的主要职责是协调开放数据政策的实施，促进部门之间的数据共享，通过数据分析提高决策效率，以及制定和执行数据治理策略。他们还需要确保数据的安全性和合规性，以满足企业的业务需求并遵守相关法律法规。

无论对于政府还是对于企业而言，CDO 的角色都在快速发展和演变中。随着数据驱动决策和数据治理的重要性日益凸显，预计 CDO 将在未来发挥更加关键的作用。

1.4 国外 CDO 的发展状况

1.4.1 概况

近年来，随着全球数字化浪潮的兴起，数据已成为企业竞争力和创新能力的核心驱动力。这一转变促使 CDO 这一职位在全球范围内迅速崛起与发展。CDO 作为数据战略的制定者与执行者，其职责范围广泛，不仅涵盖数据的收集、处理、存储、分析，还涉及数据治理、数据安全、合规性管理以及数据驱动的业务决策等多个方面。

1. 角色与职责细化

1）数据战略与规划：根据企业业务需求和市场趋势制定长期的数据战略规划，指导数据基础设施的建设、数据治理框架的完善以及数据文化的培育。

2）数据质量与安全：CDO 需确保企业数据的准确性、完整性、及时性和一致性，同时建立强大的数据安全体系，防范数据泄露、篡改等风险，保障企业数据资产的安全。

3）数据驱动决策：推动数据在企业各层级、各部门的应用，促进数据驱动的决策机制形成，提高决策效率和准确性。

4）技术创新与融合：紧跟大数据、云计算、人工智能等前沿技术的发展步伐，探索数据技术与业务场景的深度融合，推动产品和服务的创新。

5）跨部门协作：作为数据领域的领导者，CDO需与IT、业务、法务等部门紧密合作，协调资源，共同推进数据战略的落地实施。

2. 地区差异与特色

（1）美国

成熟度：美国企业界和政界对CDO的认可度极高，CDO职位普遍存在于科技、金融、零售等多个行业，其角色定位明确，影响力显著。

技术创新：美国CDO在推动数据技术创新和应用方面走在前列，如利用AI优化供应链、提升客户体验等。

（2）欧洲

法规驱动：GDPR（《通用数据保护条例》）等严格的数据保护法规促使欧洲企业重视CDO在数据合规性方面的作用，CDO需精通国际数据保护法律和标准。

数字化转型：欧洲企业正在加速数字化转型，CDO在这一过程中扮演着关键角色，推动数据驱动的商业模式变革。

（3）亚洲

快速增长：以中国、日本、韩国为代表的亚洲国家，CDO职位的设立速度惊人，特别是在互联网、电子商务、金融科技等领域。

政府推动：一些亚洲国家政府通过设立CDO、发布数据开放政策等措施，促进政府数据资源的有效利用和共享。

数字化进程：随着数字化进程的加速，企业对数据的需求和管理日益重视。

（4）其他国家和地区

发展阶段：根据各国的经济、科技发展水平，CDO的发展阶段和影响力各不相同。发展中国家可能正处于数据管理和应用能力的构建阶段，而发达国家则可能已形成较为完善的CDO体系。

特色实践：不同国家和地区在CDO的职位设置、职责界定、激励机制等方面可能具有独特的实践经验和成功案例，值得相互借鉴和学习。

3. 行业差异

不同行业对 CDO 的需求和应用也存在差异。

金融行业：在风险管理、客户服务和合规性方面，CDO 发挥着关键作用。

医疗保健：CDO 在保护患者数据隐私和推动医疗数据分析方面至关重要。

零售行业：CDO 通过数据分析优化供应链管理和客户体验。

制造业：CDO 推动工业 4.0 的实施，利用数据优化生产流程和提高效率。

随着全球数字化进程的深入发展，CDO 的角色将更加重要且多元化。未来，CDO 不仅需要具备深厚的技术功底和独到的战略眼光，还需具备出色的领导力、沟通能力和跨部门协作能力，以引领企业在数据时代实现持续创新和发展。同时，随着数据伦理、隐私保护等问题的日益凸显，CDO 还需要在保障数据安全与合规性的基础上，积极探索数据价值的最大化路径。

1.4.2 相关政策

随着移动互联网、物联网、5G 等现代信息技术的飞速发展，数据生成呈现出速度快、类型多、体量大的特征，大数据时代驱动政府数据治理的结构和模式进行了深刻变革，政府和企业数字化转型持续向纵深推进，CDO 职位应运而生。各国纷纷发布一些与 CDO 有关的政策或制度文件，设立 CDO 制度，统筹数据战略实施，推动组织数据资源开放共享与开发利用。下面以美国、欧盟和英国为例进行说明，如图 1-2 所示。

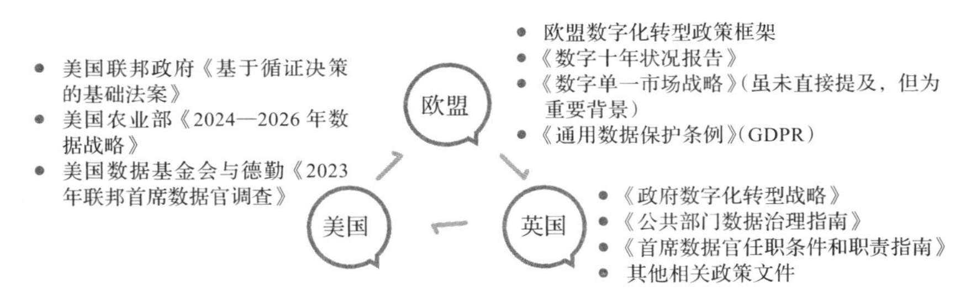

图 1-2 美国、欧盟和英国的 CDO 相关政策

1. 美国的 CDO 政策

在美国，CDO 的角色在政府机构中逐渐得到重视和强化。

1）美国联邦政府《基于循证决策的基础法案》：该法案明确规定，联邦政府各机构负责人应指定一名非政治任命的常任制雇员担任机构的 CDO。这一规定确保了 CDO 在政府机构中的正式地位和职责，以推动数据驱动的决策和提高决策质量。

2）美国农业部《2024—2026 年数据战略》：在这个战略中，美国农业部强调了与联邦数据战略和其他全联邦范围的倡议保持一致的重要性。为了实现这一目标，该战略包括指定一名 CDO 负责生命周期数据管理。此外，该战略还推动了对具有广泛影响的分析的广泛投资，这促成了企业数据分析平台和工具集的创建和采用，以及各任务区助理首席数据官（ACDO）角色和首席数据官理事会（CDO 理事会）的设立。

3）美国数据基金会与德勤《2023 年联邦首席数据官调查》：此报告基于 2023 年的调查结果，对 CDO 的角色和职责进行了深入分析。报告提出了一系列建议，旨在明确 CDO 的权力和责任，优化组织的数据和技术能力。此外，此报告还强调了为 CDO 提供培训、专业发展和变革管理支持的重要性，并建议为 CDO 配备所需的资源和人员，以充分执行其任务。报告还提到制定明确的道德准则和治理框架，以支持 CDO 负责任地采用新兴技术。

2. 欧盟的 CDO 政策

欧盟在推动数字化转型和公共部门现代化的过程中，虽然没有直接针对 CDO 出台专门的政策文件，但其数字化转型政策框架和战略中确实涉及数据治理和数据管理的重要性，这些政策间接地与 CDO 的角色和职责相关。以下是一些与 CDO 相关的欧盟政策及其主旨，以及这些政策如何间接提及或影响 CDO 角色的描述。

（1）欧盟数字化转型政策框架

主旨：通过一系列措施促进数字技术的广泛应用，提高公共服务和私营部门的效率，推动经济增长和社会创新。

与 CDO 的关联：

1）数据治理：政策框架强调了数据作为关键资源的重要性，要求建立有效的数据治理机制。CDO 在此类机制中通常扮演核心角色，负责领导和管理数据战略，确保数据的合规性、安全性和有效利用。

2）数据共享与开放：政策鼓励公共部门数据的共享和开放，以提高透明度和促进创新。CDO 可以推动这一进程，通过制定数据共享政策、建立数据交换平台等方式促进数据的流通和使用。

3）数字技能与培训：政策重视提升公民和员工的数字技能，以满足数字化转型的需要。CDO 可以参与制订培训计划，推动数字技能的教育和普及，确保组织内部具备足够的数字能力。

（2）《数字十年状况报告》

发布时间：2024 年 7 月 2 日

主旨：概述欧盟在实现“数字十年政策计划”方面的进展，呼吁加强集体行动以推动数字化转型。

与 CDO 的关联：报告强调了数据治理、数字技能、高质量网络连接和人工智能等领域的重要性，这些都是 CDO 需要关注和推动的方面。虽然报告没有直接提及 CDO，但 CDO 可以在执行这些政策中发挥关键作用。

（3）《数字单一市场战略》（虽未直接提及，但为重要背景）

主旨：打破数字壁垒，促进商品、服务、资本和数据在欧盟内部的自由流动。

与 CDO 的关联：在推动数字单一市场的过程中，CDO 可以协助组织制定和实施数据管理和数据保护政策，确保数据在跨境流动中的合规性和安全性。

（4）《通用数据保护条例》（GDPR）

主旨：为欧盟公民提供数据保护权利，并对企业处理个人数据的行为进行规范。

与 CDO 的关联：CDO 在组织中负责确保 GDPR 的合规性，制定数据保护政策，培训员工，以及处理与数据保护相关的投诉和审计。

需要注意的是，由于欧盟的政策文件通常具有广泛性和综合性，直接提及 CDO 的条款较为少见。然而，CDO 在推动数字化转型和数据治理方面的作用是不可忽视的，可以在政策执行和实施过程中发挥关键作用。

3. 英国的 CDO 政策

在英国政府推动数字化转型和公共部门现代化的过程中，涉及设立 CDO

要求的具体政策文件包括但不限于以下几个。

1)《政府数字化转型战略》(*Government Digital Transformation Strategy*):在这份战略文件中，政府明确提出数字化转型的总体目标和路线图，并强调了数据作为转型核心驱动力的重要性。这份文件指出了设立 CDO 的必要性，并将其定位为引领和协调整个政府数据战略的关键角色，CDO 需要具备构建数据治理框架、推动跨部门数据共享、优化数据使用流程以及提升数据驱动决策的能力。同时该文件强调了 CDO 在确保数据安全和隐私保护方面的责任，要求制定并执行严格的数据管理政策。

2)《公共部门数据治理指南》(*Public Sector Data Governance Guidelines*):该指南旨在为公共部门机构提供关于数据治理的最佳实践和指导原则。在指南中，CDO 的角色被详细阐述，包括其在建立和维护数据治理体系、制定数据标准和质量保证措施方面的职责。该指南强调 CDO 作为数据文化的倡导者，需要推动组织内部形成尊重数据、善用数据的氛围，并提及 CDO 需与高级管理层、IT 部门、业务部门等多方合作，共同推动数据治理工作的有效开展。

3)《首席数据官任职条件和职责指南》(*CDO Role Description and Competency Framework*):这是一份专门针对 CDO 职位的详细指南，明确了 CDO 应具备的技能、知识和经验要求。其中详细列出了 CDO 的核心职责，如领导数据战略制定、促进数据创新应用、管理数据团队等。该指南强调 CDO 需要具备出色的领导力、沟通能力、数据分析能力以及对新技术的敏锐洞察力。它还涉及 CDO 在政府机构中的协作和沟通机制，以及与其他高级管理层和利益相关者的关系处理方式。

4)其他相关政策文件：除了上述主要文件外，英国政府还可能发布其他与数字化转型和数据治理相关的政策文件，如《开放数据战略》《信息安全策略》等。这些文件在不同程度上提及 CDO 的角色和职责，强调其在推动数据开放、提升信息安全水平等方面的作用。

这些政策文件表明，CDO 在现代政府和组织中扮演着越来越重要的角色，他们负责管理和优化数据资源，以支持政策制定、决策分析和公共服务。通过指定 CDO 并为其配备必要的资源和支持，这些政策提升了数据驱动决策的能力，并促进组织在数字时代的转型和发展。

请注意，由于政策文件众多且不断更新，这里仅列举了一些具体的例子。如果需要更多关于 CDO 在政策中的提及情况，建议查阅相关政府部门的官方网站或权威数据研究机构发布的报告。

1.5 国内 CDO 的发展状况

1.5.1 概况

我国 CDO 的发展状况呈现出积极而稳健的趋势。随着数字化转型的深入推进，数据已经成为企业发展的重要驱动力，因此，CDO 这一职位在我国得到了越来越多的关注和重视。

从 2021 年开始，国内多个省份和地市发布了 CDO 制度。2021 年广东省政府办公厅印发《广东省首席数据官制度试点工作方案》，在 6 个省级部门、10 个地级以上市开展试点，由各试点市、县（市、区）政府和试点部门分别设立本级政府 CDO 和本部门 CDO。地级市层面，2022 年杭州在全市 115 家市直属部门、市属国有企业设立 CDO、数据专员。

在数字政府转型的大背景下，国内政府部门 CDO 的设立旨在进一步提升政府对数据的价值认知，提高其获取数据、分析数据、运用数据的能力，促进数据资源在公共服务与城市治理层面的有效整合和开发利用，以数据为关键要素提升政府治理能力和经济发展水平。

在企业 CDO 方面，广东、江苏等省工业和信息化厅已经发布了企业首席数据官制度建设指南，推动企业设立 CDO。截至 2023 年 9 月，广东、江苏、浙江、上海、四川、山东、湖南、北京等地，都在开展 CDO 的试点建设。

目前，设立 CDO 职位的企业主要集中在科技、金融、零售等行业，这些行业对数据的需求和应用较为突出。随着数字化转型的加速，预计未来将有更多企业设立 CDO 职位，以更好地管理和利用数据资源。

CDO 的职责和作用在我国企业中得到了进一步明确和扩大。CDO 不仅负责数据的管理和治理，还积极参与企业的战略决策和业务创新。他们通过深入挖掘数据价值，为企业提供了更精准的市场洞察和决策支持，推动了企业的业务增长和创新发展。

此外，随着数据技术的不断发展，CDO 也需要不断学习和更新自己的知识和技能。我国的一些大型企业和高校已经开始提供相关的培训课程和学位项目，以培养更多具有专业技能和战略眼光的 CDO 人才。

然而，尽管我国 CDO 的发展状况良好，但仍面临一些挑战。例如，数据安全和隐私保护问题仍然是 CDO 需要重点关注和解决的难题。同时，随着数据量的快速增长和种类的多样化，如何有效地管理和利用这些数据也是 CDO 需要面对的挑战。

1.5.2 相关政策

数字经济时代，CDO 作为数据领域专家和领导者的作用越来越重要。2021 年 11 月工业和信息化部发布的《"十四五"大数据产业发展规划》明确提出"推广首席数据官制度"，2023 年起正式实施的《北京市数字经济促进条例》也提出"鼓励各单位设立首席数据官"。截至 2023 年 9 月，我国十余个省份的多地发布了 CDO 制度建设的相关政策法规，如表 1-1 所示。通过对各地 CDO 制度进行分析可以发现，针对地方政府和企业，CDO 职能略有不同[㊀]。

表 1-1　各地相关的 CDO 政策

序号	地区	政策文件	时间
1	广东	广东省首席数据官制度试点工作方案	2021-04
2		广州市推行首席数据官制度试点实施方案	2021-07
3		深圳市首席数据官制度试点实施方案	2021-08
4		广东省企业首席数据官建设指南	2022-08
5		东莞市首席数据官制度实施方案	2023-03
6		惠州市全面推行首席数据官制度实施方案	2023-07

㊀ 参考了文章《盘点 | 国内各地首席数据官制度推行现状》，访问链接为 https://www.sohu.com/a/721084247_121394207。

（续）

序号	地区	政策文件	时间
7	江苏	江苏省企业首席数据官制度建设指南（试行）	2021-06
8		苏州市教育系统首席数据官制度建设实施方案	2022-04
9		常州市首席数据官制度建设实施意见	2022-09
10		宿迁市首席数据官制度建设实施方案	2022-10
11		南京市首席数据官制度试点实施方案	2023-04
12		扬州市江都区首席数据官制度实施方案	2023-09
13	山东	山东省企业总数据师制度试点工作建设方案	2021-08
14	上海	静安区建立首席数据官制度实施方案	2022-09
15		上海市电信和互联网行业首席数据官制度建设指南（试行）	2023-05
16	广西	广西壮族自治区首席数据官制度试点工作方案	2022-11
17		钦州市首席数据官制度建设实施方案	2022-12
18	四川	四川省企业首席数据官制度建设指南（试行）(征求意见稿）	2022-05
19		巴中市推进跨层级跨部门公共数据资源治理首席数据官制度改革实施方案	2022-06
20		达州市首席数据官制度建设实施方案	2023-05
21	安徽	安徽省开展首席数据官试点工作方案	2022-05
22		蚌埠市开展首席数据官试点实施方案	2022-05
23		亳州市首席数据官工作方案	2022-06
24		合肥市开展首席数据官试点工作方案	2022-08
25	辽宁	沈阳市推行首席数据官制度工作方案	2022-06
26	浙江	浙江省企业首席数据官制度建设指南（试行）	2023-07
27	湖北	荆州市首席数据官制度建设实施方案	2023-08
28		黄石市首席数据官及数据专员队伍建设实施方案	2023-08
29		襄阳市首席数据官制度试点实施方案	2023-08
30	江西	南昌市首席数据官制度工作方案	2023-08
31	湖南	长沙市数据官制度建设实施意见	2023-09
32	北京	北京经济技术开发区首席数据官制度工作方案	2023-09

整体来看，CDO 在政府和企业中的角色显得越发重要，各地发布的相关政策对 CDO 职责范围的界定也越发详细。纵观近年来发布的“首席数据官建设指

南”等文件中对 CDO 职责范围的界定，普遍要求 CDO 推进数字政府建设、统筹数据管理和融合创新、实施常态化指导监督、加强人才队伍建设。关于 CDO 建设原则，各地发布的“首席数据官建设指南”中也均有提及。综合来看，多鼓励国有企业、基础电信企业、重点互联网企业等率先探索；鼓励数字化基础较好，拥有较大规模数据资源、数据产品和服务能力较突出的各类企业设立 CDO；主要围绕“政府引导、企业主导、价值优先、系统优化、多方协同、权责一致、合规发展”七大原则开展建设工作。

1.5.3 CDO 政策解读

1.《企业首席数据官制度建设指南》解读

（1）总体框架——“5335”

在工业和信息化部的指导下，中国电子信息行业联合会编制《企业首席数据官制度建设指南》。该指南从整体层面回答了企业首席数据官制度“是什么”“建设什么”“如何建设”等一系列问题，旨在引导企业加快构建整体制度体系，加快形成和培育建立一支高水平数据人才队伍，引导企业更好发展[㊀]。

《企业首席数据官制度建设指南》体系包括 4 部分，即“5335”结构。

- 第一部分：总则。对 CDO 进行界定，同时围绕企业更好建立制度体系，提出了 5 个方面的坚持原则。
- 第二部分：建设内容。从岗位设置、主要职能职责、主要能力素质要求 3 个维度提出整个企业建设 CDO 制度的具体内容。
- 第三部分：选用机制。从选聘任用、培育培养、考核激励 3 个维度展开建立选用机制。
- 第四部分：保障措施。包括加强协同协作、建立人才资源库、强化宣贯培训、开展试点示范、完善公共服务这 5 项保障措施。

（2）总则

总则方面，该指南提出 5 个方面——坚持价值导向、坚持企业主导、坚持系

㊀ 数澜科技，热点相关 |《企业首席数据官建设指南》介绍新鲜出炉，2023-06-09. https://mp.weixin.qq.com/s/J05-bFYoKC4Iqs09tjC31Q。

统优化、坚持多方协同、坚持合规发展。

总则希望企业不要为了数据而数据，为了技术而技术，而要以更多的价值为导向。围绕企业战略的发展，更好地发挥数据对企业战略的支撑作用。同时也要协调 CIO（首席信息官）制度、CSO（首席安全官）制度等进行联动，通过多方协同保证 CDO 体系的规范健康运营和人才队伍的培养。

（3）建设内容

1）岗位设置。对于 CDO 岗位的设置，实际上希望通过企业建立一种以数据作为核心驱动要素引领整个企业转型发展的新模式。CDO 应设立在企业决策层，全面负责企业数据管理工作。参照企业副职，赋予企业实施数字化转型的知情权、参与权和决策权，推动企业建立上下联动的 CDO 制度，支持 CDO 参与培训。对于大型企业，围绕转型可以设立类似于数字化转型领导小组的组织结构。这个结构要求企业主要负责人，包括分管领导和 CDO，都参与到企业转型过程中，对企业数据管理重大事项进行决策。同时《企业首席数据官制度建设指南》中也提到 CDO 不仅仅是一个岗位，涉及的是岗位下面的一套围绕数据管理应用的人才队伍体系，也就是岗位体系。有条件的企业可以组建由 CDO 直接领导的数据人才队伍，设立相关的专职管理机构。

2）主要职能职责。CDO 的主要职能职责包括 6 个方面，主要是围绕企业发展战略制定数据战略。同时通过制度、机制以及相关技术手段，将战略很好地落地，推动数据治理。围绕企业具体业务的应用场景，持续挖掘数据价值和潜能，增强数据开发。最后通过落实数据安全保障、建设数据人才培养体系、塑造企业数据文化氛围这三个职能职责，推动以数据驱动的数字化转型体系的构建。

3）主要能力素质要求。对 CDO 岗位的主要能力素质要求有 5 点。第一，要拥有数据领导力（全局性和系统性思维），从整体层面对工作进行规划。第二，为了从技术上对业务内容进行更好的转换，对于市场变化、技术变革等，必须拥有行业洞察能力。第三和第四，因为数据分布在各个领域、环节和部门，且需要通过沟通来推动数据运用，所以需要拥有整体性工作架构与创新能力以及组织管理和执行能力。第五，不能为了数据而数据，而希望数据能够价值变现，所以要拥有价值实现能力。

（4）选用机制

1）选聘任用。人才的选用机制方面，从选聘任用的角度来说，通过内部选拔或者外部招聘相结合的方式，结合整个企业的发展需要，选聘符合岗位职能职责和能力素质要求的 CDO 及数据人才队伍。

2）培育培养。从培育培养的角度来看，人才的选用是创新型工作，不理解企业业务的业务人员不会理解数据。对于技术领域的关键技术点，人才培养过程中需要通过项目和轮岗方式，在不同任务和项目中把人才给培养出来。可以借助外部的服务和力量，更好地去培养人才。在内部，也可以建立类似于知识工作坊和分部的方式，推动相关知识的开发和共享。

3）考核激励。对于考核激励，企业应建立基于 CDO 及相关技术人才队伍业务能力和履职情况的考核考评机制。对于具体项目，可以设立面向团队和个人的奖励方式来激励持续推动。好的做法是设置物质或者精神方面的各种激励，鼓励大家开展相关的工作。同时，因为数据工作也是创新型工作，所以企业需要建立鼓励数据人才队伍探索创新的容错纠错机制。

（5）保障措施

1）加强协同合作。从外部来看，强化外部生态的公共服务能力建设，通过推动相关协会、联盟等方式，充分调动社会各界力量，从而更好地认识和理解 CDO。

2）建立人才资源库。通过组织建设企业 CDO 人才资源库，可以使行业内或者区域内的人才更好地流动。

3）强化宣贯培训。支持各地主管部门组织开展企业 CDO 及数据人才队伍专项培训，提高各方推进 CDO 制度建设的意识和能力，从而更好地宣贯 CDO 制度和方法，培养人才。

4）开展试点示范。CDO 这项工作是目前作为重点工作来展开的。第一，开展区域性的调查，结合当下全国各地 CDO 以及相关制度建设的情况，对一些地区进行走访和座谈，了解好的做法和案例，并进行总结提炼，为后续的相关工作设计提供比较好的支持。第二，推动区域试点示范工作，把积极性和基础比较好的地方，以及部分企业变成 CDO 制度建设的试点单位。通过边试边学边推动的方式把好的做法提炼出来。借助优秀 CDO 的遴选和优秀典型案例的遴选，为如何做好 CDO 以及建设好 CDO 制度提供范例。

5）完善公共服务。鼓励营造相关的社会氛围，包括品牌活动、人才队伍建设等，从整体层面推动 CDO 工作。在工业和信息化部信息技术发展司建立全国 CDO 的工作体系的要求下，与各地 CDO 的组织进行工作联动，形成全国一盘棋的工作推进机制。

2.《上海市电信和互联网行业首席数据官制度建设指南（试行）》主要内容概述

2021 年 11 月，上海市人大常委会通过《上海市数据条例》。《上海市数据条例》第六条明确鼓励各区、各部门、各企业事业单位建立 CDO 制度，并规定 CDO 由本区域、本部门、本单位相关负责人担任。2023 年 3 月，上海市通信管理局启动"浦江护航"数据安全专项行动，重点任务包括试点实施电信和互联网行业 CDO 制度。

为贯彻落实前述规范及行动要求，2023 年 5 月 31 日，上海市通信管理局印发《上海市电信和互联网行业首席数据官制度建设指南（试行）》，要求在上海取得电信业务经营许可证的电信和互联网企业应积极建立 CDO 制度，明确本单位 CDO 及其工作职责并填写《企业首席数据官备案表（试行）》报市通信管理局备案。

（1）总则

为深入贯彻落实《数据安全法》等有关文件精神，着力营造开放、健康、安全的数字生态，坚持数据发展与安全并重，深化上海市电信和互联网行业数据治理，健全电信和互联网企业数据安全管理组织，明晰上海市电信和互联网行业首席数据官管理职责和边界，制定本建设指南。

（2）工作目标

通过在本市电信和互联网行业试点建立 CDO 制度，将数据战略引入自身的日常管理运营，指导行业全面统筹数据开发、利用和安全，引导企业构建、激活数据管理能力。

（3）适用对象

本市行政区域内取得电信业务经营许可证的电信和互联网企业，包括基础电信业务经营者和互联网数据中心、互联网接入服务、在线数据处理与交易处理、互联网信息服务等增值电信业务经营者以及域名注册管理和服务机构等。

（4）职责分工

1）上海市通信管理局的职责如下：

- 部署推进电信和互联网行业 CDO 制度建设工作；
- 指导开展 CDO 培训和研讨等相关活动；
- 施行 CDO 备案制度等管理工作；
- 与相关部门建立通报协调机制，定期通报 CDO 制度建设与管理情况。

2）电信和互联网企业的职责如下：

- 负责企业 CDO 制度建设工作；
- 设立 CDO 岗位并明确工作职责；
- 将数据战略引入日常管理运营中。

3）行业协会组织、相关专业机构的职责如下：

- 支撑与服务 CDO 制度建设工作；
- 组织开展 CDO 培训和研讨等相关活动；
- 建立 CDO 人才库；
- 遴选并推广 CDO 制度建设优秀案例。

（5）主要任务

1）企业 CDO 制度的建立包括以下内容。

CDO 应设置在企业最高管理层，应为高级管理团队中分管数据治理的管理人员。CDO 负责和实施企业数据相关战略工作，审批数据安全整体策略，统筹保障数据发展与安全工作所需人、财、物等资源，促进企业数据与公共数据融合与发展，壮大数据要素市场，并确保数据安全各项工作有序开展。

CDO 制度的组织架构设计应职责清晰、分工明确，组织重点职责包括制定数据安全和数据发展利用相关制度、规范、标准，明确数据责任归属，建设数据安全技术防护架构，健全数据治理考核机制。

企业需配置专职岗位负责本单位数据处理、流通利用等具体工作，以及与数据工作相关的沟通协调和日常联络工作，例如数据产业政策宣贯、数据利用制度实施、辖内数据安全管理等。

企业还需配备相关岗位配合开展本单位的数据收集、管理和运营，协助内设业务机构负责人开展具体应用场景的规划设计，本岗位可由单位内设关键业务机构中既熟悉业务又具备一定信息化技能的人员兼任。

企业各内设部门需要全力支持 CDO 及其管理组织的相关工作，有效保障数据管理各项措施切实执行。

2）企业 CDO 的职责包括以下内容。

- 制定企业数据治理战略并推动实施：制定企业数据治理战略，在保障企业数据战略目标与业务战略目标一致的前提下，持续跟踪市场竞争环境、信息化发展动向、数据安全技术发展等最新趋势，将数据作为战略资产来管理落实数据治理、完善企业数据成熟度，全面推动企业数字化转型变革；积极构建企业数据资产文化，推进开展培训教育，引导员工建立正确的数据资产意识和价值观，增强全员的数据治理意识。
- 优化企业数据治理与发展：加强与政府部门的沟通，在符合我国现行法律法规监管要求下，以保障合法权利和权益为前提，探索开放数据策略，强化数据管控、分析和使用，充分发掘数据价值，全方位协调数据资源促成交换共享、应用集成和职能协调，实现降本增效、各项业务的良性循环效应，积极促进企业各部门以及外部组织间的数据开放共享，加快完善数据要素市场化配置。
- 加强数据合规与安全保障：落实《数据安全法》《工业和信息化领域数据安全管理办法（试行）》等法律法规和规范性文件要求，密切关注数据安全监管动向和发展趋势，根据自身实际情况健全以重要数据和核心数据保护为基础的数据安全保障体系，健全完善数据分类分级、目录管理以及风险评估等核心制度机制，加强管理和技术能力储备，以确保数据处于有效保护和合法利用的状态，以及具备保障持续安全状态的能力。

3）企业 CDO 的能力要求包括以下内容。

CDO 需具有良好的职业道德和敬业精神，诚实守信、履职尽责；熟悉并遵守国家相关法律法规和标准，具有正确的数据价值观，有强烈的大数据意识和广阔的大数据视野，熟悉本企业的业务状况和所处的行业背景，有较强的创新、组织和协调能力；能够定期参加主管部门组织或指导的 CDO 专业能力培训。

CDO 核心能力和素质应包括：

- 战略思维与规划能力：具有对企业数据工作进行全局的战略规划和布局、合理配置企业内外部资源、制定发展目标和工作计划的能力。
- 领导力与执行能力：建立工作团队、指挥和带领团队成员围绕数据战略规划开展工作、实现数据发展目标的能力。支持、整合企业内外部资源、协调各方面的关系以促成合作的能力。
- 对数据的深刻理解和对行业的洞察力：深刻理解所在行业的数据资产价值以及技术发展趋势，准确判断数据及新技术带来机遇和风险的能力；深度了解数据安全相关法律和监管部门工作机制，具有良好的数据合规风险防控与应对的能力。

1.5.4　CDO 制度实践

1. 沈阳市政府 CDO 制度实践

2022 年 4 月，沈阳市印发了《沈阳市推行首席数据官制度工作方案》。该方案对政府 CDO 的角色进行了进一步界定：政府部门 CDO 旨在进一步提升行政领导与行政人员对政府数据的价值认知，提高其获取数据、分析数据、运用数据的能力，促进数据资源在公共服务与城市治理层面的有效整合和开发利用，以数据为关键要素提升政府治理能力和经济发展水平[1]。

（1）沈阳市政府为什么要推行 CDO 制度

- 推行 CDO 制度是确保建设“东北数字第一城”的有力保障。通过推进 CDO 制度，对标先进，深挖重点领域信息化转型的不足，找准最迫切、最突出的短板，确保数字化建设主要指标实现东北领先。
- 推行 CDO 制度是发现和培养数字复合型人才队伍的重要基础。设立 CDO，发现和储备一批高素质的复合型干部人才，并给予优先提拔。
- 推行 CDO 制度是提升政府数据治理能力的客观要求。通过设立 CDO，全面摸清各部门、各地区的数据资源，打破数据壁垒。

（2）工作目标

推行 CDO 制度是沈阳市加快政府数字化转型工作的一项创新举措。

[1] 姚羽，沈阳市首席数据官制度简介，DAMA 首席数据官峰会，2023-11-24。

2022 年，沈阳探索建立 CDO 组织体系、任用机制、职责范围、工作制度、评价机制等规章制度，重点选取首批 28 家试点单位，包括市直部门 18 家、公共企事业单位 5 家、区县（市）5 家，努力在数据采集、共享、开放、交易和安全防护方面实现突破性探索。

未来，沈阳将在市区两级全面推开 CDO 制度，增强政府利用数据推进各项工作的本领，加速经济发展、社会治理、人民生活等各领域数字化转型，让企业和百姓在共享城市发展成果上享有更多的获得感和幸福感，为数字辽宁建设积累可复制、可推广的改革经验。

（3）工作路径

1）组建队伍：2022 年 5 月底前，组建完成市级、市直各有关部门（含公共企事业单位）、各试点区的 CDO 队伍。

2）制度完善：2022 年 6 月底前，市区两级形成 CDO 组织体系、任用机制、职责范围、工作制度、评价机制，各试点单位制订本单位年度工作方案，明确工作任务、重点项目和创新举措。

3）试点突破：确保在 2022 年 12 月底前各试点单位全面启动数据资源治理和数据创新应用的试点任务，并取得明显成效；推动试点单位数据资源目录的挂载率和更新率达到 100%；鼓励相关区县（市）在数据采集、共享、开放、交易和安全防护方面进行突破性探索，实现信用、交通、医疗、就业、社保、教育、环境、企业登记监管、燃气、供水等领域数据的有序开放；谋划和推动 200 个惠企惠民的典型应用场景，培育打造 5 个各具发展特色的数字城区样板。

（4）政府 CDO 的工作职责

CDO 统筹负责推动本地区、本单位数据资源规范管理、共享开放和创新应用等工作，具体包括：

1）推进数字沈阳建设。组织制订本级政府或本部门数字政府发展规划、数据战略规划和政策法规体系等，谋划和组织实施跨部门、跨层级、跨领域的融合型应用场景。

2）推动数据资源汇聚共享和安全防护。消除数据壁垒，建立和完善政务数据资源目录体系，强化政务数据资源的对接共享；推动建立大数据安全专家队伍，建立数据安全应急处置机制。

3）实施常态化指导监督。协调解决本地区、本部门信息化项目建设中的重大问题，在申请立项中拥有“一票否决权”，对数据治理运营、信息化建设等执行情况进行监督。

4）营造良好数字发展生态。加强本单位人才队伍建设，积极培育大数据产业，发展数字经济新业态新模式，探索建立大数据交易机制，开展广泛宣传和推广工作。

（5）CDO的组织架构

1）设立市CDO一名。市CDO原则上由数字沈阳建设工作领导小组执行副组长兼任。统筹全市数据资源管理和创新应用工作，推动形成数字政府建设的顶层设计和架构安排。

2）设立市首席数据执行官一名。市首席数据执行官原则上由市大数据局主要领导兼任。负责协助和对接工作团队，组织落实全市数据资源管理和融合创新工作，建立健全政务数据资源管理协调机制，组织落实数字政府年度工作计划，定期报告工作进展。

3）市各有关部门设部门CDO一名。部门CDO原则上由本部门领导班子成员兼任。负责推动本部门业务领域数据资源规划、采集、处理、共享开放和组织开发创新应用等工作。

4）各区县（市）参照建立CDO组织体系，并设区CDO一名。区CDO原则上由分管数字（智慧）城市建设工作的区县（市）政府班子成员兼任。在市CDO、“数字沈阳”建设首席架构师、市首席数据执行官的指导和本地区政府党组的领导下，负责推动本地区数据资源规划、采集、处理、共享开放和创新应用等工作。

（6）推行CDO制度试点实施方案

1）选用试点单位CDO：各试点单位党委（党组）从领导班子成员中研究提出CDO推荐人选，经市委组织部和市大数据局共同综合研判，报数字沈阳建设工作领导小组审定。由市大数据局以数字沈阳建设工作领导小组办公室名义颁发“首席数据官聘书”。CDO确定后，由市委组织部和市大数据局联合组织进行专题培训。各试点单位研究制定本单位年度实施方案，细化工作内容、重点项目和重要举措，实施方案报数字沈阳建设工作领导小组审定。

2）开展特色数据应用探索和先行先试。各试点单位根据业务特色，开展数据应用探索。

3）总结 CDO 试点成效。市大数据局牵头会同各试点单位建立 CDO 工作联络机制，及时掌握 CDO 试点工作推进情况，并做好试点工作评估和先进经验推广。各试点单位每半年将试点工作情况总结报市大数据局。年底前，市大数据局负责梳理形成试点工作总体情况，向数字沈阳建设工作领导小组报告。市委组织部组织开展试点单位 CDO 的考核工作。

（7）沈阳市 CDO 的创新之处

1）沈阳市不仅设立了市 CDO，还设立了市首席数据执行官，为各单位的 CDO 配置专业化工作团队。

2）将试点范围扩大到供水、燃气等公共企事业单位，包括积金中心、水务集团、燃气公司、供电公司、地铁集团。

3）推动公共数据的汇聚、整合、开放与应用。结合物联网技术丰富数字生活应用场景，更好地满足人民美好生活需要。

2. 山东省企业总数据师制度实践

山东省从优化发展环境、加强政策支撑、强化人才激励等方面入手，采取“五个一”措施，立体化推动全省企业总数据师制度高质量发展[㊀]。

（1）一套方案提供基础支撑

2021 年 8 月，山东省发布《山东省企业总数据师制度试点工作建设方案》，明确提出推行企业总数据师（CDO）制度是提升数据管理能力、培育数据要素市场的重要抓手，也是充分发掘内部数据驱动需求、实现数据业务增值的具体举措。重点提出省工业和信息化厅推动部署全省企业 CDO 制度建设工作，鼓励引导各地制定相应的支持政策，组织开展 CDO 培训和研讨活动，指导建立 CDO 人才库，征集并推广 CDO 制度建设。

《山东省企业总数据师制度试点工作建设方案》主要包括四项内容。

1）强化多方参与机制。省工业和信息化厅推动部署全省企业 CDO 制度建

㊀ 参考了王俊人于 2023 年 11 月 24 日在首届中国首席数据官峰会上的主题演讲“企业总数据师建设山东经验”。

设工作；各地相关管理部门负责组织、引导和指导本辖区内的企业开展 CDO 制度建设；行业协会、联盟负责本行业、本联盟内的企业 CDO 制度建设的推进工作；企业董事长、总经理及企业 CDO 负责本企业 CDO 制度建设工作。

2）完善组织架构体系。CDO 应设置在企业决策层，全面负责企业数据管理工作；推动引导大型企业设立数据工作领导小组和数据管理部门；企业应支持 CDO 参加专业培训交流，并注重 CDO 后备人才的培养。

3）明确 CDO 角色职责分工。CDO 角色职责分工包括：①制定企业数据战略、规划；②实施企业数据战略、规划；③优化数据管理与服务。

4）强化能力素质。主要包括如下能力：战略思维与规划能力、领导力与执行能力、数据价值创新应用能力、对数据的深刻理解和行业判断力、沟通与统筹协调能力。

（2）一套流程规范试点申报

具体流程如下：

1）申请。符合条件的企业填报“企业总数据师制度试点申请表”，提出 1 位 CDO 推荐人选。

2）各市推荐。各市综合考虑本地实际情况，重点推荐 10 家左右的企业。

3）审核评选。省工业和信息化厅组织专家对申报人选进行评选，确定试点名单。

（3）一个联盟引导产业方向

为充分挖掘数据资源价值，推动信息技术应用创新发展，2023 年 6 月 30 日，山东省总数据师（CDO）联盟成立大会在济南顺利举行。山东省总数据师（CDO）联盟的主要工作包括：

1）建设完善相关制度体系，积极开展行业试点示范培育和推广。

2）研究制定行业标准规范，宣贯解读有关政策文件。

3）加快推进数据管理高端人才队伍建设。

4）充分挖掘各类主体数据资源价值，有效促进全省数字化转型升级。

（4）一套机制加强人才管理

1）省级层面，主管部门（省工业和信息化厅）统筹全省企业 CDO 制度建设工作，组织开展 CDO 培训研讨，指导人才建设和案例推广。

2）市级层面，各市负责组织、引导和指导本辖区内的企业开展 CDO 制度建设，因地制宜，出台本地支持政策。

3）协会层面，行业协会、联盟负责本行业、本联盟内的企业 CDO 制度建设、案例推广、人才培养等工作。

4）企业层面，企业董事长、总经理以及企业 CDO 负责本企业 CDO 制度建设工作。

（5）一个智库提供咨询服务

1）成立以“省数字经济专家咨询委员会”为核心的高层次专家智库团队，委员会成员来自省内外高校、科研院所、重点企业、社会团体。

2）设立专家团队，为全省“总数据师制度”建设提供高质量规划指导和咨询服务。

1.6 CDO 的发展趋势

CDO 的发展趋势可以预见为多个方面的深化与拓展。

（1）角色定位与职责的进一步明确

随着数据在组织运营和决策中扮演越来越重要的角色，CDO 的角色定位将更加明确。他们不仅需要具备深厚的数据分析和管理能力，还要能够将这些能力转化为实际的业务价值。其职责将不限于数据战略的制定和执行，还将涉及数据治理、数据安全、数据质量等多个方面。

（2）技能要求的提升

随着技术的快速发展，CDO 需要不断更新自己的知识和技能。除了传统的数据分析技能外，他们还需要掌握人工智能等先进技术，以便更好地应对复杂的数据挑战。同时，数据安全、隐私保护等方面的知识和技能也是 CDO 必须掌握的。

（3）跨部门协作的加强

CDO 将更多地与其他业务部门和高层管理者进行协作，以推动数据驱动的决策和创新。他们需要与组织内部的 IT 部门、业务部门以及外部的数据提供商、技术供应商等建立紧密的合作关系，共同构建和完善企业的数据生态系统。

（4）对业务创新的推动

CDO 将更多地参与到组织的业务创新中，利用数据洞察来推动新产品的开发、优化客户体验、提升运营效率等。他们将成为组织创新的重要推动力量，帮助组织在竞争激烈的市场中脱颖而出。

（5）行业标准的制定与参与

随着 CDO 群体的壮大和影响力的提升，他们将在行业标准的制定和参与方面发挥更大的作用。他们将积极参与到数据治理、数据安全、数据隐私等相关标准的制定和修订中，来推动行业的健康发展。

第2章 CHAPTER

CDO如何做好数字化转型

当我们谈论数字化转型时，首席数据官（CDO）的角色显得尤为关键。在本章中，我们将深入探讨CDO与数字化转型的紧密联系，揭示CDO在推动组织数字化转型过程中的核心作用。

第一，我们将明确数字化转型的概念和重要性，理解它对组织运营模式和业务逻辑的深刻影响。数字化转型不仅是技术的升级和革新，更是对组织架构、业务流程、文化观念等方面的全面改造。在这个过程中，CDO作为数据领域的领导者，扮演着至关重要的角色。

第二，我们将分析数字化转型对组织内部架构的影响，以及CDO在其中所扮演的角色。在数字化转型的过程中，企业/政府需要构建更加灵活、高效、智能的数据驱动型组织。CDO需要制定数据战略，整合数据资源，推动数据资产共享和流通，以确保组织能够充分利用数据驱动决策，实现业务创新和增长。

第三，我们还将探讨CDO在数字化转型过程中的具体工作、CDO成功的关键要素，并对CIO与CDO进行对比，辨析常见的错误意识。通过上述分析我们能够看到，在数字化转型过程中，CDO发挥着关键作用。CDO需要不断学习和提升自己的能力，才能适应数字化转型的快速发展和变化。

在本章中，我们将详细解析 CDO 在数字化转型中的定位、职责和工作内容，并结合实际情况进行深入探讨。希望通过这些内容，读者能够更加深入的理解 CDO 在数字化转型中的重要作用和价值。

2.1　什么是数字化转型

2.1.1　数字化转型的背景

数字化转型是当前全球范围内的重要趋势，政策、经济、社会和技术背景都为其提供了强有力的支撑和推动。

1. 政策背景

数字化转型的政策背景在全球范围内呈现出一个广泛而深入的发展趋势。随着科技的飞速进步和全球经济一体化的加深，各国政府都认识到数字化转型对于提升国家竞争力、推动经济发展以及改善民生福祉的重要性，因此纷纷出台了一系列政策来推动数字化转型的进程。

（1）多数国家都将数字化转型作为国家战略的重要组成部分

随着信息技术的飞速发展，数字技术已渗透到各个领域，不仅极大地提高了生产效率，也推动了产业结构的升级和转型。各国政府意识到，只有紧跟这一趋势，促进数字化转型，才能在激烈的国际竞争中占据有利地位。因此，许多国家都将数字化转型作为国家战略的重要组成部分，制定了一系列政策来推动其发展。

在中国，政府高度重视数字化转型。在“十四五”规划中，明确提出“加快数字化发展，建设数字中国”的目标，将数字化转型作为推动经济高质量发展的重要手段。为实现这一目标，政府出台了一系列政策措施，包括加强基础设施建设、推动数据资源共享、优化营商环境等，为数字化转型提供了有力的保障。

在美国，政府同样高度重视数字化转型。美国政府通过制定《美国人工智能倡议》等文件，积极推动人工智能等数字技术在各个领域的应用和发展。同时，美国政府还加强与企业的合作，共同研发新技术、新产品，推动数字化转型的深入发展。此外，美国政府还注重加强网络安全和数据保护，出台了一系列法律法规，确保数字化转型的顺利进行。

（2）各国政府通过制定财政、税收、金融等优惠政策，鼓励企业加大数字化转型的投入

例如，一些国家提供数字化转型的专项资金支持，对符合条件的企业给予资金补贴或贷款优惠；同时，降低数字化转型相关的税收负担，减轻企业的经济压力。

为了实现这一目标，各国政府注重促进数字化转型的人才培养和引进。通过设立相关学科、开展职业培训、建立人才库等方式，培养具备数字化技能和知识的人才，为数字化转型提供有力的人才保障。同时，各国政府还积极引进高层次人才，推动国际交流与合作，共同推动数字化转型的全球发展。

（3）在数字化转型的过程中，各国政府还注重加强数据安全和隐私保护

随着数字技术的广泛应用，数据安全和隐私保护问题日益凸显。一旦数据泄露或被滥用，将给个人和企业带来巨大损失。因此，各国政府纷纷出台相关法律法规，规范数据的收集、存储、使用和共享等行为，保护个人隐私和信息安全。同时，各国政府还加大网络安全监管和执法力度，打击网络犯罪和黑客攻击等违法行为，确保数字化转型的顺利进行。

总之，数字化转型的政策背景体现出了各国政府对这一趋势的高度重视和积极推动。通过制定国家战略、提供优惠政策、加强人才培养和数据安全保护等措施，为数字化转型提供了有力的政策支持和保障。这些政策的出台和实施将有助于推动数字化转型在全球范围内的深入发展，促进全球经济的繁荣和社会的进步。

2. 经济背景

数字化转型的经济背景在当今世界正愈发显著，它不仅仅是一种技术变革，更是全球经济格局深度调整、科技进步和社会需求演变的综合体现。

（1）全球经济结构的深度调整为数字化转型提供了广阔舞台

随着全球化的深入发展和贸易壁垒的逐步降低，各国经济相互依存度不

断加深。在这一背景下，传统产业面临巨大的转型升级压力，而数字技术则成为推动产业升级的重要引擎。各国政府和企业纷纷认识到，数字化转型是提升经济效率、增强产业竞争力、实现绿色发展的重要途径。因此，它们积极推动经济结构向数字化、智能化、绿色化转型，以适应全球经济结构的深度调整。

（2）新兴技术的快速发展为数字化转型提供了强大的技术支撑

近年来，云计算、大数据、人工智能、物联网等新技术不断涌现，为数字化转型提供了前所未有的技术支撑。这些技术的应用不仅极大地提高了生产效率，降低了运营成本，还推动了商业模式和服务方式的创新。例如，云计算为企业提供了更加灵活、高效的 IT 基础设施服务；大数据技术帮助企业挖掘海量数据中的价值，实现精准营销和决策支持；人工智能技术在自动驾驶、智能客服等领域的应用，为用户提供了更加便捷、个性化的服务体验。这些创新技术的应用不仅推动了数字化转型的深入发展，也为经济增长提供了新的动力。

（3）市场对数字化产品和服务的高需求是推动数字化转型的重要动力

随着消费者对于个性化、便捷化服务的需求日益增强，数字化产品和服务已经成为市场的新宠。无论是电子商务、在线教育、远程医疗还是智能出行等领域，数字化产品和服务都在改变着人们的生活方式。这种变化不仅为消费者带来了更加便捷、高效的服务体验，也为企业创造了巨大的商业价值。因此，企业纷纷加大数字化转型的投入力度，通过引入新技术、优化业务流程、提升服务质量等方式来满足市场需求并获取竞争优势。

（4）多数国家还面临着传统产业升级和转型的压力

随着全球经济结构的深度调整和市场竞争的加剧，传统产业面临着巨大的生存压力。为了应对这一挑战，各国政府纷纷出台政策鼓励企业加大数字化转型的投入力度。它们通过提供税收优惠、资金支持、人才培训等措施来降低企业数字化转型的成本和风险；同时它们还积极推动传统产业与数字技术的深度融合，发展新模式、新业态，促进产业升级和经济转型。

综上所述，多数国家的经济背景都呈现出对数字化转型的强烈需求和积极推动态势。全球经济结构的深度调整、新兴技术的快速发展以及市场对数字化产品和服务的高需求共同构成了数字化转型的重要经济背景。在这一背景下，数字化转型不仅有助于提升经济的效率和竞争力，还将为未来的经济增长提供新的动力和方向。

3. 社会背景

数字化转型的社会背景在多数国家中愈发凸显，它不仅反映了技术发展的必然趋势，更是社会结构、人口变迁以及生活方式转变的综合体现。

（1）社会对数字化转型的广泛认同与需求是推动其深入发展的核心动力

随着科技的飞速进步和信息化程度的日益加深，数字化转型的价值已经得到了社会各界的广泛认可。从政府层面来看，数字化转型被视为提升公共服务效率、优化资源配置、推动创新发展的重要途径。企业则通过数字化转型来提高生产效率、降低成本、拓宽市场渠道，进而提升竞争力。个人也享受到了数字化转型带来的便利，从在线购物、社交娱乐到远程办公、在线教育，数字化服务已经渗透到生活的方方面面。

（2）人口结构的变化对数字化转型产生了深远影响

在许多发达国家，老龄化趋势明显，劳动力资源相对紧张。为了应对这一挑战，企业和社会不得不寻求更高效、更智能的生产和服务方式。数字化转型成为解决这一问题的关键。通过引入自动化、智能化等技术手段，企业可以优化工作流程、降低人力成本，同时提高生产效率和服务质量。此外，年轻一代作为数字技术的原住民，他们对于数字化产品和服务的需求更加强烈。这种需求不仅推动了数字化技术的创新和应用，也促进了数字化产业的快速发展。

（3）数字化生活方式的普及为数字化转型提供了坚实的社会基础

随着智能手机、互联网等技术的普及和应用，人们的生活方式已经发生了翻天覆地的变化。购物、社交、娱乐、教育等各个领域都已经实现了数字化，数字化生活方式已经成为人们日常生活的重要组成部分。这种数字化生活方式的普及不仅提高了人们的生活质量，也为数字化转型提供了广阔的市场空间和应用场景。同时，数字化生活方式也改变了人们的消费观念和行为习惯，促进了数字经济的繁荣发展。

（4）全球化和国际合作为数字化转型提供了重要的社会背景

在全球化的背景下，各国之间的经济、文化交流日益频繁，数字技术作为推动全球化的重要力量，其应用和发展也日益受到重视。各国政府和企业纷纷加强在数字技术领域的合作与交流，共同推动数字化转型的进程。同时，国际合作也为数字化转型提供了更多的机遇和平台，各国可以通过共同研发、分享经验等方式来推动数字技术的创新和应用。这种国际合作不仅有助于提升各国的数字化转型水平，也有助于推动全球经济的可持续发展。

综上所述，数字化转型的社会背景在多数国家中表现为广泛认同与需求、人口结构的变化、数字化生活方式的普及以及全球化和国际合作的特点。这些社会背景共同构成了数字化转型的重要社会环境，为其提供了广阔的发展空间和机遇。在未来，数字化转型将继续深入发展，为社会经济的繁荣和进步做出更大的贡献。

4. 技术背景

数字化转型的技术背景在全球多数国家中愈发显著，这主要得益于新兴技术的迅猛发展和广泛应用，这些技术不仅为数字化转型提供了强大的技术支撑，还为企业和社会带来了前所未有的变革机遇。

（1）云计算技术的普及成为数字化转型的重要基础设施

云计算以其独特的优势，如弹性扩展、高效计算和存储能力，为企业提供了前所未有的灵活性和便捷性。通过云计算，企业可以轻松地部署和管理各种应用程序，实现数据的集中存储和实时共享。这不仅提高了工作效率，还降低了IT成本，使企业能够更加专注于业务创新和发展。

（2）大数据技术的兴起为数字化转型注入了强大的数据处理和分析能力

随着数据量的不断增长，大数据技术帮助企业从海量数据中提取有价值的信息，用于指导企业的决策、优化业务流程和提升客户体验。通过大数据分析，企业可以更加精准地了解市场需求、客户偏好和竞争态势，从而制定出更加有效的市场策略和业务计划。

（3）人工智能技术的快速发展为数字化转型带来了前所未有的智能化和自动化水平

人工智能技术的应用范围日益广泛，从自然语言处理、图像识别到机器学习、深度学习等领域都取得了显著的进展。通过人工智能技术，企业可以实现智能化决策、自动化生产和服务创新等，提高生产效率和创新能力。例如，智能客服机器人可以自动处理客户咨询和投诉，提高客户满意度；智能制造系统可以自动调整生产参数，优化生产流程，提高产品质量和生产效率。

（4）物联网技术的广泛应用为数字化转型提供了更广阔的应用场景

物联网通过将各种设备和传感器连接到互联网上，实现了对物理世界的智能化感知和控制。这使得企业可以实时获取设备的运行数据、环境参数等信息，实现精细化管理和智能化决策。同时，物联网技术还推动了智能家居、智慧城市等领域的发展，为人们的生活带来了更多的便利和舒适。

（5）多数国家还积极推动 5G、区块链等新兴技术的发展和应用

5G 技术以其高速传输和低延迟的特性，为数字化转型提供了更好的网络支持。它不仅可以满足大量数据的高速传输需求，还可以支持更多设备的同时接入和实时交互。这使得企业可以更加便捷地部署和管理云计算、大数据等应用，实现更加高效的数据处理和分析。区块链技术则以其去中心化、安全性和透明性等特点，为数字化转型提供了更加可靠的数据保障和信任机制。它可以帮助企业建立可信的数据交换和共享平台，保护用户隐私和数据安全，促进跨组织、跨行业的合作和共赢。

综上所述，数字化转型的技术背景呈现出新兴技术迅猛发展和广泛应用的趋势。这些技术的发展不仅为数字化转型提供了强大的技术支撑和广阔的应用空间，还为企业和社会带来了前所未有的变革机遇。同时，这些技术的不断创新也为数字化转型带来了更多的挑战和机遇，需要企业和社会不断学习和适应新的技术趋势和发展方向。

2.1.2 数字化转型的定义

关于数字化转型，并没有确定的定义，但我们认为：数字化转型是数字技术和业务双轮驱动下的组织业务、组织架构、流程、产品和商业模式等全方位的创新性变革，其本质是在组织实现全面信息化的基础上，构建平台化的新一代 IT 基础设施和可信安全架构，通过数据技术和数据算法显性切入业务流，以数据驱

动实现智能化业务闭环，使组织的生产经营全过程可度量、可追溯、可预测、可传承，推动形成新业务、新业态、新模式，优化资源配置效率，对内提升效率和效益，对外提升客户满意度，构建组织新型竞争优势，实现价值创造。

数字化转型是在数字化转换、数字化升级的基础上，进一步触及组织核心业务，以新建一种商业模式为目标的高层次转型。它是通过新一代数字技术的深入应用，构建一个全面感知、无缝连接、高度智能的数字孪生组织，进而以数字仿真，优化再造物理世界的组织，对传统管理模式、业务模式、商业模式进行创新和重塑，实现组织的业务成功增长与发展。

在数字化转型的过程中，组织不仅需要对 IT 系统进行升级和改造，更重要的是要对组织活动、流程、业务模式和员工能力进行重新定义和优化，以实现系统性的变革。这种变革涉及组织的方方面面，包括但不限于产品创新、客户体验改善、运营效率提升以及商业模式创新等。

因此，数字化转型不仅仅是技术的升级和应用，更是一场深刻的组织变革，旨在通过数字技术的力量，推动组织实现更高效、更智能、更可持续的发展。

1. 数字化转型的特征

从定义来看，数字化转型具有多个特征。

1）数字技术与业务双轮驱动。数字化转型并非单纯的技术变革，而是技术与业务相互融合、相互促进的过程。数字技术（如云计算、大数据、人工智能、物联网等）的发展为业务创新提供了强大的支持，而业务需求又推动了数字技术的不断演进和应用。

2）全方位的创新性变革。数字化转型涉及组织的各个方面，包括业务、组织架构、流程、产品和商业模式等。这种变革是全面而深入的，要求组织在各个方面都进行创新和调整，以适应数字化时代的需求。

3）全面信息化与新一代 IT 基础设施。数字化转型的前提是组织实现全面信息化，即所有业务和管理活动都通过信息系统进行。在此基础上，构建平台化的新一代 IT 基础设施，为数字化转型提供稳定、高效、可扩展的技术支持。

4）数据驱动与智能化业务闭环。数字化转型的核心是数据。通过数据技术和数据算法，将数据显性切入业务流，实现以数据驱动的智能化业务闭环。这意味着组织可以通过数据分析来指导业务决策、优化业务流程、提升产品和服务质量。

5）可度量、可追溯、可预测、可传承。数字化转型使组织的生产经营全过程变得可度量、可追溯、可预测和可传承。这意味着组织可以更加准确地掌握业务运行状况，及时发现问题并进行调整；同时，也可以将成功的经验和做法传承下去，为未来的发展奠定基础。

6）新业务、新业态、新模式。数字化转型推动形成新业务、新业态和新模式。通过数字化转型，组织可以开发出符合市场需求的新产品和服务；同时，也可以探索新的商业模式和合作方式，以应对市场变化和竞争挑战。

- 优化资源配置效率：数字化转型可以优化组织的资源配置效率。通过数据分析和智能化决策，组织可以更加精准地掌握资源需求和使用情况，实现资源的合理配置和高效利用。
- 提升效率和效益：数字化转型对内可以提升组织的效率和效益。通过优化业务流程、降低运营成本、提高生产效率等方式，实现组织的持续发展和竞争力提升。
- 提升客户满意度：数字化转型对外可以提升客户满意度。通过提供更加便捷、高效、个性化的产品和服务，满足客户的多样化需求，提高客户满意度和忠诚度。
- 构建新型竞争优势：数字化转型有助于组织构建新型竞争优势。在数字化时代，数据成为组织的重要资产和核心竞争力；通过数字化转型，组织可以更好地利用数据资源，形成独特的竞争优势和核心竞争力。

综上所述，数字化转型是一个全方位、深层次、系统性的变革过程，它要求组织在数字技术和业务双轮驱动下进行全面创新和调整，以适应数字化时代的需求和挑战。

2. 数字化转型的内涵

数字化转型不仅要对组织自身的状况、数字化转型实施环境和成熟度是否能接受或适应转型等进行分析和考虑，更是一种思维方式的转型，甚至是对之前认知的一种颠覆，这种使命的变革，表现在以下几个方面，如图 2-1 所示。

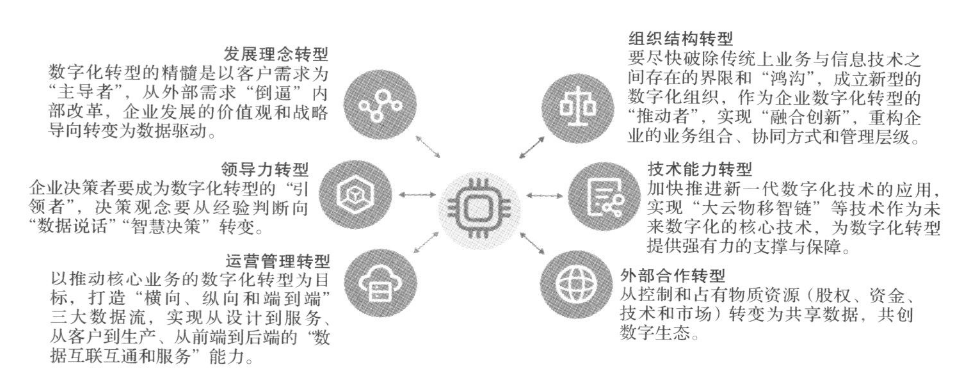

图 2-1　数字化转型的内涵

（1）发展理念转型

数字化转型的核心是以客户需求为导向，这意味着组织的发展理念和战略方向需要彻底转变。传统的以产品为中心的发展模式已经无法满足数字化时代的需求，必须转变为以客户需求为主导的发展模式。这种转变要求组织深入了解客户需求，通过数据分析来洞察市场趋势，从而指导产品研发、生产和服务的全过程。这种发展理念的转型，实际上是一种从内部驱动向外部需求“倒逼”内部改革的转变，它要求组织将客户放在首位，以数据为驱动，实现持续的创新和优化。

（2）领导力转型

在数字化转型中，组织决策者扮演着至关重要的角色。他们需要成为数字化转型的引领者，不仅要具备深厚的行业知识和丰富的管理经验，还需要具备对数据和技术的敏锐洞察力和深刻理解。领导力转型要求决策者从传统的经验判断向数据说话、智慧决策转变。这意味着决策者需要借助数据分析工具和技术手段，对组织运营过程中的各种数据进行深入挖掘和分析，从而做出更加科学、精准和高效的决策。同时，决策者还需要具备开放的心态和创新的思维，勇于尝试新的管理模式和技术手段，推动组织不断向前发展。

（3）运营管理转型

数字化转型要求组织在运营管理方面实现全面的变革。这包括打造横向、纵向和端到端三大数据流，实现数据的互联互通和服务能力。具体来说，组织需要建立统一的数据平台，将各个部门和业务环节的数据进行集成和共享，打破信息孤岛和数据壁垒。同时，组织还需要优化业务流程和协同方式，确保数据在各个环节都能够顺畅流通和高效利用。这种运营管理转型要求组织具备强大的数据管理和处理能力，以及灵活高效的业务协同能力，从而实现从设计到服务、从客户到生产、从前端到后端的全面数字化。

（4）组织结构转型

数字化转型要求组织打破传统业务与信息技术之间的界限和鸿沟，成立新型的数字化组织。这种数字化组织需要具备跨部门的协作能力和创新思维，能够推动组织在数字化转型过程中的各项变革和创新。同时，数字化组织还需要具备强大的技术实力和数据管理能力，能够为组织提供稳定可靠的技术支持和数据保障。为了实现这种组织结构转型，组织需要采取一系列措施，如设立数字化部门、建立跨部门协作机制、加强人才引进和培养等。

（5）技术能力转型

数字化转型需要强大的技术支撑和保障。组织需要加快推进新一代数字技术的应用，如大数据、云计算、物联网、人工智能、区块链等。这些技术将成为未来数字化的核心技术，为组织提供强大的数据处理和分析能力、灵活高效的计算和存储能力、智能化的决策和服务能力等。为了实现技术能力转型，组织需要加大技术研发投入和人才培养力度，积极引进和应用新技术和新模式，推动组织在技术创新和应用方面的不断突破和进步。

（6）外部合作转型

在数字化转型中，组织需要积极寻求外部合作并与合作伙伴共创数字生态。传统的控制和占有物质资源的模式已经无法满足数字化时代的需求，组织需要转变为共享数据和共创数字生态的模式。这要求组织积极寻求与产业链上下游企业、合作伙伴、创新机构等的合作和协同，共同构建数字生态体系。通过共享数据和资源、共同研发和创新、互利共赢的合作模式，推动整个生态系统的持续发展和创新。

数字化转型是一场深刻的变革，它要求组织在发展理念、领导力、运营管理、组织结构、技术能力和外部合作等多个方面进行全面的革新。通过这场转型，组织将能够更好地适应数字经济时代的发展趋势，实现持续、健康、快速地发展。

2.1.3 数字化转型的架构

数字化转型的具体内容和架构主要围绕组织的价值体系优化、创新和重构展开，旨在通过技术创新与管理创新协调互动，实现螺旋式上升、可持续迭代优化的体系性创新和全面变革过程。

如图 2-2 所示，数字化转型的核心路径是新型能力建设，包括多个关键方面。

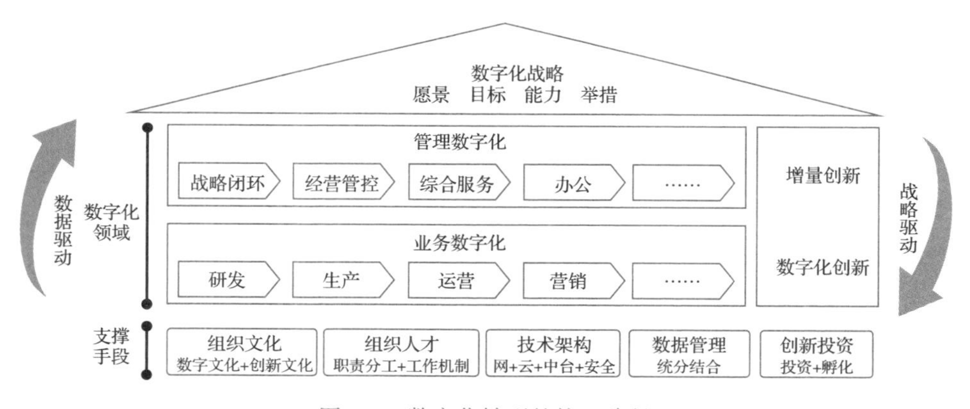

图 2-2 数字化转型的核心路径

（1）制定明确的数字化战略

数字化转型的首要任务是明确愿景和目标，并将其与组织的整体业务战略紧密结合起来。这需要组织高层领导对数字化转型有深刻的理解和坚定的决心，同时需要跨部门、跨领域的协作，共同制定切实可行的数字化战略。战略中应明确数字化转型的优先级、关键成功因素、预期成果和风险评估，以确保转型过程有序、高效、可控。

（2）管理数字化

在组织管理领域，数字化转型意味着组织利用数字技术优化和自动化管理流程，提高管理效率和质量。这包括战略闭环管理、经营管控、综合服务和办公等领域的专项数字化。通过引入先进的数字化工具和技术，可以实现对管理流程的实时监控、智能分析和自动化决策，从而使管理决策更加精准、高效。

（3）业务数字化

在组织的核心业务领域，数字化转型旨在利用数字技术优化和自动化业务流程，提高业务效率和质量。这包括研发、生产、运营、营销、客户服务等各个环节。通过引入数字化技术，可以实现业务流程的智能化、自动化和协同化，提高业务处理速度和准确性，降低运营成本，提升客户满意度。同时，数字化转型还可以帮助组织发现新的业务机会和增长点，推动业务创新和升级。

（4）支撑数字化

组织数字化的实现需要多方面的支撑和保障。在组织文化方面，需要培育数字化文化，提升全员数字化认知和实践能力，减少数字化转型的阻力。这要求组织在内部宣传和推广数字化理念，加强员工培训和知识普及，形成积极向上的数字化氛围。

在组织人才方面，需要建设数字化转型组织架构，明确数字化转型权责划分，培育数字化转型人才。这包括设立专门的数字化部门或团队，负责数字化转型的规划、实施和监控；同时需要加强对员工的数字化技能培训和能力提升，确保员工能够胜任数字化转型的要求。

在技术架构方面，需要更新现代化技术基础设施，支持数字化转型。这包括采用云计算、数据平台、数据湖、微服务架构、容器化应用程序等先进技术，构建高效、稳定、可扩展的技术架构，为数字化转型提供强大的技术支撑。

在数据管理方面，需要建立组织数据管理体系，明确组织数据管理团队、人员、机制、工具等。通过构建完善的数据管理体系，确保组织数据的准确性、完整性和安全性，为数字化转型提供可靠的数据保障。

在创新投资方面，组织需要在数字化领域进行投资，新技术支撑数字化转型具体场景实现，孵化新的业务。这要求组织具备敏锐的市场洞察力和创新能力，不断关注新技术和新趋势的发展，积极探索和尝试新的业务模式和应用场景，推动组织的持续创新和发展。

总的来说，数字化转型是一个复杂而系统的过程，需要组织从战略、管理、业务、文化、人才、技术、数据和创新等多个方面入手，全面推动组织的变革和升级。通过构建新型能力，组织可以更好地适应数字化时代的需求和挑战，实现持续的发展和繁荣。

1. 组织数字化转型的过程

一般来说，组织数字化转型的开展可以遵循以下步骤，如图 2-3 所示。

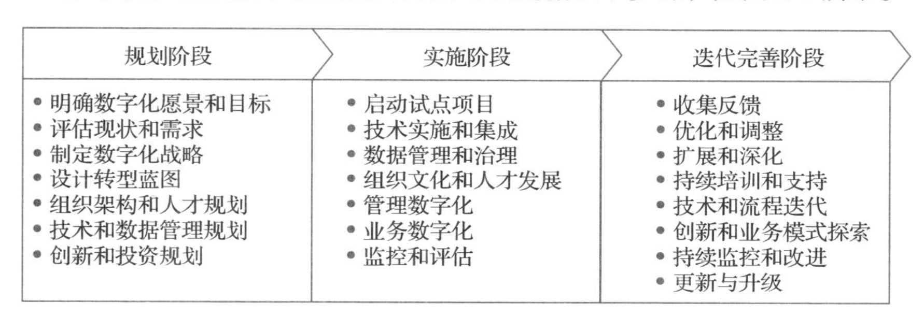

图 2-3 组织数字化转型的过程

（1）规划阶段

1）明确数字化愿景和目标：在这个阶段，组织需要深入理解市场趋势和自身优势，构建一个清晰的数字化愿景，确保其与组织的长期目标和业务战略相匹配。通过设定 SMART 目标，组织可以确保数字化转型的方向性和可执行性。

2）评估现状和需求：组织必须进行全面的自我评估，包括对现有技术能力、业务流程和数据资源的深入分析，以识别数字化转型的关键需求和潜在的改进点。

3）制定数字化战略：基于对现状和需求的评估，组织需要制定一个全面的数字化战略，这涉及跨部门协作，同时需要明确需求的优先级，识别关键成功因素，并制定风险管理计划。

4）设计转型蓝图：创建一个详细的转型路线图，包括阶段性目标、里程碑和预期成果，为组织提供一个清晰的转型路径。

5）组织架构和人才规划：构建一个支持数字化的组织架构，确保跨部门协作的顺畅，并规划人才发展和培训计划，以支持数字化转型的实施。

6）技术和数据管理规划：规划技术基础设施的更新和现代化，设计数据管理体系，确保数据的质量和安全，支持业务转型。

7）创新和投资规划：确定数字化领域的投资方向，制定创新策略，鼓励内部创新和外部合作，推动组织的持续创新和发展。

（2）实施阶段

1）启动试点项目：选择具有代表性的领域或流程作为试点，启动数字化转型项目，确保试点项目的可推广性和示范效应。

2）技术实施和集成：根据规划蓝图，选择合适的技术解决方案，实施技术集成，确保新旧系统的无缝对接。

3）数据管理和治理：建立数据管理框架，包括数据制度、管理机制、标准等建设，构建数据管理体系；开展数据资源的建设，构建和完善数据资源架构、进行存量数据的治理，保障数据质量和安全。

4）组织文化和人才发展：建设数字化转型组织架构，明确权责划分，推动数字化文化的建设，制定人才培训和发展计划。培育数字化文化，提升全员数字化认知和实践能力。

5）管理数字化：引入先进的数字化工具和技术，如数据分析、人工智能、云计算等，优化和自动化管理流程。在战略闭环管理、经营管控、综合服务和办公等领域推进专项数字化。

6）业务数字化：在研发、生产、运营、营销、客户服务等核心业务领域推进数字化技术的应用。自动化、智能化和协同化业务流程，提升业务效率和质量。

7）监控和评估：建立项目监控机制，包括进度跟踪和质量控制，定期评估实施效果，确保项目按计划进行。

（3）迭代完善阶段

1）收集反馈：从试点项目和初期实施中收集用户和员工的反馈，分析反馈数据，识别成功经验和改进点。

2）优化和调整：根据反馈进行策略和计划的优化调整，改进数字化战略和实施计划，解决数字化转型过程中发现的问题。

3）扩展和深化：将成功的试点项目扩展到更广泛的业务领域，深化数字化应用。在迭代完善的过程中，持续优化数字化工具和技术的应用，提升数字化转型的效果。鼓励创新，探索新的业务模式和应用场景，推动组织的持续创新和发展。

4）持续培训和支持：提供持续的员工培训和技术支持，帮助员工解决数字化过程中发现的问题。

5）技术和流程迭代：定期评估和更新技术，迭代优化业务流程，提高流程的灵活性和效率。

6）创新和业务模式探索：鼓励创新思维，探索新的业务模式和增长点，通过实验和试点项目验证新想法的可行性。

7）持续监控和改进：建立持续的监控机制，根据监控结果进行持续改进，优化数字化战略和实施方案。

8）更新与升级：根据市场和技术的发展变化，不断更新数字化战略和实施方案，确保组织能够持续适应数字化时代的需求和挑战。

在整个数字化转型的过程中，组织需要保持高度的灵活性和适应性，不断学习和探索新的方法和技术，以确保数字化转型的成功实施。

2. 数字化转型过程中的风险

在数字化转型过程中，组织经常会面对各种风险，如图 2-4 所示。在面对各种风险时，组织应该采取一定的措施解除或者降低风险对组织的影响。

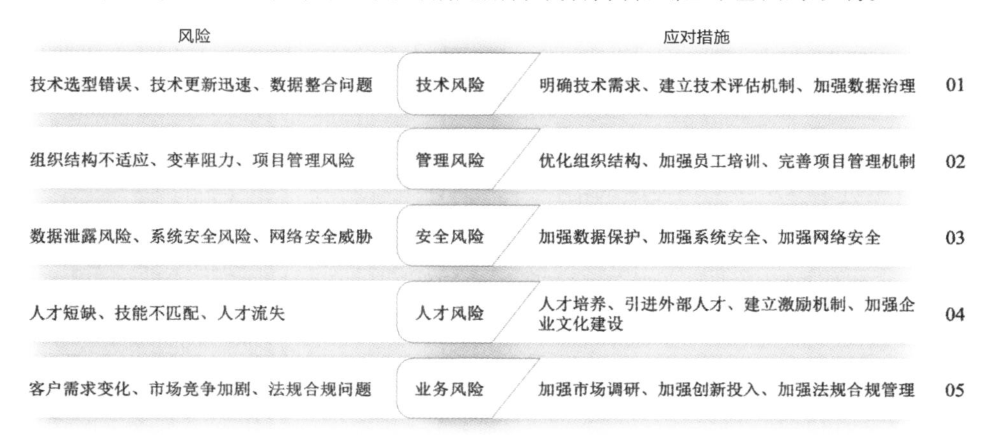

图 2-4　数字化转型过程中的风险和应对措施

（1）技术风险

1）以下是关于技术风险的描述。

- 技术选型错误。在数字化转型初期，企业可能因对新技术的不了解或盲目跟风，选择了不适合自身业务需求的技术平台或工具。这可能导致技术投资无法产生预期效益，甚至需要额外的成本进行技术替换。
- 技术更新迅速。随着科技的快速发展，新技术不断涌现，企业需要不断更新升级现有技术以保持竞争力。然而，技术更新可能涉及大量的资金投入和人员培训，给企业带来压力。
- 数据整合问题。在数字化转型过程中，企业需要将多个系统、多个来源的数据进行整合，以便进行统一的数据分析和决策。然而，不同系统间的数据格式、数据质量等问题可能导致数据整合困难，影响数据分析的准确性和效率。

2）以下是技术风险的应对措施。

- 明确技术需求。在选型前，企业应明确自身的技术需求，包括业务需求、技术需求、安全需求等，以便选择最适合自己的技术平台或工具。
- 建立技术评估机制。企业应建立技术评估机制，对新技术进行定期评估，以便及时了解和掌握新技术的发展趋势和优缺点。
- 加强数据治理。企业应建立数据治理体系，明确数据质量标准、数据整合流程等，确保数据的准确性和一致性。

（2）管理风险

1）以下是关于管理风险的描述。

- 组织结构不适应。传统的组织结构可能无法满足数字化转型的需求，导致信息传递不畅、决策效率低下等问题。
- 变革阻力。员工可能对新的工作方式和技术工具产生抵触情绪，不愿意接受变革。这可能导致转型进程受阻，甚至失败。
- 项目管理风险。数字化转型项目通常涉及多个部门和多个阶段，需要协调各方资源、确保项目进度和质量。然而，项目管理不当可能导致项目进度延误、质量不达标等问题。

2）以下是管理风险的应对措施。

- 优化组织结构。企业应建立更加灵活、扁平化的组织结构，以适应数字化转型的需求。同时，企业应加强部门间的沟通和协作，确保信息畅通。
- 加强员工培训。企业应加强对员工的培训和教育，提高员工的数字化素养和技能水平。同时，企业应建立激励机制，鼓励员工积极参与数字化转型。
- 完善项目管理机制。企业应建立完善的项目管理机制，明确项目目标、任务分配、进度监控等要求。同时，企业应建立跨部门协作机制，确保各方资源得到有效利用。

（3）安全风险

1）以下是关于安全风险的描述。

- 数据泄露风险。随着数字化转型的深入，企业数据面临更大的泄露风险。一旦数据泄露，可能会给企业带来重大损失。
- 系统安全风险。新的技术平台可能存在未知的安全漏洞，给“黑帽”黑客等不法分子提供可乘之机，这可能导致系统被攻击、数据被篡改等问题。
- 网络安全威胁。网络攻击、勒索软件等威胁日益增多，给企业的网络安全带来了巨大挑战。

2）以下是安全风险的应对措施。

- 加强数据保护。企业应建立完善的数据保护体系，包括数据加密、备份恢复、访问控制等措施。同时，企业应加强对敏感数据的保护和管理。
- 加强系统安全。企业应定期对系统进行安全漏洞扫描和修复，确保系统的安全性和稳定性。同时，企业应建立应急响应机制，及时应对系统安全事件。
- 加强网络安全。企业应建立完善的网络安全防御体系，包括防火墙、入侵检测、病毒防护等措施。同时，企业应加强对员工的安全意识教育和培训。

（4）人才风险

1）以下是关于人才风险的描述。

- 人才短缺。随着数字化转型的推进，企业对于具备数字化技能和思维的人才需求日益增长。然而，市场上符合条件的数字化人才供不应求，企业难以招聘到足够的合格人才。

- 技能不匹配。企业现有员工的技能和经验可能与数字化转型的需求不匹配，导致工作效率低下、转型进度受阻。
- 人才流失。在数字化转型过程中，关键人才的流失可能会给企业带来重大损失，不仅影响项目的进展，还可能泄露企业的核心技术和机密信息。

2）以下是人才风险的应对措施。

- 人才培养。针对现有员工的技能短板，企业应提供针对性的内部培训，帮助他们提升数字化技能和思维。同时，企业应与高校、培训机构等建立合作关系，共同培养数字化人才。
- 引进外部人才。企业通过招聘网站、社交媒体等多元化渠道寻找合适的数字化人才。同时，建立企业自己的数字化人才库，储备合适的候选人。
- 建立激励机制。企业应提供具有竞争力的薪酬和福利，吸引和留住优秀的数字化人才。同时，企业应为具备数字化技能的员工提供更多的晋升机会，激发他们的工作积极性。
- 加强企业文化建设。营造开放、创新的企业文化，鼓励员工积极学习新技术、新思维，为数字化转型提供有力支持。同时，企业通过定期举办学习分享、经验交流等活动，提升整个团队的数字化素养。

（5）业务风险

1）以下是关于业务风险的描述。

- 客户需求变化。数字化转型应紧密围绕客户需求进行，但客户需求可能随时变化，企业需要灵活应对。
- 市场竞争加剧。数字化转型可能加剧市场竞争，企业需要不断创新以保持竞争优势。
- 法规合规问题。随着数字化转型的推进，企业可能面临更多的法规合规要求，需要确保业务合规性。

2）以下是业务风险的应对措施。

- 加强市场调研。企业应通过市场调研、客户访谈等方式，了解客户需求的变化趋势，及时调整产品和服务。同时，企业需要密切关注竞争对手的转型动态和市场表现，及时采取相应策略应对。

- 加强创新投入。通过研发新技术、新产品等方式，不断提升企业的创新能力和竞争力。同时，企业应建立创新激励机制，鼓励员工提出创新性的想法和建议。
- 加强法规合规管理。企业应关注国内外相关法规的变化动态，确保企业业务合规性。同时，企业应建立合规审查机制，对新产品、新业务等进行合规审查，确保符合相关法规要求。此外，企业应与监管机构保持密切联系，及时获取相关指导和建议。

3. 组织数字化转型的成熟度评估

通过数字化转型的成熟度评估，组织可以全面了解自身在数字化进程中的现状和能力水平，识别优势和不足，从而制定更加精准和有效的转型策略，确保数字化投资能够带来预期的业务价值和竞争优势。同时评估也能为组织提供转型过程中的风险管理和决策支持，帮助组织在快速变化的数字化环境中保持灵活性和适应性。

（1）标准现状

目前，我国共发布数字化相关国家标准和经备案行业标准共 205 项，分布在纺织、机械、金融、电力、电子、通信、文化等 25 个行业。除 GB/T 43439—2023《信息技术服务 数字化转型 成熟度模型与评估》标准外，上述 205 项国家和行业标准中涉及数字化转型的仅有 GB/T 23011—2022《信息化和工业化融合 数字化转型 价值效益参考模型》一部标准，并且局限在两化融合领域。

GB/T 43439—2023《信息技术服务 数字化转型 成熟度模型与评估》标准是我国第一部适用于各类产业、行业和各类组织的，以信息技术为依托的通用的数字化转型国家标准。

（2）GB/T 43439—2023《信息技术服务 数字化转型 成熟度模型与评估》标准的主要内容

《信息技术服务 数字化转型 成熟度模型与评估》国家标准确立了数字化转型成熟度模型的构成，定义了数字化转型成熟度 7 个能力域、29 个能力子域相应要求，从 5 个等级对企业数字化转型成熟度进行评估。具体的能力域和能力子域如图 2-5 所示，5 个成熟度等级如图 2-6 所示。

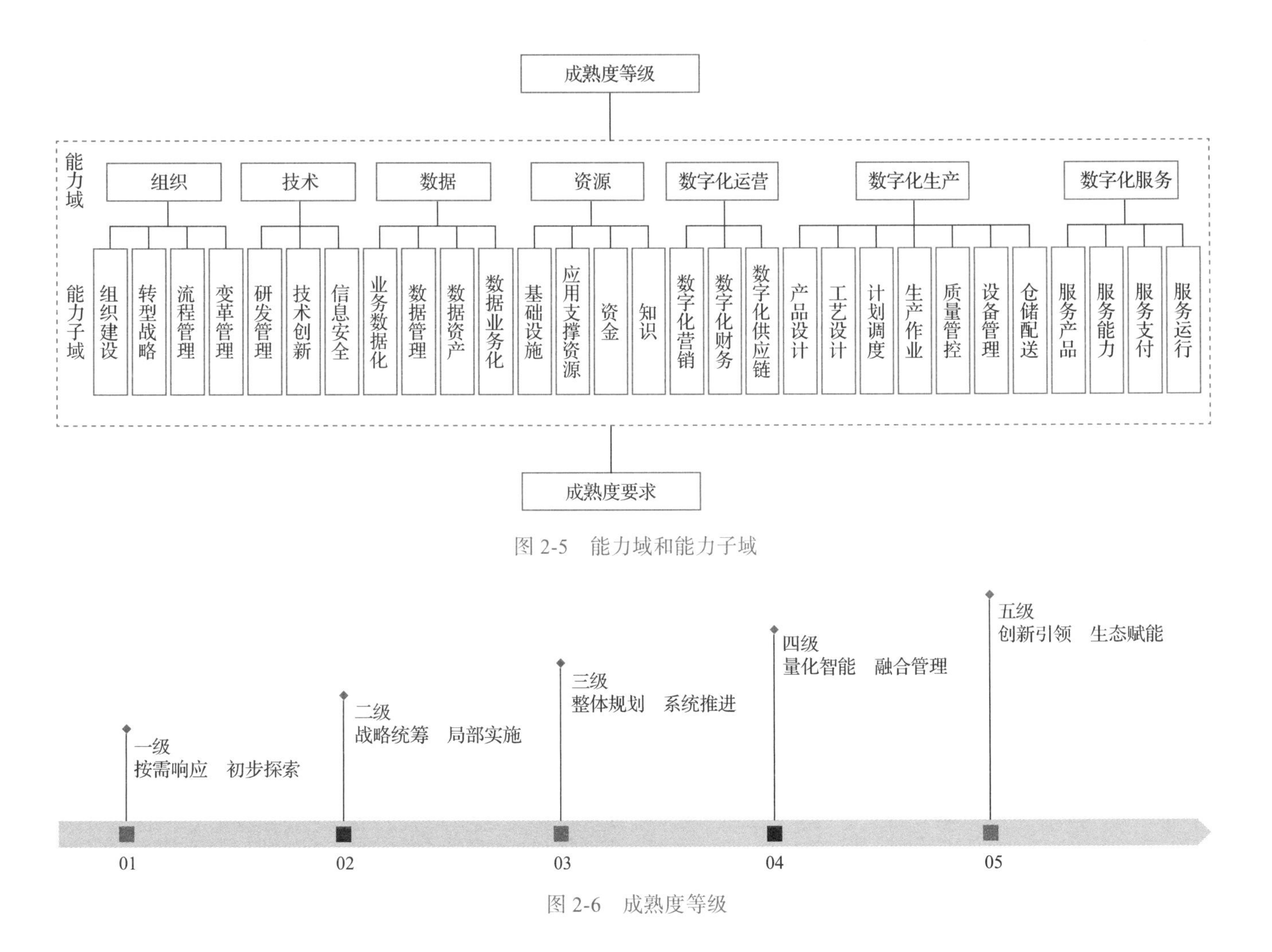

图 2-5 能力域和能力子域

图 2-6 成熟度等级

数字化转型成熟度等级中的各级特征如下。

1）一级：组织应具备转型意识，开始对实施数字化转型的基础和条件进行规划，在运营、生产、服务等业务领域基于内外部需求开展数字化转型探索工作。

2）二级：组织应对数字化转型的组织、技术、数据和资源进行规划，完成局部业务的数据收集、整合与应用，初步具备基于数据的运营和优化能力。

3）三级：组织应具备数字化转型总体规划并有序实施，完成关键业务的系统集成和数据交互，在运营、生产和服务领域实现基于数据的效率提升。

4）四级：组织应将数据作为支撑运营、生产和服务关键领域业务能力提升优化的核心要素，构建算法和模型为业务的相关方提供数据智能体验。

5）五级：组织应基于数据持续推动业务活动的优化和创新，实现内外部能力、资源和市场等多要素融合，构建独特生态价值。

（3）标准的使用

在使用标准时，企业可根据实际业务范围对能力域进行灵活裁剪，并重新分配各能力域及能力子域权重，以获取个性化的数字化转型成效评价。

（4）标准的意义

标准给出一套描述企业数字化转型成熟度的方法论，适用于数字化转型的战略制定、业务规划和工作实施，为评价企业数字化转型当前成效提供依据和工具。

2.2　数字化转型的理想组织架构

2.2.1　数字化转型组织的内涵

数字化转型组织是指那些积极利用数字技术和数字化手段，对业务流程、组织结构、管理模式、产品服务等方面进行完整升级和优化的组织。组织的转型旨在适应数字化时代的发展趋势和市场需求，以提高组织的竞争力和创新能力。

在数字化转型过程中，组织会更加注重数据的收集、分析和应用，以数据为决策依据，推动业务创新和发展。同时，组织也会采用更加扁平化和平台化的组织结构，提高信息在组织内部的传播速度，提高组织的灵活性和响应能力。

数字化转型组织的建设是一个系统性的过程，需要领导层的支持、员工的积极参与以及技术和文化的双重驱动。通过数字化转型，组织可以更好地应对市场挑战，实现持续增长，并创造更大的价值。数字化转型组织是一种积极拥抱数字化时代、不断追求创新和发展的组织形态。

数字化转型组织一般具备以下几个关键特征，如图 2-7 所示。

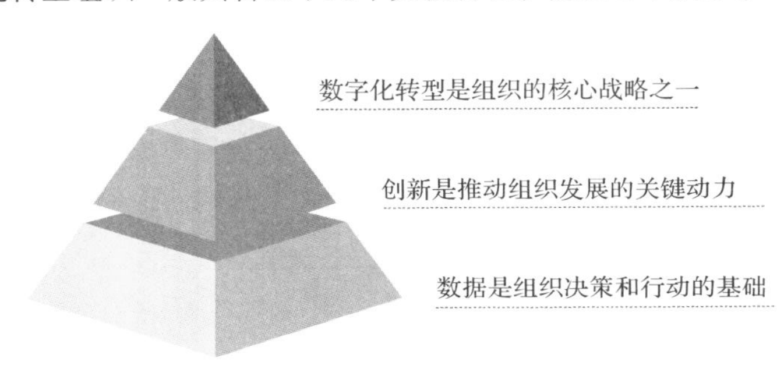

图 2-7　数字化转型组织的关键特征

第一，数据是组织决策和行动的基础。组织会收集、整合和分析大量的数据，以洞察市场趋势、客户需求和业务机会，从而制定更加精准和有效的战略和计划。数据驱动决策不仅提高了决策的效率和准确性，还使组织能够更快速地响应市场变化和客户需求。

第二，创新是推动组织发展的关键动力。组织会鼓励员工提出新的想法、尝试新的技术和方法，以推动产品和服务的创新。同时，组织也会通过引入新技术和工具，如人工智能、大数据分析等，来优化业务流程、提高工作效率，并创造新的商业模式和价值。

第三，数字化转型是组织的核心战略之一。组织会制定明确的数字化转型目标和计划，通过技术升级和流程优化来实现业务的数字化和智能化。数字化转型不仅提高了组织的运营效率和质量，还为其创造了新的竞争优势和增长点。

2.2.2　数字化转型组织的特点

数字化转型组织架构是组织成功实施数字化转型战略的关键。数字化转型的理想组织架构应该是灵活、协作且以数据驱动的。这种架构需要能够迅速适应市场变化，有效利用数据资源，并通过跨部门协作推动业务创新。理想的数字化转型组织架构应具备的特点，如图 2-8 所示。

图 2-8　数字化转型组织架构应具备的特点

（1）扁平化

扁平化的组织架构通过减少管理层级，能够显著提高决策效率和速度。这种架构减少了信息在传递过程中的失真和延迟，使组织能够更快地响应市场变化和客户需求。扁平化的组织架构还鼓励员工参与决策过程，提高他们的参与感和责任感，从而激发他们的创新和主动性。此外，扁平化的组织架构有助于降低管理成本，提高组织的整体运营效率。

（2）跨部门协作

跨部门协作是数字化转型成功的关键因素之一。通过打破传统的部门壁垒，组织能够促进不同团队之间的沟通和协作，实现资源共享和知识共享。这种协作模式有助于整合不同部门的专业知识和技能，共同解决复杂的业务问题。跨部门协作还鼓励创新思维，因为不同背景的员工可以相互启发，产生新的想法和解决方案。

（3）数据驱动

数据驱动的决策机制是数字化转型的核心。组织需要建立一个以数据为中心的决策文化，确保所有决策都基于准确、及时的数据分析。这要求组织具备强大的数据分析能力，能够从海量数据中提取有价值的信息，支持战略规划和日常运营。数据驱动还要求组织建立完善的数据管理体系，确保数据的质量和安全。

（4）灵活适应

灵活适应是数字化转型组织架构的一个重要特点。在快速变化的市场环境中，组织需要具备快速调整和适应的能力，包括对新技术的快速采纳、对业务模式的持续创新以及对组织结构的灵活调整。灵活适应的组织能够更好地应对不确定性和复杂性，抓住新的商业机会。此外，灵活适应还要求组织建立一种持续学习和改进的文化，鼓励员工不断更新知识和技能，以适应不断变化的技术和业务需求。

（5）技术整合

理想的组织架构还需要具备强大的技术整合能力。这意味着组织能够有效地集成和利用各种数字技术，如云计算、大数据、人工智能、物联网等，来支持业务流程的自动化和智能化。技术整合还要求组织具备跨平台和跨系统的协同工作能力，确保不同技术之间的无缝对接和高效协作。

（6）人才培养和领导力发展

数字化转型还需要组织重视人才培养和领导力发展。组织应该建立系统的人才培养计划，包括专业技能培训、领导力发展项目和职业发展规划。这有助于组织建立一支具备数字技能和创新能力的人才队伍，支持数字化转型的实施。同时，组织还需要培养具有前瞻性思维和战略眼光的领导者，他们能够引领组织应对数字化时代的挑战和机遇。

（7）创新文化

创新文化是数字化转型组织架构的重要组成部分。组织应该鼓励员工提出新想法和尝试新方法，建立一个支持创新和容忍失败的环境。创新文化还要求组织建立开放的沟通渠道，鼓励员工分享知识和经验，促进跨部门和跨层级的协作。通过创新文化，组织能够不断探索新的业务模式和技术应用，保持竞争优势。

（8）客户导向

理想的数字化转型组织架构应该以客户为中心。组织需要深入了解客户需求和行为，将客户洞察融入产品和服务的设计和开发过程中。客户导向还要求组织建立快速响应客户反馈和市场变化的机制，确保产品和服务能够满足客户的期望和需求。通过客户导向，组织能够建立强大的客户关系，提高客户满意度和忠诚度。

在具备上述特点的组织架构下，组织能够更好地应对数字化转型的挑战，实现业务的持续增长和创新。

2.2.3　数字化转型组织的关键要素

数字化转型组织架构是确保组织能够在数字经济时代保持竞争力和创新力的关键。如图 2-9 所示，理想的数字化转型组织应该包括以下几个关键要素。

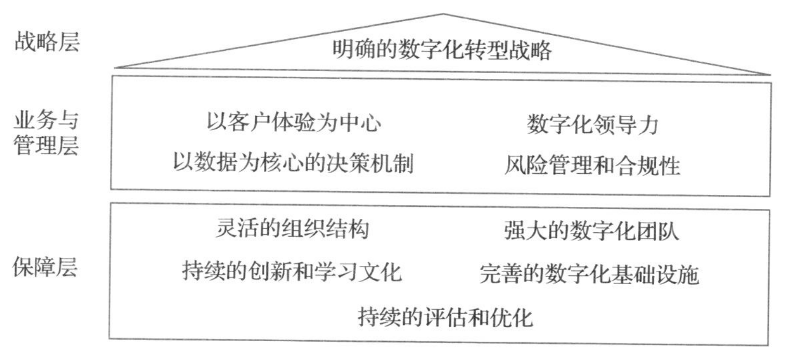

图 2-9　数字化转型组织的关键要素

（1）明确的数字化转型战略

数字化转型战略是组织转型成功的蓝图。它需要明确组织的数字化愿景，设定清晰的转型目标，并规划实现这些目标的具体路径。一个明确的数字化转型战略应该包括对市场趋势的深入分析、对组织当前状态的准确评估以及对未来机遇的前瞻性预测。此外，战略还应该明确转型的优先级，确保资源的合理分配和有效利用。

（2）以客户体验为中心

在数字化转型过程中，组织应该始终以客户体验为中心。这意味着组织需要深入了解客户的需求和期望，并将这些洞察融入产品和服务的设计和开发中。通过提供卓越的客户体验，组织可以提高客户满意度和忠诚度，从而在竞争激烈的市场中获得优势。

（3）数字化领导力

管理层在数字化转型中扮演着至关重要的角色。数字化领导力不仅要求管理层具备对数字技术的深刻理解，还要求他们能够应用数字化思维来指导组织的战略规划和日常运营。管理层应该积极推动数字化文化，鼓励创新，同时确保数字化转型与组织的整体目标和价值观相一致。

（4）以数据为核心的决策机制

数字化转型组织应该建立以数据为核心的决策机制。这意味着所有的业务决策都应该基于数据的分析和洞察。组织需要建立强大的数据分析能力，包括数据收集、存储、处理和分析。此外，组织还应该建立数据管理机制，确保数据的质量和安全。

（5）风险管理和合规性

在数字化转型过程中，组织还需要关注风险管理和合规性。这包括对数据隐私和安全的保护、对新技术的合规使用以及对市场变化的敏感性。组织应该建立相应的风险管理机制，包括风险评估、监控和应对策略。

（6）灵活的组织结构

理想的数字化转型组织应该具备灵活的组织结构，能够快速适应市场和技术的变化。这要求组织能够打破传统的层级和职能界限，建立更加灵活和动态的工作模式。组织还应该建立跨部门和跨团队的协作机制，以促进信息的流动和知识的共享。

（7）强大的数字化团队

数字化团队是实施数字化转型项目的核心力量。这个团队应该由具有不同背景和技能的成员组成，包括数据科学家、软件工程师、产品经理、用户体验设计师等。他们需要具备跨学科的知识和协作能力，以应对数字化转型过程中的复杂挑战。此外，团队成员应该持续学习和更新自己的技能，以适应不断变化的技术环境。

（8）持续的创新和学习文化

数字化转型组织应该建立一种持续的创新和学习文化。这要求组织鼓励员工不断探索新的技术和方法，勇于尝试和犯错。组织应该为员工提供学习和成长的机会，包括培训、研讨会和交流平台。通过培养这种文化，组织可以激发员工的创造力和潜能，推动组织的持续创新。

（9）完善的数字化基础设施

数字化基础设施是支撑数字化转型的基石。这包括高性能的计算设备、先进的软件系统、安全稳定的网络连接等。组织需要投资于这些基础设施，以确保它们能够满足数字化转型的需求。同时，组织还应该建立相应的技术支持和维护团队，确保基础设施的持续运行和升级。

（10）持续的评估和优化

数字化转型组织应该建立持续的评估和优化机制。这要求组织定期评估数字化转型的进展和效果，识别存在的问题和改进的机会。通过持续的评估和优化，组织可以确保数字化转型始终与组织的目标和战略保持一致，同时不断提高转型的效果和价值。

通过这些关键要素的深入实施和融合，组织可以构建一个强大的数字化转型架构，为组织的长期发展和成功奠定坚实的基础。

2.2.4　数字化领导组织的架构

在我们具体分析 CDO 在数字化转型中的作用之前，需要分析一下组织数字化转型时的组织架构，以明确 CDO 所处的位置和职责。

参考《数字化转型方法论：落地路径与数据平台》一书[⊖]，我们画出了数字化转型领导组织的架构图，如图 2-10 所示。

数字化转型领导组织的构建是确保数字化团队拥有必要资源的关键步骤，它在管理、业务、数据、信息、技术等多个领域建立起连接端口，为整体的数字化转型提供了坚实的组织基础。通过这种组织结构，可以促进不同领域领导

⊖ 马晓东．数字化转型方法论：落地路径与数据中台 [M]. 北京：机械工业出版社，2021.

之间的敏捷性与灵活性，为数字化团队的信息共享和资源协作提供畅通的渠道，有效打破信息孤岛和资源壁垒，为沟通和协作提供一个有效的平台。

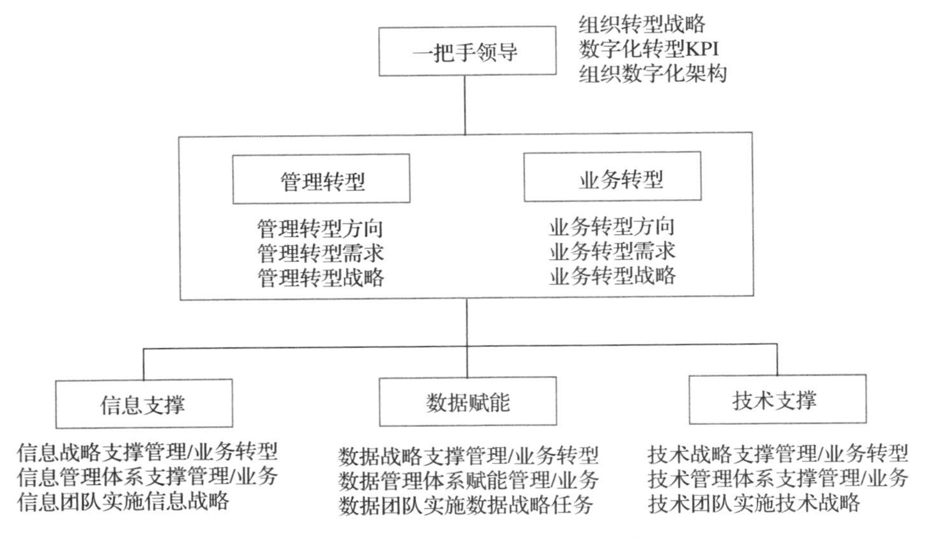

图 2-10　数字化转型领导组织的架构图

（1）建立以一把手领导为核心的数字化转型领导组织

在数字化转型领导组织中，一把手领导扮演着至关重要的角色。他们受董事会的领导，全面统领管理、业务、信息、数据、技术等方面的工作，是数字化转型工作的核心决策者。一把手领导不仅负责统筹管理和业务转型战略，还要确保信息、数据、技术等方面的支撑战略得以有效实施。

一把手领导会在数字化转型之前负责划分在数字化转型过程中管理、业务、信息、数据、技术等方面的转型角色和权责，以便为数字化转型的实践提供组织上的保障。

同时，作为第一决策人，一把手领导在数字化转型战略上发挥着关键作用，他们需要为管理和业务转型提供决策意见，协调人力和财务资源，构建领导组织并确认转型成果。同时，他们还需要负责协调各个领域之间的关系，确保转型战略得以顺利执行。

（2）管理和业务转型

组织管理和组织核心业务的转型是数字化转型的核心内容。数字化转型的最终目标是利用数字技术提升组织的管理水平和业务运营效率，同时促进业务创新。

为了实现这一目标，组织的管理部门和业务部门需要首先梳理出转型的需求和方向。他们需要与利益相关者进行沟通，整理出各个管理和业务的需求点，并拟合形成组织的管理转型战略和业务转型战略。在此基础上，他们需要设置相匹配的数字化转型节点目标，确保转型战略的顺利实施。

在这个过程中需要注意，管理转型方案和业务转型方案是否与组织早前定的业务计划相契合，是否可以让市场运作和管理更加智能化，是否能够让销售业绩提升。并且，上述转型战略的实施，还需要平衡信息、数据、技术与管理和业务部门之间的关系，使双方需求沟通顺畅，合作紧密无间。

（3）首席数据官负责数据赋能管理 / 业务

在数字化转型过程中，CDO 作为组织数据的高级管理者发挥着至关重要的作用。他们负责带领数据团队完成从数据到业务的变现目标，从整体上规划、设计、实施、利用和监控组织的数据体系。CDO 需要向一把手领导汇报工作，了解管理 / 业务上的数据需求及现状，并对首席技术官（CTO）、首席信息官（CIO）提出协同需求，共同协作达成组织数据赋能管理 / 业务的目标。

CDO 的工作范围涵盖了制定组织数据战略、构建组织数据管理体系、建设组织数据团队、进行日常数据管理、挖掘数据价值等众多方面。他们需要具备深厚的数据分析能力和业务洞察力，能够准确把握数据驱动业务发展的方向，为组织的数字化转型提供有力支持。

（4）CIO 负责信息技术和系统的维护及运用

CIO 在数字化转型过程中扮演着重要角色。他们协助 CDO 从信息技术的运用方面支持数据管理体系的建设，并从信息技术角度向数据团队提供技术改进策略。CIO 需要具备技术和业务两方面的知识，能够将数据战略与业务战略紧密结合，实现数据的赋能业务目标。他们需要关注信息技术的最新发展趋势，为组织提供先进的信息技术支持，确保数字化转型的顺利进行。

（5）CTO 提供技术支持，负责技术指导及把关

在数字化转型过程中，CTO 作为技术方面的有力协助者，发挥着关键作用。他们帮助 CDO 把关技术选型，就具体技术问题进行指导，并完成一把手领导

赋予的各项技术任务。CTO 需要具备深厚的技术背景和丰富的项目经验，能够准确把握技术发展的方向，为组织的数字化转型提供有力的技术支持。他们需要与 CDO、CIO 等领导紧密合作，共同推动数字化转型的顺利实施。

以上对管理、业务、数据、信息、技术等组织角色的细分，可以根据组织的实际情况进行调整，若 CIO 具备 CTO 的能力，则可以由一人兼任，只要达到组织的转型目标即可。

2.2.5 CDO 与数字化转型组织

1. CDO 在数字化转型组织中扮演的角色

数字化转型组织是一个致力于通过数字技术和数字化手段优化业务流程、组织结构、管理模式和产品服务的组织，而 CDO 则是推动和实现这一转型的关键角色，如图 2-11 所示。

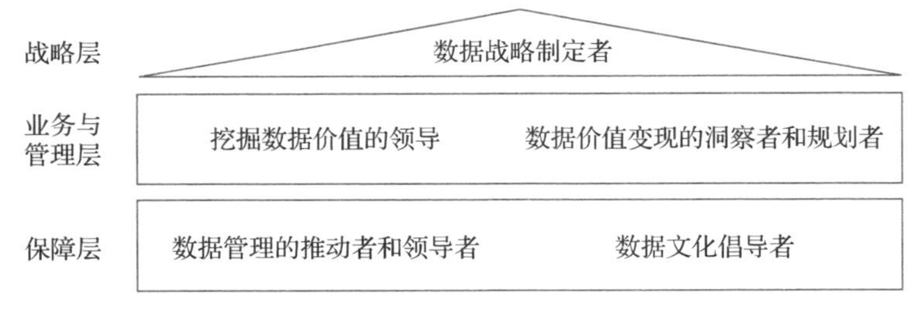

图 2-11 CDO 在数字化转型组织中扮演的角色

第一，CDO 在数字化转型组织中担任着数据战略制定者的角色。他们需要基于组织的整体战略和业务需求，制定适合的数据战略，确保数据资源的高效利用和最大化价值。这涉及数据的收集、整合、分析和应用等方面，CDO 需要确保数据在决策和业务创新中发挥核心作用。他们通过深入了解组织的业务需求和市场环境，制定前瞻性的数据战略，为组织提供数据驱动的竞争优势。

第二，CDO 扮演着挖掘数据价值的领导角色。他们不仅关注数据的收集和管理，更注重数据的分析和应用。CDO 通过深入分析和挖掘数据，发现隐藏在数据背后的业务洞察和价值，为组织提供决策支持和业务创新的机会。他们运用先进的数据分析技术和工具，对组织内部的运营数据、客户数据、市场数据等进行深度挖掘，发现新的业务模式、市场趋势和客户需求，为组织带来更大的商业价值。为了挖掘数据价值，CDO会领导一个专业的数据分析团队，他们具备深厚的统计学、机器学习、数据挖掘等领域的专业知识。这个团队会利用数据分析工具和技术，对数据进行预处理、建模、可视化等操作，从而揭示数据的内在规律和价值。CDO还会与业务部门密切合作，了解他们的数据需求和痛点，提供定制化的数据分析服务，帮助他们解决业务问题，实现业务目标。

第三，CDO还是数据价值变现的洞察者和规划者。CDO通过深入分析市场趋势和消费者行为，识别并发现新的市场机会，利用组织内外部的数据资产，在确保数据安全和合规的基础上，推动数据产品的创新，形成多元化可流通和交易的数据资产，并通过数据资产的流通和交易，将数据资产转化为直接的经济价值，增强组织的市场竞争力和盈利能力。

第四，CDO还是数据管理的推动者和领导者。他们负责建立完善的数据管理体系，确保数据的准确性、一致性和安全性。在数字化转型过程中，随着数据量的快速增长和复杂性的提高，有效的数据管理变得尤为重要。CDO需要确保数据质量，为组织提供可靠的数据基础，以支持决策和业务运营。他们推动数据治理的规范化，确保数据在整个组织中的流动和共享符合规范，避免数据泄露和误用。

第五，CDO还扮演着数据文化倡导者的角色。他们积极推广数据驱动的文化，提升全员数据意识，使数据成为组织创新和发展的核心驱动力。在数字化转型组织中，培养一种以数据为基础、以数据为决策依据的文化氛围至关重要，而CDO正是这一文化的引领者和推动者。他们通过组织培训、分享会、数据竞赛等活动，提升员工的数据素养和数据分析能力，让数据文化深入人心。

因此，首席数据官制度在建设数字化转型组织中发挥着重要作用，通过CDO提供专业的数据战略制定、数据治理、数据价值挖掘、数据价值实现和数据文化推广等方面的支持，可以确保数字化转型的顺利进行和成功实现。通过CDO的领导和协调，组织可以更好地利用数据资源，推动业务创新和发展，提升竞争力。

同时，首席数据官制度也为组织提供了一个明确的角色和职责框架，使得数据管理和应用更加规范化和系统化。这有助于避免数据孤岛和数据冗余等问题，提高数据的质量和利用率。此外，CDO 还可以与其他高管和业务部门密切合作，共同推动数字化转型的深入发展，为组织创造更大的商业价值。

2. 建立首席数据官制度

在我国最早的 CDO 来自十年前的阿里巴巴，国外尤其是欧美等发达国家在更早的时候就设立了 CDO 制度，尤其是美国，每个州都设置了州政府的 CDO 岗位。

在我国制定数字化转型战略目标的组织中，很大一部分还是由 CIO 负责数据相关工作，即使设置了 CDO 岗位，也是向 CIO、CTO 等高管汇报，或者是向 CFO（首席财务官）、CRO（首席风险官）、CMO（首席营销官）等业务高管汇报。建议如下：CDO 应该是向 CEO、COO（首席运营官）汇报，这样会更好些，既可以保持 CDO 在组织中的中立地位，也有利于平衡对业务、技术、财务、行政等多方面的职能影响力。

建立 CDO 制度可以自上而下地发出数字化转型战略势在必行的强烈信号，组织对 CDO 的授权、投资、回报路径、角色定位都会为组织建立数据驱动型组织能力、推动数字化转型战略的实施提供坚实的基础。

CDO 制度会促成 CDO 岗位和 CDO 办公室的快速建立，并在组织中自上而下地覆盖各业务、技术和管理领域，推动数据管理工作的开展，进而在组织全体范围内培养全员数据素养、消除数据文盲。CDO 要重点关注数据文化价值观的建立，并配套行为准则，以确保数据文化价值观的实际落地实施。数据素养和数据文化的问题和挑战是 CDO 制度失败的主要原因，数据专业能力和未把数据作为资产进行管理一般是排在这两者后面的第三和四个导致失败的因素。CDO 办公室上承战略、中联管理、下启素养为培养数据驱动型组织能力，实现数字化转型战略持续提供基础支撑。

CDO 制度的三层“金字塔”以及与组织中主要的高管角色和主要部门的关系如图 2-12 所示。

正如组织的 CFO 构建金融资产，并确保根据需要提供资源支持一样，组织需要一个 100% 专注于利用数据资产的执行层高管，即 CDO。

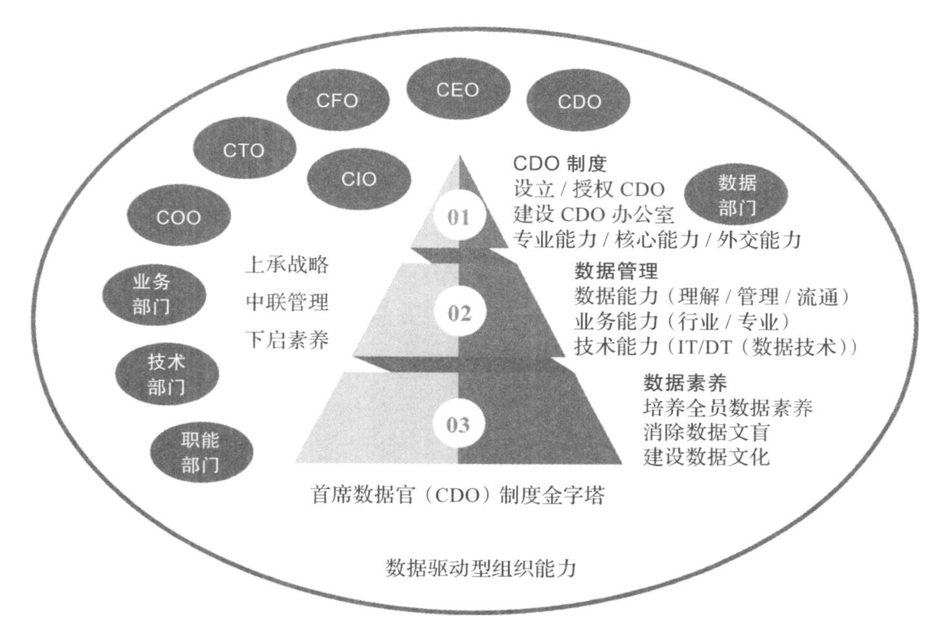

图 2-12　CDO 制度金字塔与数据驱动型组织能力关系图

3. 四个关键人群的协同

如图 2-13 所示，组织数字化转型战略实现取决于四类关键人群，分别是：以 CEO 为代表的组织执行层高管、以 CDO 为核心的 CDO 办公室、为 CDO 办公室提供人力资源管理的 HR（人力资源）专员，以及组织中各业务条线的各级主管。

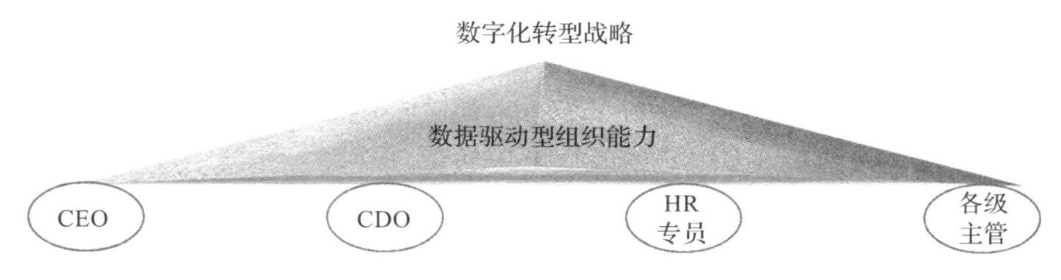

图 2-13　四类关键人群与数字化转型的关系图

（1）CEO 及高管

CEO 及组织执行层高管对数字化转型战略起到自上而下的关键推动作用，

没有他们的发起和倡议，就不会有 CDO 制度，更不会有数字化转型战略，同时他们还需要保持信心、言行合一。其主要关注如下四个方面：

- CEO 重视组织能力的打造：CEO 需要深刻理解数字化转型对于组织长期竞争力的重要性，并将之纳入组织的核心战略。他们要认识到，数字化转型不仅仅是技术层面的升级，更是对组织文化、结构、流程和人员能力的全面重塑。因此，CEO 需要投入大量资源，包括资金、人力和时间，来打造和提升组织在数字化转型方面的能力。
- 要求各级主管（中高层）重视：CEO 需要确保中高层管理人员对数字化转型有深刻的理解和认同，并能将这一战略思想转化为具体的行动和决策。他们需要定期与中高层管理人员沟通，了解他们对数字化转型的看法，提供必要的支持和指导。同时，CEO 还需要建立相应的考核和激励机制，确保中高层管理人员能够积极推动数字化转型。
- 坚定不移推动数字化转型战略：CEO 需要展现出对数字化转型战略的坚定信念和决心，并始终将其放在组织发展的优先位置。在遇到困难和挑战时，他们需要保持冷静和理性，坚定不移地推动数字化转型战略的实施。他们还需要及时总结经验教训，不断优化和调整数字化转型战略，以确保其适应组织发展的需要。
- 坚持打造数据驱动型组织能力：CEO 需要认识到数据在数字化转型中的核心作用，并致力于打造以数据为核心的组织能力。他们需要推动组织建立完善的数据收集、处理、分析和应用体系，确保数据能够为组织的决策提供有力支持。同时，CEO 还需要倡导和培育一种以数据为驱动的文化氛围，鼓励员工积极使用数据来解决问题和创造价值。

（2）CDO 办公室

CDO 获得授权和投资后，就需要建设 CDO 办公室，以建立数据驱动型组织能力。CDO 办公室要为组织的文化价值观以及行为准则的建立贡献力量，以支持组织的数字化转型战略落地。其主要关注如下四个方面：

- 建立 CDO 制度（正名 / 授权 / 投资）：CDO 办公室的首要任务是确保 CDO 在组织中的正式地位和权威，使其能够充分发挥在数字化转型中的关键作用。这包括明确 CDO 的职责和权限，为 CDO 提供必要的资源和支持，以及确保 CDO 在决策层中拥有一定的话语权。同时，CDO 办公室还需要与高层管理团队密切合作，共同制定数字化转型战略和计划。

- 建设 CDO 办公室（专业能力 / 核心能力）：CDO 办公室需要建立一支具备专业能力和核心竞争力的团队，以支持组织的数字化转型战略落地。这包括招聘和培养具备数据科学、人工智能、大数据分析等专业技能的人才，以及建立与业务部门的紧密合作关系。CDO 办公室还需要关注新技术和新方法的发展，及时将最新的技术引入组织，提升组织的数字化转型能力。
- 课堂上建立知识体系（理论）：CDO 办公室需要为组织提供全面的数字化转型知识体系，帮助员工理解和掌握数字化转型的理论和实践。这包括开展内部培训、分享会等活动，向员工传授数字化转型的相关知识和技能。同时，CDO 办公室还需要与外部的培训机构和专家合作，引入更多的优质资源，为组织提供更全面的培训和支持。
- 实践中持续学习精进（实战）：CDO 办公室需要关注数字化转型的实战应用，通过实际的项目和案例来不断提升组织的数字化转型能力。这包括与业务部门合作开展数字化转型项目，通过实践来验证和优化数字化转型策略和方法。同时，CDO 办公室还需要关注数字化转型的效果和反馈，及时总结经验教训，为未来的数字化转型提供参考和借鉴。

（3）HR 专员

为 CDO 或 CDO 办公室提供人力资源管理的 HR 专员，要作为 CDO 办公室不可分割一部分存在，其在打造数据驱动型组织能力方面起到关键作用，是构建员工能力、重塑员工思维、建立员工治理的基础和核心力量。其主要关注如下四个方面：

- 围绕数字化转型的工具设计：HR 专员需要设计或优化与数字化转型相关的工具和系统，例如员工能力评估工具、在线学习平台、数据分析工具等，以确保这些工具能够支持数字化转型战略的实施。他们还需要确保这些工具易于使用、高效且能够满足不同部门和员工的需求。
- 工作重点从个体转换到整体：在数字化转型过程中，HR 专员的工作重点需要从关注个体员工的发展转向关注整个组织的能力建设。他们需要设计整体能力提升计划，包括培训、发展、激励等方面，以确保组织具备数字化转型所需的能力。

- 从内部客户转换到外部客户：在传统的人力资源管理中，HR 专员通常被视为内部客户的服务者。但在数字化转型中，他们需要更加关注外部客户的需求和期望。这意味着 HR 专员需要与其他部门紧密合作，了解他们对人才的需求，并确保组织能够吸引、留住和激励这些人才。
- 自己要成为数据领域的专家：随着数字化转型的深入，数据在人力资源管理中的作用越来越重要。因此，HR 专员需要成为数据领域的专家，能够理解和运用数据来支持人力资源管理的决策。他们需要掌握数据分析工具和方法，能够收集、整理和分析人力资源数据，以提供有价值的见解和建议。

（4）各级主管

组织中绝大部分的基础员工都在各级主管的管理和领导之下，这些主管对基层员工的影响力和作用力是最大的，也是最直接的，因此各级主管对组织整体的数据素养和人员心理培育起到关键作用，他们自己也必须快速成长。其主要关注如下四个方面：

- 定位：人才发展是重要任务。各级主管需要认识到人才发展在数字化转型中的重要作用，并将之作为自己的重要任务。他们需要关注员工的能力提升和职业发展，为员工提供必要的培训和发展机会。
- 心态：平衡小我和大我关系。在数字化转型过程中，主管需要平衡个人目标与组织目标之间的关系，确保团队成员在追求个人发展的同时，也致力于实现组织的数字化转型目标。他们需要理解并接受数字化转型带来的变革和挑战，积极应对变革中的不确定性和风险。
- 精力：短期 80%，长期 20%。主管应合理分配精力，80% 的精力投入到当前的业务和任务中，确保在短期内能够集中力量推动数字化转型的实施。同时，20% 的精力用于规划和实施长期的发展和转型策略，确保数字化转型能够与组织的长期战略目标保持一致。
- 素养：提供数据能力和素养。各级主管需要具备数据能力和素养，能够理解和运用数据来支持决策和管理工作。他们需要掌握基本的数据分析工具和方法，能够收集、整理和分析业务数据，以提供有价值的见解和建议。此外，他们还需要倡导和培育一种以数据为驱动的文化氛围，鼓励员工积极使用数据来解决问题和创造价值。

以上论述了数字化转型组织中的四类关键人群及关注点。当然组织中的其他领导者和基层员工也非常重要，他们都会受到上述四类关键人群的影响和领导，所以聚焦上述这四类关键人群的关系和协同，是组织能否成功实现数字化转型的关键。

2.3　CDO 与数字化转型

2.3.1　数字化转型中的大数据机遇与挑战

1. 什么是大数据

对于“大数据”，麦肯锡全球研究所给出的定义是：一种规模大到在获取、存储、管理、分析方面大大超出了传统数据库软件工具能力范围的数据集合，具有海量的数据规模、快速的数据流转、多样的数据类型和价值密度低四大特征。

大数据的特性主要包括以下几点：

- 容量大：大数据的起始计量单位是 PB、EB 或 ZB，未来甚至可能达到 YB 或 BB。这表示大数据的规模极其庞大，需要高效的数据存储和处理技术。
- 种类多：大数据包括网络日志、音频、视频、图片、地理位置等各种类型的数据。这些数据可能是结构化的，如存储在数据库中的数据；也可能是非结构化的，如各种格式的办公文档、文本、图片等；还有半结构化的数据，如员工简历等。
- 价值密度低：大数据的价值密度与其总量大小成反比。这意味着在庞大的数据集中，有价值的信息可能只占很小的比例，需要通过专业的数据处理和分析技术来提取。

- 速度快：这指的是获得数据的速度，也就是数据处理的实时性。在大数据环境下，数据的产生和变化速度极快，需要实时或准实时的数据处理和分析能力。

此外，大数据还具有可变性和真实性等特性。可变性指的是数据的动态变化特性，它妨碍了数据的处理和有效管理。真实性关注的是数据的质量，即数据的准确性和可靠性。

2. 大数据带来的机遇与挑战

大数据的特性之一是其庞大的数据规模。这种规模性为组织带来了前所未有的机遇。例如，企业可以利用大数据进行用户行为分析，从而更精准地把握市场趋势，优化产品设计和服务体验。同时，大数据的多样性也为组织提供了更多的创新空间，组织可以结合不同来源的数据，开发出更具个性化的产品和服务。

在数字化转型过程中，大数据为企业和组织提供了海量的信息和深刻的洞察，有助于他们更好地理解和应对市场变化，优化决策过程。具体来说，大数据的机遇主要体现在以下几个方面。

（1）商业洞察与决策优化

- 深度市场洞察：大数据可以帮助企业洞察市场的微观和宏观趋势，如消费者购买行为、市场偏好、竞争对手策略等，从而制定出更加精准的营销策略和产品定位。
- 精准预测：利用大数据的预测模型，企业可以预测市场变化、消费者需求以及产品生命周期，为企业的长期战略规划提供有力支持。
- 实时决策：大数据的实时处理能力使企业可以更快地响应市场变化，做出及时的决策调整，避免错失商机。

（2）个性化服务与体验提升

- 精准营销：基于大数据的用户画像和行为分析，企业可以实现精准营销，提高营销效果，降低营销成本。
- 定制化产品：大数据可以帮助企业了解消费者的个性化需求，从而开发出更加符合消费者需求的产品，提高产品满意度。

- 用户体验优化：通过大数据分析，企业可以了解用户在使用产品或服务过程中的痛点和需求，从而优化产品或服务，提升用户体验。

（3）效率提升与成本降低

- 流程优化：大数据可以帮助企业识别运营流程中的瓶颈和浪费，从而优化流程，提高生产效率。
- 供应链管理：通过大数据分析，企业可以精准预测库存需求，实现精益库存管理，降低库存成本。
- 资源分配：大数据可以帮助企业实现资源的合理分配，提高资源利用效率，降低不必要的成本。

（4）创新驱动与业务发展

- 新业务模式：大数据为企业提供了探索新业务模式的机会，如基于数据的增值服务、数据驱动的商业模式等。
- 新产品与服务：通过对大数据的挖掘和分析，企业可以发现新的产品或服务机会，从而推动业务的发展。
- 跨界合作：大数据可以促进企业之间的跨界合作，实现资源共享、优势互补，共同推动行业的发展。

然而，大数据也带来了一系列的挑战。这些挑战主要包括以下几个方面。

（1）数据质量问题

- 数据清洗：大数据中往往包含大量的噪声和异常值，需要进行有效的数据清洗以提高数据质量。
- 数据整合：由于数据来源的多样性，数据整合成了一个巨大的挑战，需要解决数据格式、数据质量、数据一致性等问题。
- 数据校验：为了确保数据的准确性，需要进行数据校验和验证，以确保分析结果的可靠性。

（2）数据安全与隐私保护

- 数据加密：为了保护数据的安全，需要对敏感数据进行加密处理，防止数据泄露。
- 访问控制：建立严格的访问控制机制，确保只有授权的人员才能访问敏感数据。

- 隐私保护技术：采用差分隐私、联邦学习等隐私保护技术，确保在利用大数据的同时保护用户的隐私。

（3）技术能力与人才短缺

- 技术研发投入：加大在大数据技术研发方面的投入，提高组织的技术能力。
- 人才培养与引进：加强大数据人才的培养和引进工作，提高组织的大数据应用能力。
- 合作伙伴关系：与高校、研究机构等建立合作伙伴关系，共同推动大数据技术的发展和应用。

（4）法规与政策的不确定性

- 合规性检查：定期对组织的大数据应用进行合规性检查，确保符合相关法规和政策的要求。
- 风险评估：对大数据应用可能带来的风险进行评估和预测，制定相应的风险应对措施。
- 政策跟踪与调整：密切关注相关法规和政策的变化，及时调整组织的大数据应用策略。

3. 大数据与组织数据管理

为了应对大数据带来的机遇和挑战，组织应该采取一系列策略和措施来确保能够有效地利用大数据并克服其带来的挑战。以下是一些建议：

（1）制定明确的大数据战略

- 明确目标：组织需要明确大数据战略的目标，包括提高决策效率、优化用户体验、驱动创新等。
- 战略规划：制定长期和短期的大数据战略计划，明确实施步骤和时间表。

（2）提升数据管理能力

- 数据质量保障：建立数据质量标准和流程，确保数据的准确性、完整性和一致性。
- 数据整合与存储：采用适当的技术和工具来整合不同来源的数据，并选择合适的存储方案。
- 数据治理：建立数据治理机制，明确数据所有权、使用权和管理责任。

（3）加强数据分析能力

- 培养分析团队：招聘和培养具备数据分析技能的专业人才，建立强大的数据分析团队。
- 选择分析工具：选择适合组织需求的数据分析工具和技术，如数据挖掘、机器学习等。
- 持续优化模型：根据业务需求和数据变化，持续优化数据分析模型和算法。

（4）确保数据安全与隐私保护

- 制定安全策略：建立数据安全策略，明确数据保护的目标和措施。
- 采用加密技术：对敏感数据进行加密处理，防止数据泄露。
- 监控与审计：建立数据监控和审计机制，及时发现并处理安全事件。

（5）加强人才培养与引进

- 内部培训：为现有员工提供大数据相关的培训和教育，提高他们的技能水平。
- 外部招聘：积极招聘具备大数据技能的专业人才，为组织注入新的活力。
- 合作伙伴关系：与高校、研究机构等建立合作伙伴关系，共同培养大数据人才。

（6）关注法规与政策变化

- 合规性检查：定期对组织的大数据应用进行合规性检查，确保符合相关法规和政策要求。
- 风险评估：对大数据应用可能带来的风险进行评估和预测，制定相应的风险应对措施。
- 及时调整策略：根据法规和政策的变化，及时调整组织的大数据战略和应用策略。

（7）鼓励创新与实验

- 创新文化：营造鼓励创新和实验的文化氛围，让员工敢于尝试新的方法和思路。
- 快速迭代：采用快速迭代的方式开发和优化大数据应用，不断适应市场和用户的变化。

- 跨部门合作：加强不同部门之间的合作与交流，共同推动大数据的创新应用。

总的来说，大数据是数字化转型过程中的重要资源，它既带来了丰富的机遇，也伴随着一系列的挑战。组织需要充分认识到大数据的价值和潜在风险，制定合理的策略，以应对数字化转型带来的变革。

2.3.2 CDO 如何推动数字化转型

CDO 在推动数字化转型中担任着至关重要的角色。图 2-14 是 CDO 推动数字化转型的关键步骤和策略。

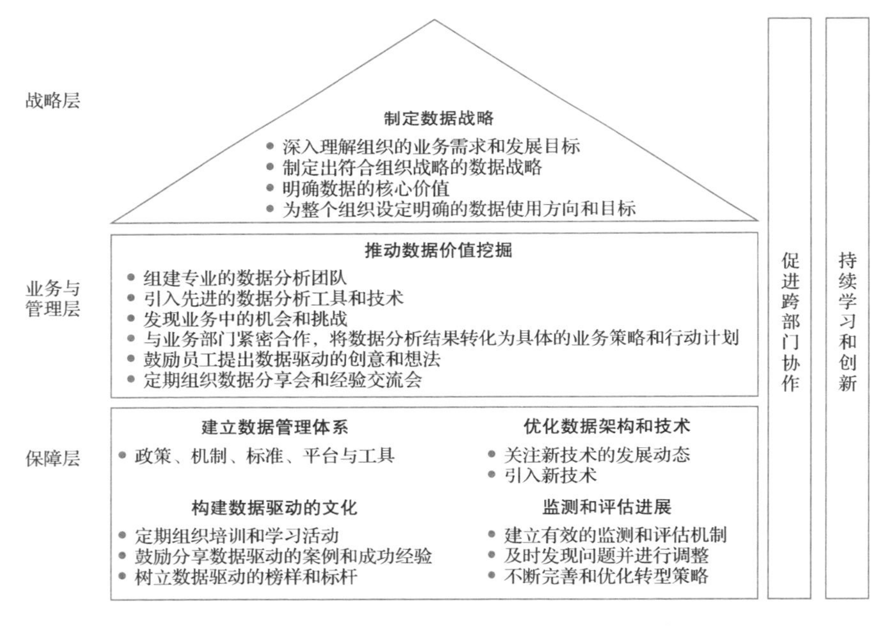

图 2-14 CDO 推动数字化转型的关键步骤和策略

（1）制定数据战略

作为数字化转型的引领者，CDO 的首要任务是深入理解组织的业务需求和发展目标，从而制定出符合组织战略的数据战略。这一战略应明确数据的核心价值，包括如何通过数据洞察来驱动业务决策、优化运营流程以及促进产品创新。通过清晰的数据战略，CDO 能够为整个组织设定明确的数据使用方向和目标。

（2）推动数据价值挖掘

数据价值挖掘是数字化转型中的关键环节，也是 CDO 的重要职责之一。为了充分发挥数据的价值，CDO 需要进行深入的数据分析和挖掘。这包括利用数据挖掘技术发现数据中的隐藏模式、趋势和关联关系，从而揭示出业务中的机会和挑战。此外，CDO 还需要与业务部门紧密合作，将数据分析结果转化为具体的业务策略和行动计划。通过不断挖掘和利用数据的价值，CDO 能够为组织创造更大的商业价值。为了实现这一目标，CDO 可以采取以下措施。

- 组建专业的数据分析团队，提升团队的数据分析和挖掘能力。
- 引入先进的数据分析工具和技术，如机器学习、人工智能等，提高数据分析的效率和准确性。
- 鼓励员工提出数据驱动的创意和想法，激发组织的创新活力。
- 定期组织数据分享会和经验交流会，促进团队成员之间的学习和交流。

（3）建立数据管理体系

在数字化转型过程中，数据的准确性和一致性至关重要。CDO 需要负责建立和维护一套完善的数据管理框架，确保数据的质量。这包括制定统一的数据标准、建立数据质量评估机制以及实施严格的数据安全管理政策。通过这些措施，CDO 能够提升数据的质量和价值，为组织提供更加可靠的数据支持。

（4）优化数据架构和技术

随着数字化转型的深入推进，数据架构和技术的优化变得尤为重要。CDO 需要与技术团队紧密合作，选择适当的数据存储、处理和分析工具，确保数据能够被高效、准确地利用。同时，CDO 还需要关注新技术的发展动态，不断引入新技术来优化数据架构和技术基础设施。

（5）构建数据驱动的文化

数据驱动的文化是数字化转型成功的重要保障。CDO 需要倡导并培育一种以数据为核心的文化氛围，让员工充分认识到数据的价值并主动利用数据。通过培训、分享最佳实践和树立数据驱动的榜样，CDO 能够推动整个组织向数据驱动转变。为了构建数据驱动的文化，CDO 可以采取以下措施。

- 定期组织数据相关的培训和学习活动，提升员工的数据意识和能力。
- 鼓励员工分享数据驱动的案例和成功经验，激发组织的创新活力。

- 在组织内部树立数据驱动的榜样和标杆，引导员工向数据驱动转变。

（6）监测和评估进展

为了确保数字化转型的顺利进行并取得预期效果，CDO 需要建立有效的监测和评估机制。通过收集和分析关键指标和数据，CDO 能够及时发现问题并进行调整。同时，CDO 还需要与业务部门和技术团队保持密切沟通，了解他们对数字化转型的反馈和建议，以便不断完善和优化转型策略。

（7）促进跨部门协作

数字化转型需要组织内部各部门的共同努力。CDO 需要与其他业务部门和技术团队建立紧密的合作关系，共同推动数字化转型的进程。通过促进数据共享、提供数据洞察和解决方案，CDO 能够帮助其他部门更好地理解和应用数据，实现业务目标和创新。为了实现跨部门协作，CDO 可以采取以下措施。

- 建立跨部门的数据共享机制，确保数据能够在不同部门之间自由流通。
- 定期组织跨部门的数据研讨会和合作项目，促进不同部门之间的交流和合作。
- 鼓励跨部门的团队建设活动，增进团队成员之间的了解和信任。

（8）持续学习和创新

数字化转型是一个持续不断的过程，CDO 需要保持对新技术和最佳实践的关注，并不断学习和创新。通过参加行业会议、与同行交流以及探索新的技术应用，CDO 能够不断提升自己的能力。同时，CDO 还需要鼓励团队成员保持学习的热情和探索的精神，共同推动组织在数字化转型的道路上不断前进。

综上所述，CDO 通过制定数据战略、推动数据价值挖掘、建立数据管理体系、优化数据架构和技术、构建数据驱动的文化、监测和评估进展、促进跨部门协作以及持续学习和创新等方式，可以有效推动数字化转型，为组织带来更大的价值和竞争优势。

2.3.3 组织为 CDO 赋能

为了确保 CDO 在数字化转型中能够充分发挥其领导力和影响力，组织需要采取一系列全面而深入的措施来为其赋能。图 2-15 是一些组织可以细致考虑和实施的方法。

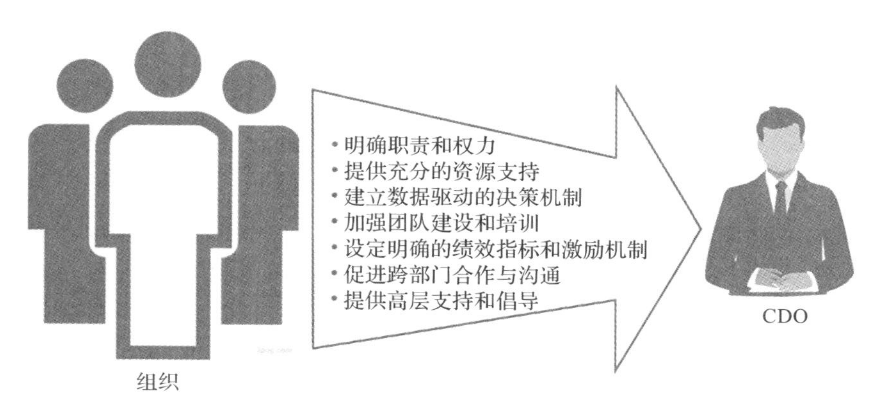

图 2-15　组织为 CDO 赋能的方法

（1）明确职责和权力

首先，组织需要为 CDO 制定一份详尽的职责说明书，清晰地界定其在数据战略、数据治理、数据安全等方面的具体职责和权力。这不仅能够确保 CDO 在决策过程中拥有足够的权威，还能够帮助其他部门明确了解 CDO 的角色和职责，从而更好地与其合作。此外，组织还应确保 CDO 在跨部门数据项目中具有领导权，以便能够推动数据驱动的变革。

（2）提供充分的资源支持

组织应投入必要的资金和资源，为 CDO 提供先进的技术基础设施、高效的数据工具和专业的人力资源。这包括购买和维护高性能的数据处理和分析设备、订阅或购买必要的数据服务、招聘和培养具有数据技能的专业人才等。通过提供这些支持，组织可以帮助 CDO 更好地开展工作，提升数据分析和洞察的能力。

（3）建立数据驱动的决策机制

组织应鼓励并要求高层管理人员在决策过程中充分利用数据，树立数据驱动的榜样。通过推动高层管理人员的数据驱动决策，组织可以向整个组织传达对数据工作的重视和认可，从而形成良好的数据驱动文化氛围。此外，组织还可以建立数据驱动的决策流程和机制，确保决策的科学性和有效性。

（4）加强团队建设和培训

组织应为 CDO 组建一支具备数据技能和专业知识的团队，包括数据科学家、数据工程师、数据分析师等。这些团队成员应具备丰富的数据经验和专业知识，能够协助 CDO 完成复杂的数据任务。同时，组织还应提供持续的培训和发展机会，帮助 CDO 及其团队不断提升数据技能、了解最新技术趋势，并保持与行业标准的同步。

（5）设定明确的绩效指标和激励机制

组织应与 CDO 共同制定明确的绩效指标和目标，以衡量其工作成果和数字化转型的进展。这些指标应具体、可衡量、可达成，并与组织的整体战略和目标相一致。同时，组织还应建立相应的激励机制，对 CDO 及其团队在数据工作中的优异表现给予认可和奖励，以激发其积极性和创造力。

（6）促进跨部门合作与沟通

组织应鼓励 CDO 与其他业务部门和职能团队进行密切合作，共同制定数据驱动的解决方案和创新策略。为了实现这一目标，组织可以建立跨部门的数据合作小组或委员会，定期召开会议讨论数据问题和解决方案。此外，组织还应建立有效的沟通机制，确保 CDO 能够及时了解业务需求并向其他部门传达数据洞察和价值。

（7）提供高层支持和倡导

高层管理人员对数字化转型和数据驱动决策的支持至关重要。他们应公开表达对 CDO 及其工作的支持和认可，并在组织内部积极宣传数字化转型的重要性和成果。通过高层管理人员的倡导和支持，组织可以增强员工对数据工作的认同感和参与度，从而形成良好的数据驱动文化氛围。

综上所述，组织可以通过明确职责和权力、提供充分的资源支持、建立数据驱动的决策机制、加强团队建设和培训、设定明确的绩效指标和激励机制、促进跨部门合作与沟通以及提供高层支持和倡导等措施来为 CDO 赋能。这些措施将帮助 CDO 在数字化转型中发挥更大的作用，推动整个组织实现数据驱动的增长和创新。

2.3.4 CDO 在数字化转型中的作用与职责

在数字化转型的浪潮中，CDO 的角色无疑显得尤为关键。他们不仅是数据领域的领导者，更是推动整个组织向数字化、智能化转型的核心力量。图 2-16

是 CDO 在数字化转型中的具体作用与职责。

具体作用

- 数据管理与合规的守护者
- 数据驱动的决策支持者
- 业务流程优化的推动者
- 创新与数字化转型的引领者

职责

- 制定数据战略
- 构建和维护数据平台
- 确保数据质量
- 保障数据安全
- 推动数据的有效流通
- 培养数据人才和推广数据文化

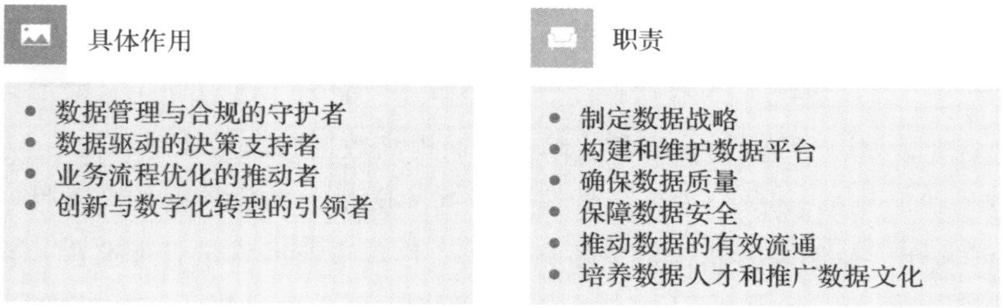

图 2-16　CDO 在数字化转型中的具体作用与职责

1. CDO 在数字化转型中的具体作用

CDO 在数字化转型中的具体作用包括但不限于以下内容。

1）数据管理与合规的守护者。在数据安全和隐私保护日益受到重视的背景下，CDO 需要确保企业在使用数据的过程中严格遵守相关法规和标准。他们不仅负责建立和完善数据管理体系，还要保障企业数据的安全性和合规性，这是数字化转型中不可或缺的一环。

2）数据驱动的决策支持者。CDO 通过对海量数据的深入分析和挖掘，为企业提供有价值的洞察，从而帮助企业管理层做出更加明智的决策。这种基于数据的决策方式不仅能够提高决策效率，还能显著降低决策风险，为企业创造更大的价值。

3）业务流程优化的推动者。CDO 通过精细的数据分析，能够发现企业业务流程中的瓶颈和问题，进而提出针对性地改进措施，优化业务流程。这有助于提升企业的运营效率，降低成本，从而增强企业在激烈市场竞争中的优势。

4）创新与数字化转型的引领者。CDO 需要密切关注行业发展趋势和技术变革，以推动企业创新和数字化转型。他们帮助企业发掘新的商业模式和增长点，为企业的发展注入新的活力，是企业在数字化转型过程中的重要引领者。

2. CDO 在数字化转型中的职责

CDO 在数字化转型中的职责包括但不限于以下内容。

1）制定数据战略。CDO 需要站在业务发展全局的角度来思考数据战略，明确数据的目标、规划数据的获取、管理和应用路径。他们要确保数据战略与企业的整体业务战略相契合，以支持企业的长远发展。

2）构建和维护数据平台。CDO 负责构建和维护一个高效、安全、可靠的数据平台，以提供统一的数据存储、处理和分析能力。这有助于打破部门之间的信息壁垒，实现数据的共享和协同，从而提高数据的使用效率和价值。

3）确保数据质量。CDO 负责监督数据的质量，确保数据的准确性、一致性和可靠性。他们需要制定数据质量标准，并实施数据质量管理流程，包括数据清洗、验证和监控机制。通过高质量的数据，企业能够做出更加精准的决策，提高业务运营效率。

4）保障数据安全。在数字化转型过程中，数据安全问题尤为重要。CDO 需要制定严格的数据安全政策，并采取有效的技术措施来确保数据的安全性和完整性。他们还要定期评估数据安全风险，并及时应对潜在的安全威胁。

5）推动数据的有效流通。打破信息孤岛，实现数据在不同部门和团队间的无缝流动。此外，CDO 需要探索数据的商业价值，通过数据分析和挖掘来创造新的收入机会，例如通过数据产品、服务或洞察来实现数据资产的货币化。

6）培养数据人才和推广数据文化。CDO 需要积极推动数据人才的培养和发展，建立一支具备专业技能和素养的数据团队。同时，他们还要在企业内部推广数据文化，提升全员对数据的认识和重视程度，以营造良好的数字化转型氛围。

综上所述，CDO 在数字化转型中的作用与职责广泛而重要。他们通过领导、推动和创新，帮助组织实现数据驱动的增长和竞争优势。在数字化时代，CDO 已经成为组织不可或缺的核心力量，他们的能力和表现将直接影响到组织的未来发展。

2.4 CDO 如何在数字化转型工作中获得成功

2.4.1 CDO 在数字化转型中的具体工作

CDO 在数字化转型中扮演着至关重要的角色，负责执行组织高层领导的数字化转型决策，为数字化转型制定详尽的数据规划、实施和优化策略。CDO 的出现源于组织对数字化转型中数据需求的深刻认识，这一角色关乎组织未来的发展，具有战略性意义。CDO 的职责是通过加强组织内部、供应商、客户之间的互动和数据流动，推动传统组织方式、运营模式与数据技术的深度融合。

在数字化转型的三个关键阶段（规划、实施和迭代）中，CDO 发挥着核心作用，确保数字化转型的顺利进行。图 2-17 是 CDO 在每个阶段的具体工作内容。

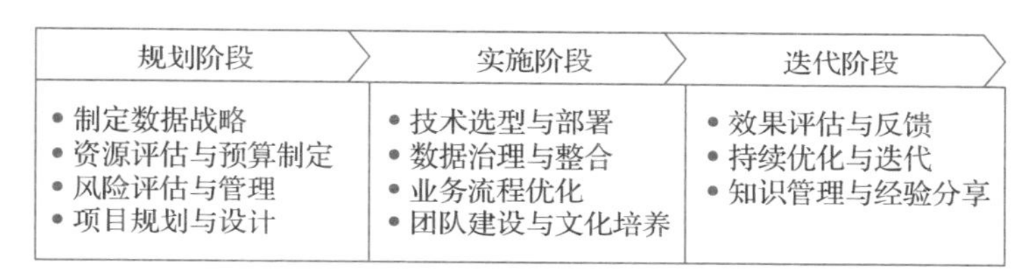

图 2-17　CDO 在每个阶段的具体工作内容

（1）规划阶段

CDO 作为组织数据体系建设的主要推动者，在进行数字化转型之前，首先要确定数据及管理体系建设的目标和资金。是否有准确的数据战略目标决定了组织的数字化转型之路是否正确，会不会偏航，CDO 可以通过制定数据战略地图找准转型方向。是否拥有充足的资金决定了组织能否顺利推进数据及管理体系建设。CDO 需要规划组织数据库管理体系建设所需的资金，确保转型中可用的资金充足，并拟好自己的 KPI（关键绩效指标）。此外，CDO 还需要在任职期间，了解衡量数据资产价值的方法，并制定详细的执行计划，确保完成数据管理体系建设的关键准备工作。

- 制定数据战略：CDO 需要深入了解组织的业务需求和市场环境，结合组织的战略目标，制定数据库管理整体战略和规划。
- 资源评估与预算制定：CDO 需要评估组织现有的技术、人才、资金等资源，确定数据库管理体系建设所需的资源投入，并制定详细的预算计划。
- 风险评估与管理：CDO 需要识别数据及管理体系建设过程中可能面临

的风险，如技术风险、安全风险、组织变革风险等，并制定相应的风险应对策略。

- 项目规划与设计：CDO 需要根据数据及管理体系建设的战略目标，设计具体的数据项目，明确项目的范围、目标、时间表和责任人，确保项目与组织整体战略的一致性。

（2）实施阶段

CDO 在组织数字化转型的实际工作中，首先需要和技术、数据、业务、管理等利益相关方进行沟通，逐步明确如何通过管理和部署数据实现业务目标。

转型过程中，完成计划的制定和准备工作后，落地执行工作便正式开始了，在执行过程中，CDO 要注意以下重大数据项目的执行和验收。

- 技术选型与部署：CDO 负责选择合适的数据技术工具和平台，指导技术团队进行部署和集成，确保数据技术的有效实施和稳定运行。
- 数据治理与整合：CDO 应推动数据管理体系的建立，确保数据的准确性、完整性和安全性；同时，整合组织内外部数据资源，为业务决策提供有力支持。
- 业务流程优化：CDO 需要与业务部门紧密合作，基于数字化转型的要求，利用数据对现有的业务流程进行优化和重构，提升流程的效率和质量。
- 团队建设与文化培养：CDO 需要建立适应数字化转型的数据团队和角色，培养员工的数据思维和能力，推动组织文化的变革，营造数字化创新的氛围。

（3）迭代阶段

组织数字化转型可谓任务艰巨，评估数据应用业务的效果是整个数字化转型工作的重点。CDO 可在组织高层管理人员的指导下，建立一种标准方法，用于衡量关键数据资产的实际价值和潜在价值，并采用一个或多个数据资产估值模型定期对执行情况加以测量。

- 效果评估与反馈：CDO 需要对数据支撑数字化转型的成果进行评估，包括业务指标的提升、客户满意度的提高、数据利用率的增强等；同时，收集员工和客户的反馈意见，为后续的优化提供参考。

- 持续优化与迭代：CDO 需要根据评估结果和反馈意见，对数字化转型过程中存在的数据问题和不足进行持续改进和优化，确保组织数据可以支撑数字化转型的持续性和有效性。
- 知识管理与经验分享：CDO 需要总结数据及管理体系建设的经验和教训，形成组织内部的数据及管理体系知识库，为后续的数据项目提供借鉴和参考；同时，分享数据及管理体系建设的成功案例和最佳实践，提升组织的行业影响力。

在整个数字化转型过程中，CDO 还需要与不同部门、团队和利益相关者进行沟通和协调，确保数据和管理体系建设的顺利进行和目标的实现。同时，CDO 还需要关注行业动态和技术发展趋势，不断调整和优化数据战略和规划，以适应不断变化的市场环境和组织需求。

2.4.2 CDO 成功的关键要素

CDO 在现代企业中扮演着至关重要的角色，尤其是在数字化转型的浪潮中。一个成功的 CDO 需要具备多方面的素质和能力，以确保组织能够充分利用数据资源，实现业务增长和效率提升。

第一，业务能力是 CDO 成功的基石。作为组织的数据战略领导者，CDO 需要深入理解组织的业务模式、商业逻辑以及市场环境。他们需要具备敏锐的市场洞察力，能够捕捉到商业机会，并将数据技术与业务战略相结合，为组织创造更大的价值。CDO 需要关注业务目标的达成，通过数据分析来优化业务流程，提升业务效率和客户满意度。他们还需要与业务部门紧密合作，共同制定数据驱动的决策，确保组织的业务目标得以实现。

第二，技术能力是 CDO 成功的保障。随着数据技术的不断发展，CDO 需要具备对数据技术的深刻理解和技术创新的敏锐性。他们需要掌握最新的数据技术发展趋势和前沿技术，如人工智能、大数据、云计算等，并有能力将这些技术应用于业务中。CDO 需要具备技术选型和架构设计的能力，为组织提供最优的数据解决方案。他们还需要与技术团队紧密合作，确保数据技术的有效实施，为组织的数字化转型提供坚实的技术支撑。

第三，领导力是 CDO 成功的关键。在数字化转型过程中，CDO 需要展现出强大的领导力，以激发组织数字化转型的热情和推动力度。他们需要制定明确的数字化转型战略，并将其纳入组织战略规划和组织文化中。CDO 需要带领团队共同实现数字化转型的目标，通过有效的领导和管理，确保团队成员能够充分发挥各自的优势，共同为组织的成功发展贡献力量。此外，CDO 还需要具备应对挑战和解决问题的能力，以应对数字化转型过程中可能出现的各种问题和挑战。

第四，沟通能力也是 CDO 成功的关键要素之一。在数字化转型的过程中，CDO 需要与各级领导和团队成员进行有效的沟通和协作。他们需要清晰地传达出数字化转型的重要性和紧迫性，以争取更多的支持和资源。同时，CDO 还需要与业务部门、技术团队以及其他利益相关者建立良好的合作关系，共同推动数字化转型项目的成功实施。通过有效的沟通，CDO 可以确保数字化转型的顺利进行，减少阻力，提高成功率。

第五，数据能力是 CDO 不可或缺的素质之一。在数字化时代，数据已成为组织的重要资产之一。CDO 需要具备数据分析和挖掘的能力，能够利用大数据技术对海量数据进行深度挖掘和分析，以发现业务价值和创新机会。他们还需要掌握数据可视化和用数据讲故事的能力，将复杂的数据分析结果以直观、易懂的方式呈现给领导和团队成员。通过数据驱动的方法，CDO 可以更好地理解业务需求，优化业务流程，提升组织的整体运营效率。

2.4.3 CDO 的汇报路径

1. CDOIQ 的观点

适当的汇报路径是 CDO 成功的先决条件之一。CDO 应向跨职能高管或具有明确跨职能授权的职能主管报告，比如首席转型官（Chief Transformation Officer，CTO）、首席创新官（Chief Innovation Officer，CIO），或者一个类似的、明确的跨职能授权的职位供 CDO 汇报。如图 2-18 所示，按照 CDOIQ 的观点，在 CDO 出现的早期（2023 年前），CDO 的汇报路径无外乎以下三种[㊀]。

㊀ 上海市静安区国际数据管理协会 . 首席数据官知识体系指南 [M]. 北京：人民邮电出版社，2024.

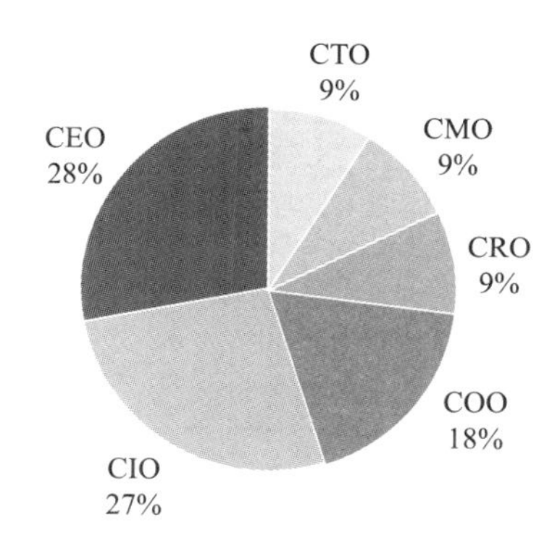

图 2-18　CDO 的汇报路径

1）CDO 直接汇报给 CEO/COO，比如 Seattle Children's Hospital、Boa Vista-Brazil 等。

2）CDO 汇报给 CIO、CMO、CRO 等，比如 US Army、Microsoft、GBM-Mexico、Conning 等。

3）CDO 不属于 C 级高层领导，但属于最高级别的管理数据的专业人员，比如 TD Ameritrade 等。

在 2023 年 10 月发布的 CDOIQ 调研中，23% 的 CDO 直接向 CEO 汇报，21% 的 CDO 向 CIO/CTO 汇报，23% 的 CDO 向另一位首席级高管汇报。

2. DAMA 的观点

基于我国的具体情况，不同行业、不同公司，CDO 的定位和汇报对象往往不同，大致可以分为 4 类，如表 2-1 所示。在刚开始出现 CDO 这个职位时，CDO 向首席信息官（CIO）或首席技术官（CTO）汇报工作，这种汇报关系更多是把 CDO 作为技术角色或数据科学家，此类 CDO 在数据专业技术上有比较突出的表现，但与组织业务的融合程度低。随后，在关注用户体验的公司里出现了业务定位的 CDO，此类 CDO 向公司的首席营销官（CMO）汇报，他们专注于提升客户体验和用户增长，擅长某个业务线的数据应用，但对公司整体的数据组织建设和数据资产化等方面往往比较欠缺[1]。

[1] 上海市静安区国际数据管理协会 . 首席数据官知识体系指南 [M]. 北京：人民邮电出版社，2024.

表 2-1　CDO 汇报路径的分类

类别	汇报路径	优点	缺点
直接向 CEO 汇报	CFO 兼任	对公司商业模式理解透彻，能作为业务与数据的桥梁 有能力和资源保障数据战略落地实施和组织转型	对技术的敏锐度较低
	CIO 兼任	对技术的敏锐度比较高	资源管控不足
不直接向 CEO 汇报	向 CIO 汇报	在专业技术上比较突出	与组织业务的融合程度低
	向 CMO 汇报	专注于提升客户体验和用户增长	数据组织建设和数据资产化等方面往往比较欠缺

在数据要素时代，更多的组织意识到数据和数字化不仅仅是业务发展的辅助手段，更是组织战略和运营的核心，可以重构组织的商业模式和竞争力。因此，越来越多的 CDO 直接向 CEO 汇报。目前，CDO 由 CFO 兼任，直接向 CEO 汇报，这主要基于以下考虑：首先，CFO 是数据治理的最大受益者；其次，CFO 对公司商业模式理解透彻，能作为业务与数据的桥梁；再次，CFO 有能力和资源保障数据战略落地实施和组织转型；最后，CFO 负责整个公司的绩效管理、价值管理、目标管理等，对数据战略的管控力更强。

在实践中，CDO 和 CIO 的工作职责最接近，有时还会有一定的重叠。目前，组织中最普遍的情况是，CDO 和 CIO 往往是一种平级关系，但他们的工作侧重点是不一样的。

2.5　CIO 与 CDO

2.5.1　CIO 的工作

CIO，即首席信息官，是现代企业中不可或缺的高级管理人员。他们肩负着确保组织信息技术和系统高效、稳定运行的重要使命，同时也在推动组织的数字化转型和信息化建设方面发挥着关键作用。

CIO 的主要工作职责涵盖了多个方面。

1）CIO 需要负责制定和实施公司的 IT 战略规划，为组织的信息化建设提供全方位及前瞻性的保障。这包括了对现有 IT 系统的评估、优化以及未来技术趋势的预测和布局。此外，CIO 需要参与制定公司的发展战略和年度经营计划，结合业务需求和技术趋势，组织制定和实施重大技术决策。他们还需要与业务部门和职能部门保持密切沟通，为各部门提供及时、有效的 IT 技术服务支持，并协调各部门推进制度流程的电子化，提高组织的运营效率。

2）在信息系统管理方面，CIO 负责统筹指导各信息系统的立项、调研、选型、评审、技术接口、上线及其他项目管理工作。他们要确保各个信息系统能够支撑公司的整体运营，满足业务需求，并不断优化和升级系统，以适应业务的发展变化。此外，CIO 还需要负责公司的整体信息安全，编制和完善公司信息标准及信息保密制度，确保公司 IT 系统安全、高效、稳定运行。这包括对网络安全的防护、数据备份和恢复、安全漏洞的修复等。

3）在信息化平台建设方面，CIO 需要建立并优化公司的信息化平台，包括 ERP（企业资源计划）、MES（制造执行系统）、OA（办公自动化）系统、官方网站、APP、小程序等。这些平台是组织实现数字化转型和信息化建设的重要工具，能够帮助组织提高工作效率、优化业务流程、提升客户满意度等。同时，CIO 还需要负责维护各软硬件系统的良好运行，确保系统稳定可靠，为组织的正常运营提供有力保障。

上述工作对于 CIO 的技能要求也非常高。

第一，他们需要具备强大的技术理解和应用能力，能够深入理解和应用各种信息技术和系统。这包括了对硬件、软件、网络、数据库等方面的全面了解，以及对新技术和新趋势的敏锐洞察力。此外，CIO 还需要具备商业头脑和战略眼光，能够将技术与组织业务发展紧密结合，制定并实施符合组织战略需求的 IT 战略。他们需要了解业务需求，把握市场趋势，为组织提供有力的技术支撑。

第二，卓越的领导力和团队协作能力也是 CIO 必备的能力。他们需要领导和管理 IT 团队，为团队成员提供指导和支持，确保团队高效运作。同时，他们还需要与其他部门保持良好的沟通和协作，共同推动组织的信息化建设。

综上所述，CIO 在现代企业中扮演着至关重要的角色。他们需要具备丰富的技术知识和经验，同时还需要具备战略思维、创新思维和跨界合作的能力。

在数字化转型的背景下，CIO 的角色越来越重要。他们需要不断学习和更新自己的知识和技能，以推动组织数字化转型的成功，并为组织的可持续发展提供有力保障。

2.5.2 CDO 的工作

CDO 是现代企业中不可或缺的关键角色。他们肩负着组织数据战略制定和实施的重要使命，是组织在数据驱动时代实现持续发展的核心驱动力。

1. CDO 的工作范围

CDO 的主要工作范围广泛且深入，主要包括如下几个方面。

（1）制定并执行全面的数据战略

CDO 通过制定详细的数据战略，为组织在数据领域的发展提供了明确的方向和路径。CDO 需要深入了解组织的运营模式和业务流程，明确数据采集、存储、处理、分析和应用的各个环节，确保数据的有效性和高效性。CDO 还需要争取各类资源推动数据战略的落地。各类资源包括战略制定与执行所需的资金、人力、物力等。战略的制定与执行可以支撑组织的业务需求，并与组织整体的业务战略目标紧密相连。

（2）建立和维护一个高效、安全、可靠的数据管理体系

CDO 需要与各个业务部门紧密合作，制定统一的数据标准和质量规范，确保数据的准确性、完整性和一致性。同时，CDO 还需要关注数据的安全性和隐私保护，确保数据在存储、传输和使用过程中得到充分保护。通过建立完善的数据管理体系，CDO 为组织的数据应用提供了坚实的基础和保障。

（3）推动数据驱动决策

CDO 需要熟练掌握数据分析工具和方法，能够从海量数据中提取有价值的信息。通过与业务部门紧密合作，CDO 能够提供准确、及时的数据支持，帮助组织更好地了解市场、客户和业务，优化决策过程。通过数据驱动决策，CDO 为组织的战略制定和业务发展提供了有力的支撑和保障。

（4）关注数据技术的最新发展，推动数据创新

CDO 需要了解新技术在数据领域的应用前景和趋势，并积极探索新的数据

应用场景和价值创造方式。通过与技术团队紧密合作，CDO 能够推动组织在技术创新方面的探索和实践，为组织的数字化转型和升级提供有力支持。

（5）优化数据团队建设和提升组织的数据文化素养

CDO 需要致力于提升数据团队乃至全组织的数据意识和能力，通过培训、研讨会等形式，普及数据知识，提高员工对数据驱动决策的理解和执行能力。这样不仅可以提升组织整体的数据处理和分析能力，还能促进跨部门的数据协作和共享。

（6）促进内外部数据合作与共享

在保护数据安全和隐私的前提下，CDO 应积极寻求与其他组织或机构的数据合作，以丰富组织的数据资源和提高数据的多样性。同时，推动组织内部的数据共享，打破数据孤岛，让数据在更多场景中得到应用并产生价值。

（7）监控和评估数据战略的执行效果

CDO 需要建立一套有效的数据战略执行监控和评估机制，定期检查和评估数据战略的实施情况，确保数据战略与组织目标相一致，并根据实际情况进行调整和优化。

（8）引领和推动数据科学的研究与应用

CDO 应关注数据科学的前沿动态，引领组织在数据科学研究方面的投入，推动数据科学在组织内的广泛应用，从而提高组织在数据处理、分析和应用方面的能力和水平。

2. CDO 的工作技能

对于 CDO 的技能要求也非常高，主要包括以下几个方面。

（1）CDO 需要具备前瞻性的数据战略思维

CDO 需要从组织的整体战略出发，结合业务需求和市场需求，制定具有前瞻性和可行性的数据战略。他们需要对数据领域的发展趋势进行深入的了解和洞察，能够敏锐地捕捉市场机会，以便及时调整和优化数据战略，确保其与组织的发展目标保持高度一致。

（2）CDO 需要熟练掌握数据分析工具和方法

他们需要能够运用各种数据分析工具和技术手段，从海量数据中提取有价值的信息。同时，他们需要具备数据分析和挖掘的能力，能够发现数据中的规律和趋势，为组织决策提供支持。

（3）CDO 还需要具备良好的跨部门协作能力

他们需要与各个业务部门、技术部门紧密合作，共同推进数据治理和应用工作。他们需要具备良好的沟通和协作能力，能够处理各种复杂的问题和挑战，确保数据战略的顺利实施。

（4）CDO 需要具备技术创新能力

他们需要关注数据技术的最新发展，了解新技术在数据领域的应用前景和趋势。他们需要具备创新思维和创新能力，能够推动组织在技术创新方面的探索和实践，为组织的数字化转型和升级提供有力支持。

CDO 的工作重点在于将数据作为组织的核心资产进行管理和利用。他们需要通过数据治理、数据分析和数据创新等手段，推动数据在组织战略决策、业务运营和价值创造中的全面应用。他们致力于打破数据孤岛，实现数据的互联互通和共享利用，为组织创造更大的商业价值。

综上所述，CDO 在组织中扮演着至关重要的角色。他们的工作涉及数据战略的制定、数据管理、数据驱动决策以及数据创新等多个方面。CDO 需要具备丰富的数据战略思维、数据分析能力、跨部门协作能力和技术创新能力等技能，以推动组织在数据领域取得更大的成功。在未来的发展中，CDO 将继续发挥关键作用，引领组织在数据驱动时代实现持续发展。

2.5.3 CIO 与 CDO 的异同

CIO 与 CDO 在工作、技能、重点和权责方面的异同如图 2-19 所示，通过对比可以更深入地理解两者在现代组织中的独特作用。

1. 相同点

（1）工作方向

CIO 和 CDO 都致力于优化组织的运营和业务决策，他们的工作都围绕技术或数据资源展开。两者都认识到，通过有效利用这些信息或数据资源，可以显著提升组织在市场上的竞争力，为组织创造更大的价值。他们不仅关注资源的有效利用，还致力于挖掘这些资源中的潜在价值，推动组织的持续发展。

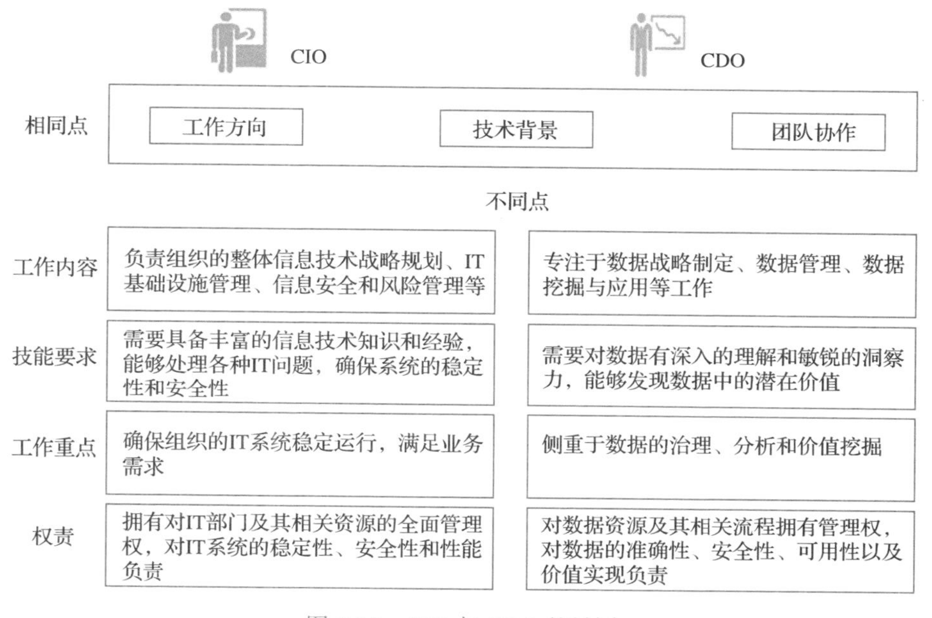

图 2-19　CIO 与 CDO 的异同

（2）技术背景

无论是 CIO 还是 CDO，都需要具备深厚的技术背景或对技术有深入的理解。这是因为他们的工作涉及复杂的技术问题，需要他们具备相应的技术能力来解决。同时，他们还需要关注新兴的技术趋势，以便及时调整组织的技术战略，确保组织的技术环境始终保持领先地位。

（3）团队协作

CIO 和 CDO 都需要与多个部门进行紧密的合作和沟通。这是因为他们的工作涉及组织的各个方面，需要与不同部门的人员共同协作，以确保工作的顺利进行。例如，他们需要与业务部门沟通，了解业务需求并提供相应的技术支持；与技术部门合作，确保技术方案的实施和系统的稳定运行。

2. 不同点

（1）工作内容

CIO：主要负责组织的整体信息技术战略规划、IT 基础设施管理、信息安全和风险管理等。他们需要确保组织的 IT 系统能够稳定运行，满足业务需求。

同时，他们还需要关注新技术的发展和应用，推动组织的数字化转型和创新。CIO 的工作内容涉及组织的整个 IT 环境，需要他们具备全面的技术能力和管理能力。

CDO：更专注于数据战略制定、数据管理、数据挖掘与应用等工作。他们需要确保数据的安全、高效调用和分享，并运用数据分析手段为业务决策提供服务。CDO 的工作内容更加侧重于数据资源的利用和价值挖掘，需要他们具备深入的数据分析和数据挖掘能力。

（2）技能要求

CIO：需要具备丰富的信息技术知识和经验，能够处理各种 IT 问题，确保系统的稳定性和安全性。此外，他们还需要具备战略思维和业务洞察力，能够将信息技术与业务目标相结合，推动组织的创新发展。CIO 的技能要求更加偏向于技术和管理两个方面。

CDO：需要对数据有深入的理解和敏锐的洞察力，能够发现数据中的潜在价值。他们需要掌握数据分析、数据挖掘等技能，并能够运用数据为组织的决策提供支持和指导。此外，他们还需要关注数据安全和隐私保护等方面的问题。CDO 的技能要求更加偏向于数据管理和数据应用两个方面。

（3）工作重点

CIO：工作重点在于确保组织的 IT 系统稳定运行，满足业务需求。他们需要关注新技术的发展和应用，以推动组织的数字化转型和创新。CIO 的工作重点更加偏向于技术实现和 IT 系统的稳定运行。

CDO：更侧重于数据的治理、分析和价值挖掘。他们需要通过数据驱动决策，提高组织的业务效率和竞争力。CDO 的工作重点更加偏向于数据资源的利用和价值挖掘。

（4）权责

CIO：通常拥有对 IT 部门及其相关资源的全面管理权，对 IT 系统的稳定性、安全性和性能负责。他们需要制定和执行 IT 战略，确保其与组织的整体战略相一致。CIO 的权责更加偏向于对 IT 部门和技术资源的管理。

CDO：主要对数据资源及其相关流程拥有管理权，对数据的准确性、安全性、可用性以及价值实现负责。他们需要制定数据战略，确保数据在组织的决策和运营中发挥最大作用。CDO 的权责更加偏向于对数据资源的管理和利用。

总之，虽然 CIO 和 CDO 在工作上都涉及组织的信息技术和数据资源，但他们在工作内容、技能要求、工作重点和权责等方面存在明显的不同。这些不同使他们在组织中各自扮演着独特的角色，共同推动组织的发展和创新。

2.5.4　谁负责组织数据管理工作

关于谁来负责组织数据管理工作存在常见错误认识，这一观念普遍存在于许多组织中，尤其是那些对数据管理的重要性和复杂性认识不足的企业。这种错误认识往往源自对数据管理职责的片面理解，即将它完全等同于技术问题，进而将其交由 IT 部门或信息技术负责人（如 CIO）来全权负责。然而，这种做法忽略了数据管理工作的复杂性和多元性，同时也忽视了数据作为组织核心资产的战略价值。

第一，我们必须明确，数据管理工作远非简单的技术问题。它涉及数据的全生命周期管理，包括数据的收集、清洗、整合、存储、处理、分析、应用等多个环节。每一个环节都需要专业的技能和知识，而且还需要与不同部门、不同业务领域进行紧密的协作和沟通。将数据管理工作完全交给 IT 部门，意味着这些部门需要承担过多的工作压力，而且可能因为缺乏对其他部门业务需求的深入理解，而导致数据应用价值的发挥受到限制。

第二，数据管理不仅仅是一项技术任务，它还需要具备战略思维和业务洞察力。数据是组织的重要资产，对于支持业务决策、推动业务发展具有重要意义。然而，IT 部门或 CIO 虽然具备技术专长，但可能缺乏对业务的理解和战略视野。他们可能无法充分理解业务部门的需求，也无法将数据管理与组织的战略目标紧密结合。因此，将数据管理职责完全交给 IT 部门或 CIO，可能会导致数据管理与业务需求之间的脱节，限制数据在组织中的战略应用和价值挖掘。

第三，随着信息技术的不断发展和数据量的快速增长，数据已经成为组织核心竞争力的重要组成部分。数据不仅可以帮助组织更好地了解市场、客户和业务运营情况，还可以为组织提供宝贵的商业洞察和创新机会。然而，将数据管理职责完全交给 IT 部门或 CIO，可能会限制数据在组织中的战略应用和价值挖掘。因为 IT 部门或 CIO 可能更多地关注技术层面的问题，而忽视了数据在业务决策和战略制定中的重要作用。

因此，正确的做法应该是建立一个专门的数据管理部门或设立数据管理负责人（如 CDO）来全面负责组织的数据管理工作。这个部门或负责人应该具备跨部门的协作能力、战略思维、业务洞察力以及数据管理和分析能力。他们应该能够深入了解不同部门的业务需求，协调各方资源，推动数据在组织中的有效应用和价值实现。同时，他们还应该关注数据安全和隐私保护等问题，确保数据的合法、合规使用。

在建立专门的数据管理部门或设立数据管理负责人的过程中，组织还需要注意以下几点。首先，要确保数据管理部门或负责人具备足够的权威和影响力，以便在组织中推动数据管理的改革和发展。其次，要加强与其他部门的沟通和协作，确保数据管理工作能够得到充分的支持和配合。此外，还需要不断培养和引进具备数据管理和分析能力的人才，为组织的数据管理工作提供坚实的人才保障。

综上所述，关于谁来负责组织数据管理工作的常见错误认识是将其完全交给 IT 部门或 CIO 来承担。这种认识忽略了数据管理工作的复杂性和多元性，以及数据作为组织核心资产的战略价值。正确的做法应该是建立一个专门的数据管理部门或设立数据管理负责人来全面负责这一工作，以确保数据在组织中发挥最大的价值。

第3章 CHAPTER 3

CDO应具备的基础数据知识

在数字化浪潮席卷全球的今天，数据不仅成为组织决策的重要依据，更是推动业务创新和发展的关键要素。作为数据领域的领导者，CDO必须具备扎实的数据知识，才能更好地引领组织的数字化转型和数据战略。

第一，我们将从组织数据的流动与变化开始，探讨数据在组织内部的流转过程以及随着业务变化而发生的相应变化。了解组织数据的流动和变化，有助于CDO更好地把握数据的源头和流向，从而为组织制定更有效的数据战略提供支持。

第二，我们将从不同视角看待组织数据，不同的视角会对组织数据有不同的理解和分类，这些理解和分类将有助于CDO更全面地了解数据的本质和价值。此外，我们还将从数据管理的角度对组织数据进行分类，以便更好地管理和利用数据。

第三，不同对象对数据的要求和需求不同。在数字化时代，内外部环境对组织数据的要求也在不断变化。合规需求、外部洞察需求和内部洞察需求等都在不断推动着数据管理和治理的升级。CDO需要时刻关注这些变化，确保组织数据的安全、合规和有效使用。

第四，我们将从宏观战略和管理对象的角度分析组织数据体系，并探讨其实现过程。组织数据体系是组织数据管理的基础框架，它能够帮助组织更好地整合和利用数据资源，推动业务发展和创新。CDO 需要深入理解组织数据体系，并能够有效地推动其实现过程，以确保组织数据战略的成功实施。

3.1 数据的基本知识

3.1.1 组织内数据的流动与变化

在具体对组织数据管理工作进行分解之前，有必要了解一下，数据是如何流转的。对于一般的组织而言，数据的流转如图 3-1 所示。

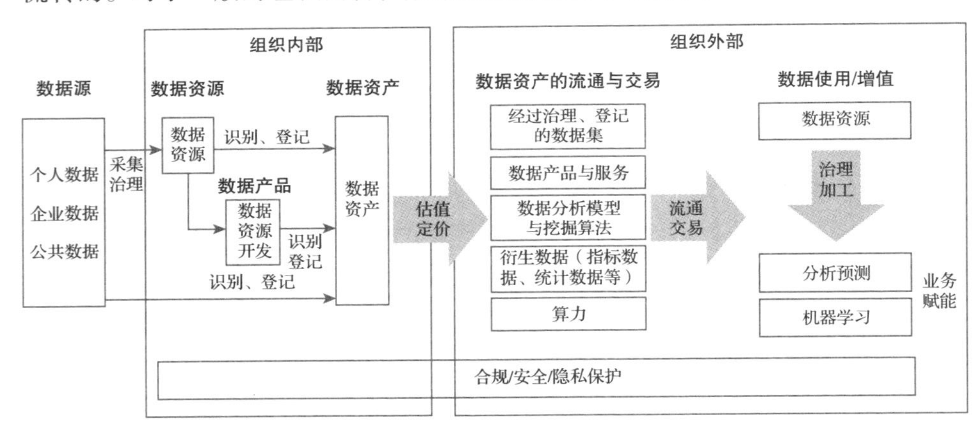

图 3-1　数据流动变化图

1）数据采集：组织利用各种数据采集手段从数据源获取数据。常见的数据源有三类：个人数据、企业数据和公共数据。对于组织（政府、企业等）而言，数据可以来源于组织内部，也可以来源于组织外部。

2）数据资源化：组织获取数据后，按照需求进行治理，将杂乱无章的数据资源变成有序的数据资源。

3）数据资产化：对数据资源进行处理，筛选能够带来价值的数据资源，形成数据资产，对资产进行登记、确权、定价等处理。

4）数据产品：分析数据的内部和外部应用场景，形成多种形式的数据产品，这些数据产品是数据资产的一种。

5）数据资产的流通与交易：数据资产进入数据要素市场流动，给组织带来直接经济价值。

6）数据使用 / 增值：数据资产应用于组织内部，带来间接的经济价值，例如作业效率提升、业务流程缩短等。

组织不一定承担单一的角色，可以是数据提供者、数据使用者，也有可能二者兼具。

在图 3-1 中，将交易画在了增值前面。因为，对于一般的组织而言，经常会从外部购买数据及产品，用于数据分析、决策支持等。当然，也可以将交易画在增值之后，组织将数据资产应用在组织内部以后，发现了数据资产的普遍价值，将之固化为产品，进行数据资产流通，带来直接的经济价值。

3.1.2　常见的数据分类

在当今这个数据驱动的时代，数据已成为企业运营、决策制定乃至社会发展的重要驱动力。而数据分类作为数据管理的基础，不仅是优化数据存储、提升数据访问效率的关键，更是保障数据安全、促进数据价值挖掘的前提。

根据国家标准 GB/T 38667—2020《信息技术 大数据 数据分类指南》可知，可以从技术选型、业务应用和安全隐私保护三种视角对数据进行分类[⊖]。

（1）技术选型维度

- 按产生频率可划分为：每年更新数据、每月更新数据、每周更新数据、每日更新数据、每小时更新数据、每分钟更新数据、每秒更新数据、无更新数据等。
- 按产生方式分类可划分为：人工采集数据、信息系统产生数据、感知设备产生数据、原始数据、二次加工数据等。
- 按结构化特征分类可划分为：结构化数据，如零售、财务、生物信息学、地理数据等；非结构化数据，如图像、视频、传感器数据、网页等；半

⊖ 国家市场监督管理总局，国家标准化管理委员会 . 信息技术 大数据 数据分类指南 [S]. 北京：中国标准出版社，2020.

结构化数据，如应用系统日志、电子邮件等。

- 按存储方式可划分为：关系数据库存储数据、键值数据库存储数据、列式数据库存储数据、图数据库存储数据、文档数据库存储数据等。
- 按稀疏程度可划分为：稠密数据和稀疏数据。
- 按处理时效性可划分为：实时处理数据、准实时处理数据和批量处理数据。
- 按交换方式可划分为：ETL[㊀]方式、系统接口方式、FTP（文件传输协议）方式、移动介质复制方式等。

（2）业务应用维度

- 按产生来源可划分为：人为社交数据、电子商务平台交易数据、移动通信数据、物联网感知数据、系统运行日志数据等。
- 按业务归属可划分为：生产类业务数据、管理类业务数据、经营分析类业务数据等。
- 按流通类型可划分为：可直接交易数据、间接交易数据、不可交易数据等。
- 按行业领域分类可划分的类别见 GB/T 4754—2017。
- 按数据质量可划分为：高质量数据、普通质量数据、低质量数据等。

（3）安全隐私保护维度

- 按数据安全隐私保护维度可划分为：高敏感数据、低敏感数据、不敏感数据等。

需要注意的是，在实际的组织（政府、企业、机构等）中，常见的数据分类方法可能有所不同。下面介绍几种组织中常见的数据分类方法及其分类结果。

1. 按结构化特征分类

组织的数据按结构化特征分类，可以分为以下几类：

- 结构化数据：具有固定格式和模式的数据，易于存储在数据库中，如数字、日期等。这类数据常见于金融交易记录、客户数据库等。
- 非结构化数据：没有固定格式的数据，如文本、图像、音频和视频。这

㊀ ETL，是英文 Extract-Transform-Load 的缩写，用来描述将数据从来源端经过抽取（Extract）、转换（Transform）、装载（Load）至目的端的过程。

类数据内容丰富，但处理和分析难度较大。

- 半结构化数据：介于结构化和非结构化数据之间，具有一定的格式但不够规范，如 XML（可扩展标记语言）、HTML（超文本标记语言）等。这类数据需要特定的解析方法来提取有用信息。

2. 按数据使用的场景分类

如果按照数据使用的场景划分，可以将数据分为两大类：

- OLTP（联机事务处理）系统中的数据。即企业业务运营及管理过程中产生的数据，一般为实时数据，支撑业务运行使用。一般可以把 OLTP 系统叫作业务域。
- OLAP（联机分析处理）系统中的数据。即企业为了满足内部决策需求或者数据流通需求，将 OLTP 等系统中的数据汇聚、整合、治理、建模，供数据分析或者数据挖掘使用。一般可以把 OLAP 系统叫作分析域。

OLTP 系统主要用于处理日常业务操作，如订单处理、库存管理、财务交易等。OLTP 系统的设计重点在于快速响应用户请求，支持高并发的事务处理，确保数据的一致性和完整性。OLAP 系统主要用于数据仓库和决策支持系统，支持复杂的分析查询和报告生成。OLAP 系统的设计重点在于快速读取大量数据，支持数据的多维分析和聚合计算。两者的区别如图 3-2 所示。

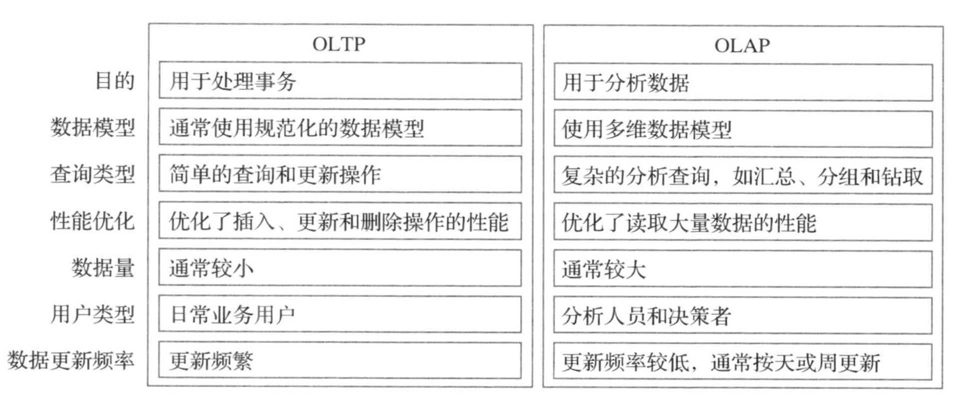

图 3-2　OLTP 和 OLAP 的区别

简而言之，OLTP 系统关注事务处理的速度和效率，而 OLAP 系统关注数据分析的深度和广度。两者在数据库设计、查询处理和性能优化方面都有明显的区别。

3. 按数据主权所属分类

组织数据按照数据主权所属可以分为内部数据和外部数据两类，这两类数据构成了组织进行数据分析和决策的基础，如图 3-3 所示。这两类数据来源各有特点和价值，对组织的数据战略和业务发展具有重要影响。

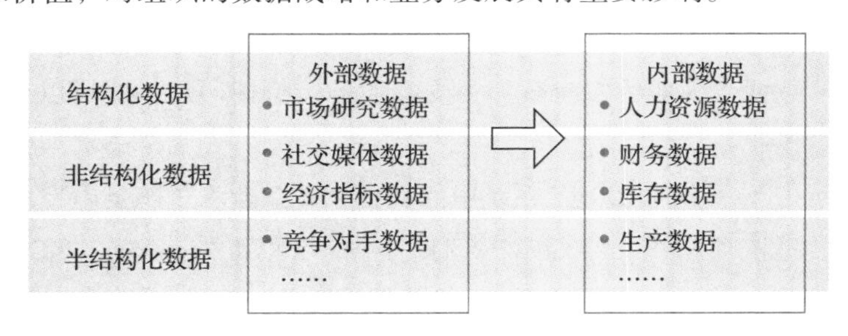

图 3-3　按数据主权所属分类

（1）内部数据

内部数据是组织在日常运营和管理活动中自然产生的数据。这类数据紧密关联组织的业务流程、客户互动和管理决策，通常包括以下几类。

- 人力资源数据：涉及员工的个人信息、职位、薪酬、绩效评估、培训记录等，这些数据有助于人力资源管理和决策。
- 财务数据：包括会计记录、预算、财务报表、审计报告等，这些数据对于财务管理和合规性至关重要。
- 库存数据：记录库存水平、库存流动、供应链状态等信息，这些信息对于库存管理和物流优化至关重要。
- 生产数据：包括生产过程中的产量、质量控制、设备运行状态等数据，这些数据有助于生产效率提高和产品质量管理。
- 营销数据：涉及市场活动、广告效果、促销活动，以及市场调研和分析结果等方面的数据，这些数据对于市场策略和营销决策非常重要。
- 研发数据：包括新产品开发过程中的设计文档、测试结果、研发进度等，这些数据对于产品创新和研发管理至关重要。

- 合同数据：记录与供应商、客户、合作伙伴等签订的合同条款、履行情况等，这些数据对于合同管理和风险控制非常重要。
- 通信数据：包括电子邮件、电话记录、会议记录等，这些数据有助于了解组织内部和外部的沟通情况。
- 合规性数据：涉及组织遵守法律法规、行业标准的数据，如合规性检查报告、许可证信息等。
- 知识产权数据：包括专利、商标、版权等知识产权的相关信息，这些信息对于保护组织的创新成果和竞争优势至关重要。
- IT 基础设施数据：涉及组织 IT 系统的配置、性能、安全等数据，这些数据对于 IT 管理和系统优化非常重要。
- 员工反馈和满意度数据：包括通过调查问卷、反馈系统收集的员工意见和满意度数据，这些数据有助于了解员工的需求和改进组织文化。
- 项目管理数据：涉及项目计划、进度、资源分配、风险管理等数据，这些数据对于项目管理和资源优化至关重要。
- 销售和分销数据：包括销售渠道、分销网络、销售团队绩效等数据，这些数据有助于优化销售策略和分销网络。

内部数据的特点是与组织运营紧密相关，能够直接反映组织的业务状况和市场表现。通过对内部数据的深入分析，组织可以优化业务流程、提高运营效率、增强客户满意度，并发现新的业务机会。

（2）外部数据

外部数据则是组织从外部环境获取的数据，这些数据来源多样，通常包括以下几类。

- 市场研究数据：包括行业报告、市场趋势分析、消费者行为研究等，可以帮助组织了解市场动态。
- 社交媒体数据：从社交媒体平台收集的数据，包括用户评论、情感分析、话题趋势等，可以洞察公众情绪和偏好。
- 经济指标数据：如 GDP（国内生产总值）增长率、失业率、通货膨胀率等宏观经济数据，这些数据对经济环境的评估至关重要。
- 竞争对手数据：包括竞争对手的市场份额、产品信息、营销策略、财务状况等数据。

- 供应商数据：包括供应商的信誉、产品价格、供应能力、质量控制等信息。
- 政府和公共数据：包括政策变化、法规更新、公共统计数据等，这些数据对组织的战略规划和合规性有重要影响。
- 地理空间数据：如地图信息、地理位置、交通流量等，这些数据对于物流、零售业和城市规划等领域非常有用。
- 环境数据：包括气候变化、自然资源使用、污染水平等数据，这些数据对环境影响评估和可持续发展战略的实施非常重要。
- 人口统计数据：如人口数量、年龄分布、教育水平、收入水平等，这些数据对市场细分和产品定位有指导作用。
- 科技趋势数据：包括新兴技术的发展、科技创新、专利申请等，这些数据有助于组织了解技术进步和创新机会。
- 金融市场数据：股票价格、汇率、利率、投资趋势等，这些数据对金融决策和风险管理至关重要。
- 健康和医疗数据：如疾病流行率、医疗保健使用情况、健康指标等，这些数据对医疗保健行业和相关产品开发非常重要。
- 教育数据：包括学生表现、教育政策、学术研究等，这些数据对教育机构和教育产品开发有指导意义。
- 国际数据：涉及国际贸易、跨国公司的运营数据、国际关系等，这些数据对跨国经营和全球战略规划有帮助。
- 第三方数据服务：专业数据提供商提供的定制化数据服务，如消费者信用评分、市场调研结果等。

外部数据的特点是客观性和多样性，它们不受组织内部因素的影响，能够为组织提供更广阔的视角和信息。利用外部数据，组织可以更好地理解市场趋势、预测行业变化、制定战略规划，并进行风险评估。

4. 组织内不同人眼中的数据分类

在组织日常运营过程中，会产生很多数据，如果按照组织价值链条，可以将组织的数据分为两大类：核心业务活动产生的数据和其他活动（例如人力、财务等）产生的数据。

一般来说，组织内部业务人员会从自身角度看数据，会认为组织里面全都是与业务相关的数据，如图 3-4 所示。而从数据管理者角度看去，他们看到的数据不一样，他们会看到组织内部有这样的数据：对“物”的记录、对“事”的记录、对“事物”的计算、数据的定义、数据的规范取值等。

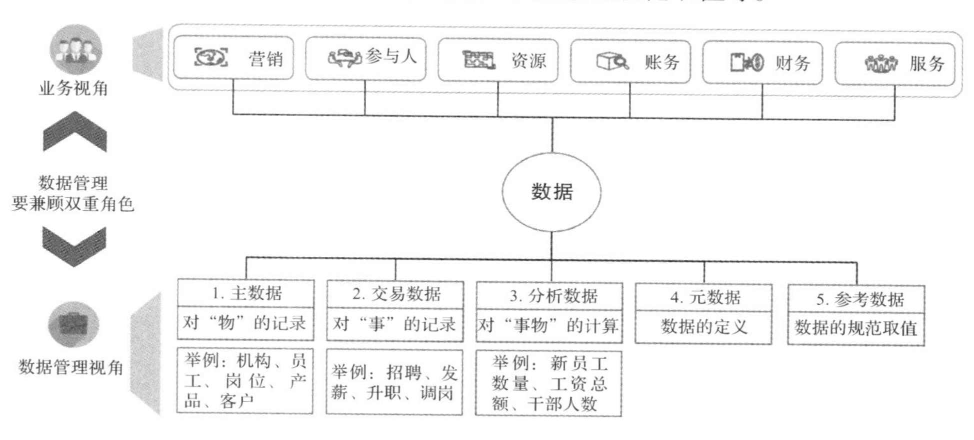

图 3-4　业务人员角度与数据管理者角度的数据分类

从数据管理者角度看，组织中最常见的数据通常分为关系型数据和实时数据两大类，如图 3-5 所示。

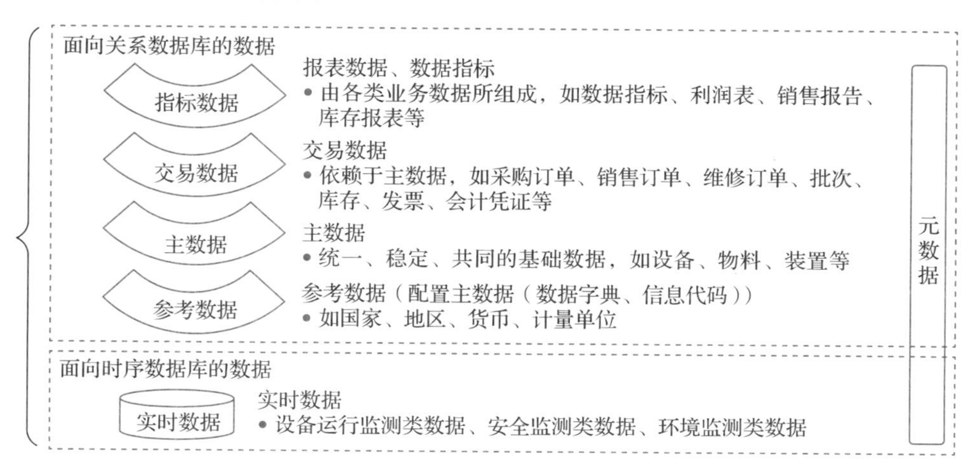

图 3-5　从数据管理者角度看数据分类

（1）面向关系数据库的数据（关系型数据、结构化数据）

面向关系数据库的数据通常包括以下几类。

- 参考数据：是指用于将其他数据进行分类或目录整编的数据，规定参考数据值是几个允许值之一，例如：客户等级分为 A、B、C 三级。
- 主数据：主数据是指关于业务实体的数据，用以描述组织内的“物”，例如：人、地点、客户、产品等。
- 交易数据（也称事务数据、业务数据）：交易数据描述组织业务运营过程中的内部或外部“事件”，例如：销售订单、通话记录等。
- 统计分析数据：是对组织业务活动进行统计分析的数值型数据，即指标数据，例如：客户数、销售额等。

（2）面向时序数据库的数据（实时数据）

面向时序数据库的数据通常是设备运行监测类数据、安全监测类数据、环境监测类数据等。例如各类传感器定时发送的监测数据、定位数据。

元数据贯穿于以上两类数据中。元数据是指描述数据的数据，帮助组织理解、获取、使用数据，分为技术元数据、业务元数据等多个种类。

说明：在本书中实际只讨论了结构化数据如何分类和管理。这是因为，非结构化与半结构化数据的管理目前不成熟。常见的做法是：把非结构化数据转化为半结构化数据，利用提取的元数据，按照结构化数据的管理方法进行管理。这就导致了现在非结构化数据、半结构化数据的管理与结构化数据的管理类似。

上面的描述比较抽象，下面看一个具体的数据分类的例子，如图 3-6 所示。

3.2 内外部环境对数据的要求

组织管理和使用数据时，通常会受到一些约束和要求。这些约束一般来自组织外部和组织内部，通常会涉及用户个人数据、敏感数据或商业秘密等数据，这些约束会提出数据安全和隐私保护方面的需求[㊀]。

㊀ 王安宇，姚凯．数据安全领域指南 [M]. 北京：电子工业出版社，2022.

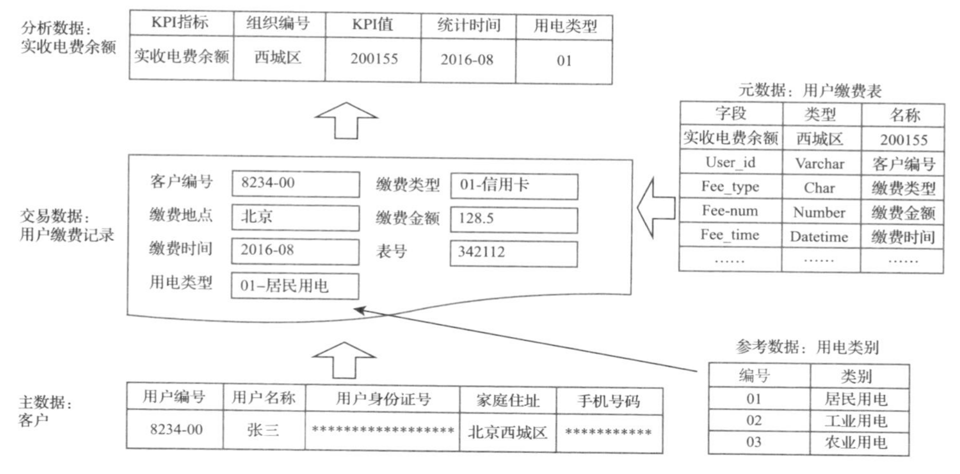

图 3-6　数据管理角度常见的数据分类

图 3-7 展示了数据安全的典型需求来源，可以汇总为合规需求、外部洞察需求和内部洞察需求三类。

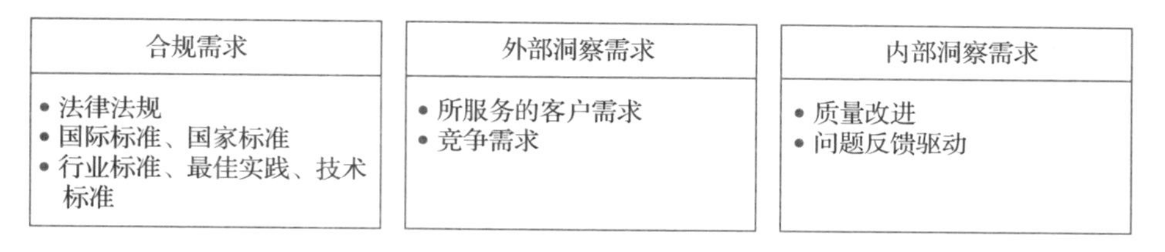

图 3-7　数据安全的典型需求来源

- 合规需求具体指相应国家或地区的法律、所属地区的行政法规、国际标准与国家标准、行业标准和最佳实践。一般要求首先应满足法律要求，其次要考虑所属地区的行政法规，最后应分析相关的国际标准、国家标准、行业标准的需求。值得注意的是，合规需求的“规”，也就是指法律法规和各类标准，它们并非是一成不变的。
- 外部洞察需求是指组织面对各类客户以及竞争的时候，外部客户、合作伙伴等所提出的数据安全、合规与隐私需求。
- 内部洞察需求是指组织在利用数据时，为了满足产品内部质量改进、改进业务问题所反映出来的数据质量等方面的需求。

3.2.1 合规需求

组织数据合规需求涉及确保组织在收集、处理、存储、传输和分发个人或敏感数据时遵循的相关法律法规、标准和最佳实践，如图 3-8 所示。以下是一些细化的数据合规需求内容，以及它们在不同类别下的具体要求。

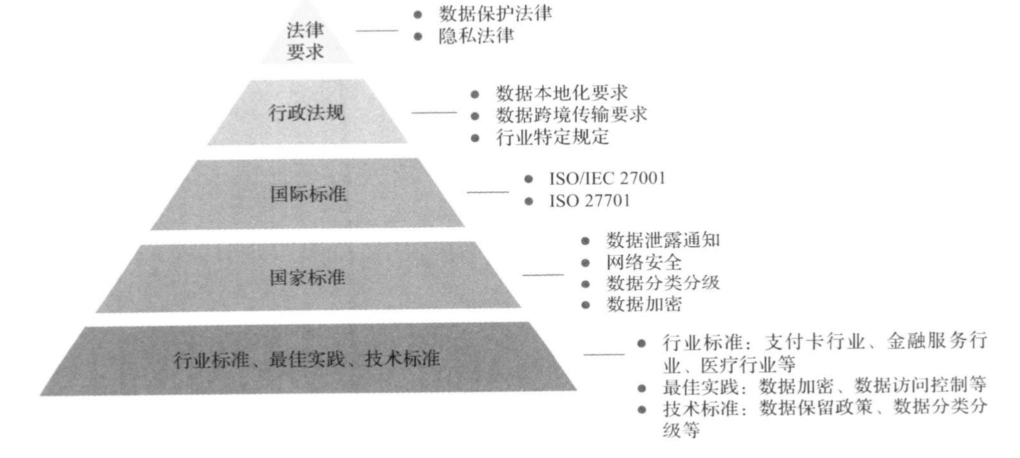

图 3-8 合规需求

（1）法律要求

- 数据保护法律：如欧盟的 GDPR 要求组织对个人数据的处理必须透明、合法且有明确的目的。
- 隐私法律：如美国的加州消费者隐私法案（CCPA）赋予加州居民更多关于其个人数据的权利。

具体案例包括：

- 《中华人民共和国网络安全法》：规定了网络安全的基本要求，包括对数据的保护、网络安全事件的应对等内容，为数据安全和合规性提供了法律基础。
- 《中华人民共和国数据安全法》：重点关注数据安全与发展、数据安全制度、数据安全保护义务，以及政务数据安全与开放等问题，为数据处理活动提供了明确的法律规范。

- 《中华人民共和国个人信息保护法》：旨在保护个人信息权益，规范个人信息处理活动，促进个人信息合理利用，对个人信息处理者提出了明确的合规要求。
- 《未成年人网络保护条例》：针对未成年人的网络信息进行保护的行政法规，规定了未成年人个人信息的网络保护原则和具体措施。

（2）行政法规

- 数据本地化要求：某些国家或地区可能要求数据必须在本地存储和处理，以保护数据安全和隐私。
- 数据跨境传输要求：有些行政法规会限制个人数据的跨境传输，除非满足特定条件或获得相关机构的批准。
- 行业特定规定：如医疗保健行业的 HIPAA（健康保险流动性和责任法案）规定了患者健康信息的隐私和安全标准。

（3）国际标准

- ISO/IEC 27001：这是一个关于信息安全管理体系的国际标准，要求组织建立、实施、维护和持续改进信息安全管理体系。
- ISO 27701：作为 ISO 27001 的扩展，它提供了关于隐私信息管理的指导，帮助组织在处理个人信息时满足隐私保护的要求。

（4）国家标准

- 数据泄露通知：如澳大利亚的隐私法要求组织在发生数据泄露时通知受影响的个人和监管机构。
- 网络安全：如《中华人民共和国网络安全法》规定了网络运营者的数据安全义务。
- 数据分类分级：某些国家标准可能要求组织根据数据的敏感性和重要性对数据进行分类和分级，以便实施相应的安全措施。
- 数据加密：国家标准可能规定特定类型的数据必须进行加密存储和传输，以确保数据的安全性。

（5）行业标准

- 支付卡行业：支付卡行业数据安全标准（PCI DSS）是一套旨在保护支付卡数据安全的全球性标准。

- 金融服务行业：如美国的证券交易委员会（SEC）规定了金融报告和数据保护的标准。
- 医疗行业：HIPAA（健康保险流动性和责任法案）规定了医疗信息的隐私和安全标准，确保患者数据的保密性。

（6）最佳实践

- 数据加密：使用强加密算法来保护存储和传输中的数据，以防止未授权访问。
- 数据访问控制：实施严格的访问控制政策，确保只有授权人员才能访问敏感数据。

（7）技术标准

- 数据保留政策：组织应制定数据保留和删除政策，以符合法律要求并避免不必要的数据存储。
- 数据分类分级：对数据进行分类，根据不同种类数据的敏感性和重要性进行分级，针对不同级别的数据采取适当的保护措施。

组织在处理数据时，需要考虑上述各种要求，并根据所在地区的具体情况进行合规处理。这通常涉及跨部门的合作，包括法律顾问、IT 安全团队、人力资源以及业务部门，以确保数据处理全面遵守数据合规要求。此外，组织还需要定期进行合规性审计和风险评估，以确保持续符合不断变化的法律法规和标准。

3.2.2 外部洞察需求

外部洞察需求通常指的是组织在与外部实体互动时，需要理解和满足的一系列数据安全、合规与隐私要求。这些要求可能来自客户、合作伙伴、监管机构、行业标准制定者等。外部洞察需求如图 3-9 所示。

（1）客户数据保护需求

- 个人信息保护：确保客户个人信息的收集、使用、存储和传输符合法律法规和客户期望。
- 隐私政策：制定清晰的隐私政策，明确告知客户其个人信息如何被使用和保护。

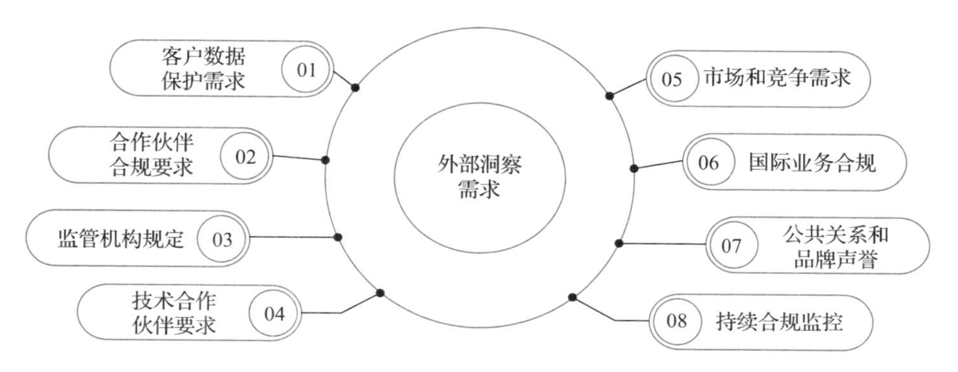

图 3-9　外部洞察需求

（2）合作伙伴合规要求

- 合同条款：确保与合作伙伴签订的合同中包含数据保护和合规条款。
- 数据共享协议：制定数据共享协议，明确数据共享的范围、目的和安全措施。

（3）监管机构规定

- 数据保护法规：遵守监管机构制定的数据保护法规，如 GDPR、CCPA 等。
- 行业监管要求：遵循特定行业监管机构的要求，如金融、医疗、教育等领域的监管规定。

（4）技术合作伙伴要求

- 技术合规性：确保所使用的技术和服务符合数据保护和合规要求。
- 第三方风险管理：管理与第三方技术合作伙伴相关的数据风险。

（5）市场和竞争需求

- 市场趋势：了解市场对数据保护和隐私的需求和趋势。
- 竞争对手分析：分析竞争对手的数据保护和隐私实践，以保持竞争力。

（6）国际业务合规

- 跨境数据传输：确保跨境数据传输符合目的地国家的法律法规。
- 多国合规：在多个国家运营时，遵守各国的数据保护和隐私法规。

（7）公共关系和品牌声誉：

- 透明度：对外公开数据保护和隐私实践，提高透明度。

- 响应机制：建立快速响应机制，处理数据泄露或其他安全事件。

（8）持续合规监控

- 合规审计：定期进行合规审计，确保持续符合外部要求。
- 风险评估：定期进行风险评估，识别和缓解潜在的数据保护和合规风险。

组织需要建立一个全面的数据保护和合规框架，以应对这些外部洞察需求。这通常需要跨部门合作，包括法务、IT、营销、客户服务等，以确保组织在各个方面都能满足外部实体的要求。

3.2.3 内部洞察需求

内部洞察需求涉及组织在内部运营中对数据的利用，以提高产品质量、优化业务流程、增强决策制定等，如图 3-10 所示。

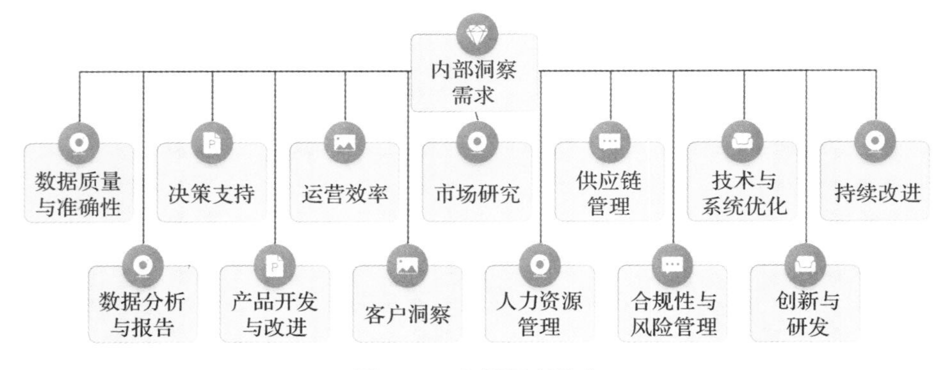

图 3-10 内部洞察需求

（1）数据质量与准确性

- 数据清洗：确保数据的准确性，去除重复和错误信息。
- 数据验证：通过验证过程确保数据的一致性和完整性。

（2）数据分析与报告

- 业务智能：使用数据分析工具来生成业务洞察和报告。
- 预测分析：利用历史数据预测未来趋势和行为。

（3）决策支持

- 数据驱动决策：基于数据分析结果支持关键业务决策。

- 风险评估：使用数据来识别和管理业务风险。

（4）产品开发与改进

- 用户反馈分析：分析用户反馈数据以指导产品改进。
- 产品性能监控：监控产品使用数据以识别性能问题。

（5）运营效率

- 流程优化：分析运营数据以发现效率低下的环节。
- 成本控制：使用数据来优化资源分配和降低成本。

（6）客户洞察

- 客户细分：通过分析客户数据进行市场细分。
- 个性化推荐：利用客户行为数据提供个性化服务和产品推荐。

（7）市场研究

- 市场趋势分析：分析市场数据以识别趋势和机会。
- 竞争对手分析：研究竞争对手的数据以制定竞争策略。

（8）人力资源管理

- 员工绩效评估：使用数据来评估员工的工作表现。
- 人才招聘与保留：分析人力资源数据以优化招聘和员工保留策略。

（9）供应链管理

- 库存管理：利用数据优化库存水平和供应链效率。
- 需求预测：通过分析历史销售数据预测未来需求。

（10）合规性与风险管理

- 内部审计：使用数据进行内部审计，确保合规性。
- 风险识别：分析数据以识别潜在的业务风险。

（11）技术与系统优化

- IT 系统性能监控：监控 IT 系统的性能数据，以优化系统运行。
- 数据资源架构优化：根据数据分析结果优化数据资源架构和存储解决方案。

（12）创新与研发

- 研发方向：利用数据洞察来指导研发方向和优先级。
- 知识产权管理：分析数据以保护和利用组织的知识产权。

（13）持续改进

- 产品质量控制：使用数据来监控和提高产品质量。
- 流程再设计：基于数据反馈重新设计业务流程。

为了满足这些内部洞察需求，组织需要建立强大的数据管理和分析能力，包括数据收集、存储、处理、分析和报告。此外，组织还需要确保数据的安全性和隐私保护，遵守相关的法律法规。通过这些措施，组织可以更好地利用数据来提高业务绩效和竞争力。

3.3 不同数据管理阶段的数据形态

随着数字技术的飞速发展，数据管理的历程犹如一幅波澜壮阔的画卷。其间，数据的形态也经历着深刻变化。本节将深入剖析数据管理的发展历程，并以此为脉络，揭示不同历史阶段下数据形态的演变。

3.3.1 数据管理的发展历程

纵观组织数据管理的发展历程，一般来说，组织的数据管理会经历 1.0：数据电子化、2.0：数据资源化、3.0：数据资产化、4.0：数据资本化四个阶段，如图 3-11 所示[㊀]。

（1）1.0：数据电子化

在数据电子化阶段，组织主要通过建设信息系统，如 ERP、CRM（客户关系管理）等，将传统的纸质文档、记录等转化为电子格式存储于数据库中。数据电子化主要关注数据的录入、存储和基本检索功能，使数据能够更方便地以电子形式被访问和进行初步处理。

该阶段的主要特点是：

- 技术基础：依赖于关系数据库等存储技术，以及基础的 IT 基础设施。
- 数据形态：数据从纸质转变为电子格式，但多为结构化数据，是原始数

㊀ 普华永道，南京银行．从生产资料到生产力：商业银行数据资产及业务价值实现白皮书[R]. 2021.

据。因为信息系统建设没有统一规划数据架构，所以经常存在数据标准不统一、质量不好等问题。

- 应用层次：主要用于简单的数据记录、查询和报表生成，数据分析较为基础。
- 数据价值：数据主要用于支持组织日常运营，价值挖掘有限。

1.0：数据电子化
- 数据存储：数据库等
- 数据应用：报表、简单统计分析
- 数据管理：无

2.0：数据资源化
- 数据存储：数据仓库、数据湖等
- 数据应用：多维统计分析
- 数据管理：管理体系建立，数据治理、数据质量管理、数据标准管理等

3.0：数据资产化
- 数据存储：各类大数据平台
- 数据应用：数据驱动业务
- 数据管理：数据资产登记、确权、价值评估、流通、交易等

4.0：数据资本化
- 数据存储：可信计算、数据账户
- 数据应用：数据证券化、数据质押融资、数据信托等
- 数据管理：数据资本管理

图 3-11　数据管理的发展历程

（2）2.0：数据资源化

进入数据资源化阶段，组织开始重视数据的整合、标准化和全生命周期管理。组织开始建立数据管理专业团队，通过建立数据仓库、数据湖等环境，实现数据的集中存储、清洗、转换和标准化处理，原始数据转换为数据资源。同时，引入 BI（商业智能）工具和多维度统计分析方法，以及初步的大数据分析技术，提升数据的应用价值。

该阶段的主要特点是：

- 技术升级：采用更高级的数据处理和分析技术，如 ETL（数据抽取、转换、装载）、OLAP（联机分析处理）等。
- 数据治理：注重数据的跨部门整合与标准化，提升数据的一致性和可用性。
- 应用深化：数据分析从简单的统计报表扩展到复杂的业务洞察和决策支持。

- 价值提升：数据开始成为组织的重要资源，支持更高级别的业务决策和战略规划。

（3）3.0：数据资产化

在数据资产化阶段，经过认定，数据资源转化为数据资产，组织将数据视为核心资产进行管理，建立数据资产管理体系，明确数据的权属、价值评估、流通与共享机制。数据以数据集、数据产品、数据服务等形式进行流通，支撑组织内部业务利用数据开展数据分析，并在确保安全合规的情况下进行外部流通和交易。

该阶段的主要特点是：

- 管理体系：构建完善的数据资产管理制度和流程，确保数据的安全、合规和高效利用。
- 价值量化：数据价值得到明确量化，成为组织绩效评估的重要指标。
- 流通共享：数据在内部业务间及外部市场间实现高效流通与共享，促进数据价值的最大化。
- 技术创新：引入 AI（人工智能）、机器学习等先进技术，提升数据处理的智能化水平。

（4）4.0：数据资本化

在数据资本化阶段，数据被赋予金融属性，成为可增值的金融性资产。组织通过数据证券化、数据银行、数据质押融资、数据信托等方式，实现数据的金融化运作，共享数据经济收益。

该阶段的主要特点是：

- 金融化运作：数据成为金融市场上的交易对象，支持多种金融工具和产品的创新。
- 价值最大化：通过金融手段，实现数据价值的最大化释放和增值。
- 法律保障：建立完善的法律法规体系，保障数据交易和流通的合法性和安全性。
- 生态构建：构建数据生态体系，促进数据产业链的协同发展。

说明：常见的数据资本化主要包括四种方式：数据证券化、数据银行、数据质押融资和数据信托。

- 数据证券化：数据证券化是指将数据资产未来可产生的现金流为偿付支持，通过结构化设计，发行资产支持证券专项计划的过程。它涉及数据资产的未来预期收益，将这些收益作为证券化的标的物，从而获得融资。数据证券化可以促进数据资产的流通和市场化，帮助企业或个人将持有的数据资产转化为可以在金融市场上交易的证券产品。
- 数据银行：数据银行是一种数据管理和服务的概念，通常指的是一个机构或平台，负责收集、存储、管理、分析和共享数据。数据银行可以为数据所有者提供一个安全、可靠的环境，同时允许数据的商业化利用。数据银行的三层含义包括：作为满足隐私保护要求的可信技术底座、提供数据要素流通的服务，以及作为数据价值实现的平台。
- 数据质押融资：数据质押融资是指企业或个人以自身合法拥有或控制的数据资产作为质押物，向金融机构申请贷款的一种融资方式。这种融资方式允许数据资产的所有者利用其数据资产的市场价值来获得资金支持，从而促进数据资产的货币化和金融创新。
- 数据信托：数据信托是一种法律结构，通过这种结构，数据资产的所有者（委托人）将数据资产的管理和运用权限委托给一个受托人（通常是专业机构），由受托人按照信托合同的约定进行管理和运用，以实现数据资产的保值增值。数据信托允许用户行使其作为数据生产者的权利，通过信托财产制度有效设计和落实数据资产的各项权能安排。

这些概念体现了数据资产在现代经济中的价值和重要性，以及如何通过不同的金融工具和法律结构来实现数据资产的商业价值和融资功能。

3.3.2　对应的数据形态变化

1. 四个阶段对应的数据形态

数据形态与组织数据管理的发展历程对应，不同的发展阶段下组织数据的形态变化，如表 3-1 所示。

表 3-1 组织数据的形态变化

阶段	1.0：数据电子化	2.0：数据资源化	3.0：数据资产化	4.0：数据资本化
数据形态	原始数据：未经过治理的数据集	数据资源：标准化、经过治理的数据集	数据集：符合条件的数据资源及其衍生数据； 数据产品与服务：有应用价值的； 数据分析模型与挖掘算法：有应用价值的； 算力：有应用价值的	数据资产

（1）1.0：数据电子化阶段

这一阶段，即信息化建设时代，数据分布在各个业务系统中，数据是无序的，主要是以原始数据的形态存在。

这一阶段，数据的特点是：

- 原始性：数据多为业务活动的直接记录，未经深度处理。
- 单一性：数据主要服务于特定业务流程，缺乏跨部门的整合。
- 静态性：数据更新依赖于人工录入，实时性较差。
- 非标准化：数据的标准化程度差，没有组织级统一的数据架构或数据标准。

（2）2.0：数据资源化阶段

这一阶段，无序的数据资源经过治理，形成了标准化的企业级数据集，即企业数据资源。

这一阶段，数据的特点是：

- 标准化：原始数据经过了治理，提高了数据标准化程度。
- 多样性：数据类型不仅包括结构化数据，还开始涉及半结构化和非结构化数据。
- 动态性：数据更新更加频繁，实时性增强。
- 价值挖掘：通过数据分析，数据开始展现其潜在的商业价值。

（3）3.0：数据资产化阶段

这一阶段，组织数据呈现出多样化，标准化的企业级数据集产生了一些变化，不仅包括数据集本身，还包括了其衍生产品，它们共同组成企业数据资产。

这一阶段，数据的特点是：

- 高价值：数据成为组织的核心竞争力之一，具有显著的经济价值。
- 可交易性：数据在保障安全合规的前提下，可进行外部交易和流通。
- 灵活性：数据以多种形式存在，满足不同场景下的应用需求。

企业数据资产主要包括以下类型。

- 数据集：符合数据资产条件（详见数据资产的定义）的经过治理的数据集及其衍生数据（例如指标数据、统计数据等），可以以实时交换数据、离线数据包等形式进行内部共享和外部交易。
- 数据产品与服务：包括数据库商品、各类数据应用程序、数据查询接口、数据核验接口、数据模型结果、数据分析报告等。
- 数据分析模型与挖掘算法。
- 算力。

（4）4.0：数据资本化阶段

这一阶段，组织数据仍然是数据资产，只是运作方式发生了改变。

这一阶段，数据的特点是：

- 金融属性：数据具有明确的金融价值，可作为融资和投资的对象。
- 流动性增强：数据在金融市场上的流通性显著提高，促进了资本与数据的深度融合。
- 风险与机遇并存：数据资本化带来巨大机遇的同时，也伴随着数据安全、隐私保护等风险挑战。

2. 数据资源化阶段：利用数据资源治理，实现数据集从无序到有序

在这一阶段，实际上是组织真正管理数据的起点，即首先将数据从 OLTP 类的业务系统迁移到 OLAP 类的数据环境中进行治理，来自多个数据源的原始数据转化为有序的数据资源。

图 3-12 是对《DAMA 数据管理知识体系指南》[㊀]中的图 11-4 数据仓库 / 商业智能和大数据概念架构略加改动（只增加了 OLTP、OLAP 划分）形成的，从图 3-12 中可以看出数据流动、形成资源的过程。

㊀（美）DAMA 国际 . DAMA 数据管理知识体系指南（原书第 2 版）[M]. DAMA 中国分会翻译组，译 . 北京：机械工业出版社，2020.

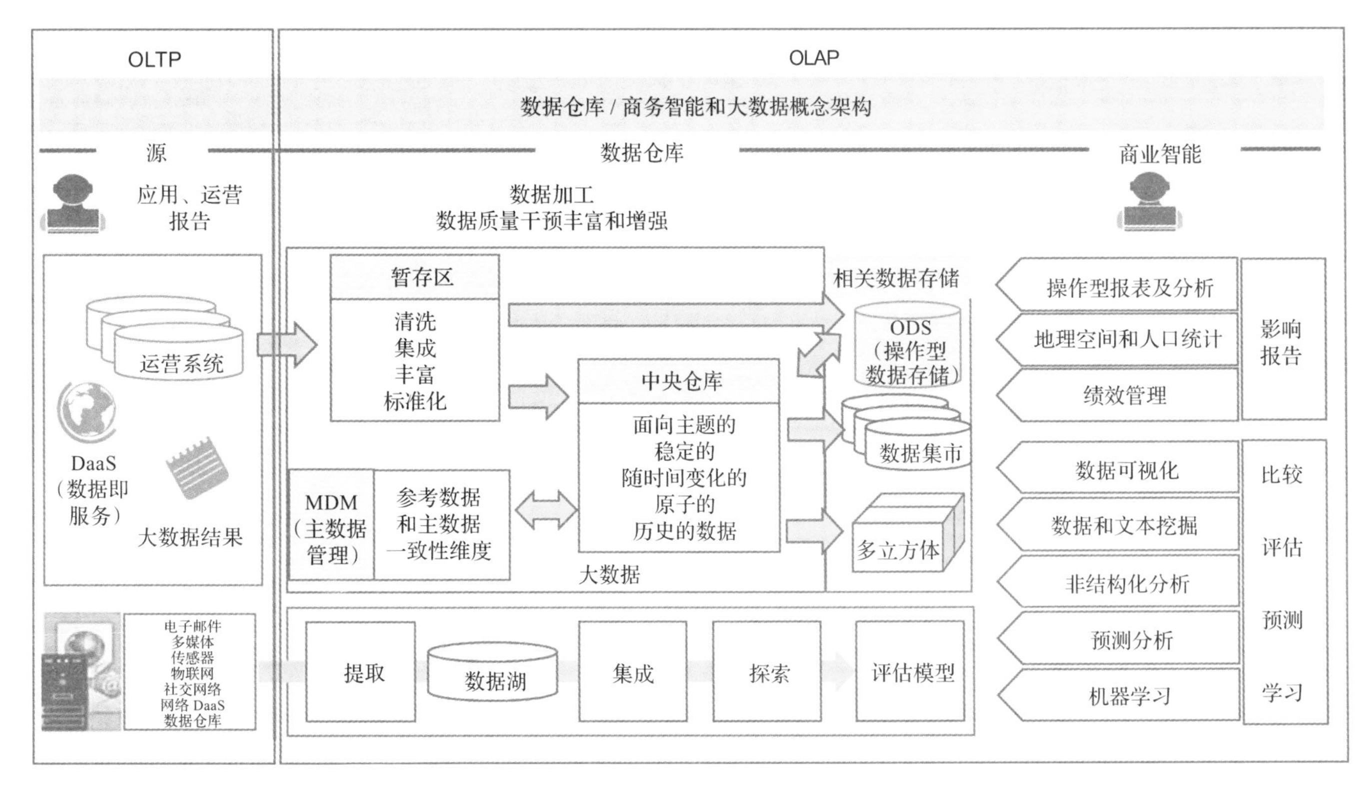

图 3-12 数据资源管理体系建设阶段的数据流动

1）各类 OLTP 系统中产生了很多数据。这些系统包括组织常见的各类业务系统（含有的各类结构化数据），以及各类接入设备（例如，传感器、电脑、手机等接入的各类结构化、非结构化数据）。此时，数据没有标准化，为无序数据集。

2）组织为了使用各类系统中产生的数据，利用各类数据采集设备，将已有的存量数据或者新增数据，接入到可以利用数据进行分析的数据环境，即 OLAP 中（例如数据仓库、数据中台、数据湖等）。

3）在 OLAP 环境中开展数据治理，将数据转换为满足需求的高质量数据。此时的治理主要是利用抽取、转换和装载，将数据转换为通用格式。

4）数据仓库包含多个不同用途的存储区域。

- 暂存区。暂存区是介于原始数据源和集中式数据存储库之间的中间数据存储区域。数据在这里短暂存留，以便可以对其进行转换、集成并准备加载到仓库。
- 参考数据和主数据一致性维度。参考数据和主数据可以存储在单独的存储库中。数据仓库为主数据系统提供数据，这个单独的存储库为数据仓库提供同样维度数据。
- 中央仓库。完成转换和准备流程后，数据仓库中的数据通常会保留在中央或原子层中。在这一层保存所有历史的原子数据以及批处理运行后的最新实例化数据。该区域的数据结构是根据性能需求和使用模式来设计和开发的。

在经过上述过程后，数据已经从业务系统中格式不统一、不标准的情况转化为有序的数据资源。

3. 数据资产化阶段：从资产的形成到生命周期结束

数据资源经过治理以后，会经过多种途径转化为数据资产，此时数据进入数据资产化阶段，该阶段会逐渐挖掘数据资产的价值。在对数据资产进行管理之前，先了解一下数据资产的生命周期，如图 3-13 所示。

1）数据资产的形成有多种可能。

- 经过治理后的数据资源，当满足一些条件后，可以被认定是数据资产。

此时，将数据资产（含数据产品）从数据资源中剥离开来，识别出能够提供应用价值或产生业务影响的数据资源，进行分类登记（需要首先定义资产种类，进行资产科目管理），认定并确认数据资产的归属权限。

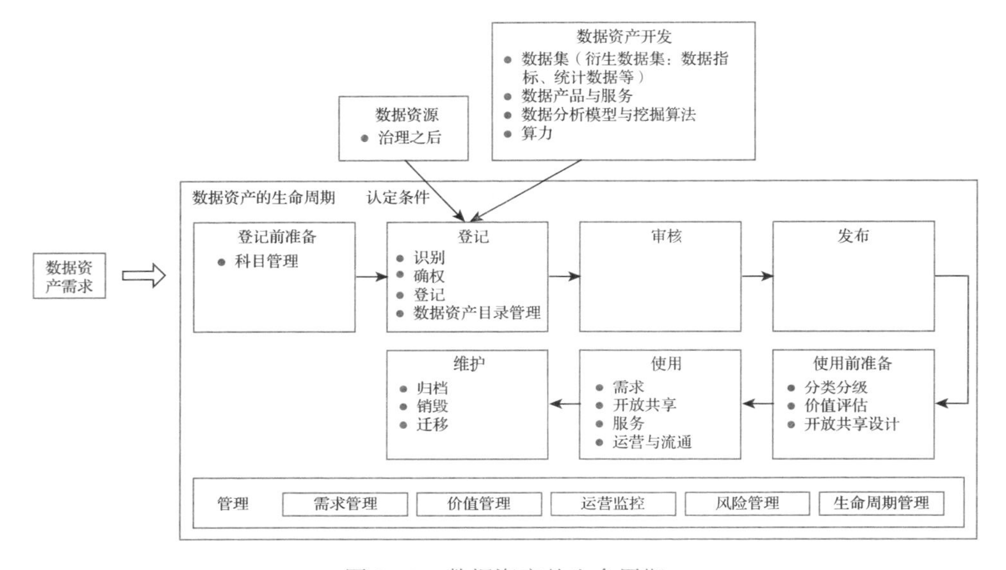

图 3-13　数据资产的生命周期

- 当有数据应用需求提出，数据管理组织进行响应，组织相关人员开发，形成衍生数据（指标数据、统计数据等）、数据产品与服务、相关模型与算法，供需求方使用，形成了对应类别的数据资产，进行分类登记，认定并确认数据资产的归属权限。这种需求可能是组织内部需求，也可能是外部组织的商业化需求。
- 当有相关算力方提出需求，数据管理组织进行响应，购买设备，搭建数据算力环境，进行响应，形成了对应类别的数据资产，进行分类登记，认定并确认数据资产的归属权限。

2）识别出来的数据资产经过确权和登记后会形成数据资产目录，可对数据资产目录进行管理，调整数据资产分类框架，应用标签 + 分类的方式来展示、区分、索引数据资产。

- 通过数据资产目录，可以对数据资产进行系统的管理、展示和索引。为了提升目录的实用性和易用性，可以不断调整和优化数据资产的分类框架，使其更加符合组织的业务需求和技术特点。

- 采用标签 + 分类的方式对数据资产进行多维度标记和分类，可以大大提高数据资产的可发现性和可理解性。用户可以通过标签快速定位到所需的数据资产，提高数据使用的效率和准确性。

3）审核数据资产，确定数据资产的合规性。在数据资产正式投入使用之前，必须经过严格的合规性审核。这一环节旨在确保数据资产的使用符合相关法律法规和政策要求，避免潜在的法律风险。审核内容可能包括数据的来源合法性、处理过程的合规性、使用权限的明确性等方面。通过合规性审核的数据资产才能被纳入组织的数据资产库中，供内外部用户访问和使用。

4）数据资产发布与访问。经过合规性审核的数据资产会正式发布，并提供明确的访问路径。用户可以通过内部平台、API（应用程序编程接口）等多种渠道访问数据资产，进行数据查询、分析和应用。为了方便用户的使用和管理部门对数据资产的监控，可以建立数据资产的盘点机制，定期对数据资产进行清查和核对，确保数据的完整性和准确性。

5）数据资产的价值评估与管理策略。经过上述过程，数据资产正式形成。但是如果要使用，还需要明确数据资产的价值（价值评估），针对不同种类和安全级别（数据资产的分类分级）的数据资产制定管理策略和使用策略，对数据资产的内部共享和外部使用进行策略设计。

- 数据资产的价值评估是数据资产管理的重要环节之一。通过成本法、市场法等多种评估方法，可以较为准确地估算出数据资产的经济价值和社会价值。这些评估结果不仅为数据资产的内部定价和外部交易提供了依据，还为后续的数据资产流通和运营打下了基础。
- 针对不同种类和安全级别的数据资产，需要制定差异化的管理策略和使用策略。这些策略应充分考虑数据资产的特性、业务需求、技术条件以及法律法规要求等因素，确保数据资产在合规合法的前提下实现价值的最大化。

6）数据资产的需求管理与服务提供。为了满足内外部用户对数据集、数据产品、数据模型以及算力等数据及产品的需求，需要建立需求的全流程管理机制。这一机制应包括需求收集、需求分析、需求匹配、服务提供等多个环节。通过精准把握用户需求和市场动态，可以更加高效地提供数据资产服务。对于内部用户，可以通过建立内部数据共享平台或数据服务门户等方式提供数据资产服务；对于外部用户，则可以通过数据交易市场或数据服务提供商等渠道进行数据资产的运营与流通。

7）数据资产维护：数据资产的维护是保障其持续有效性和价值的关键环节。当数据资产不再具有使用价值或需要被替换时，应及时进行归档、销毁或迁移。这些操作应遵循相关的法律法规和政策要求，确保数据资产的安全性和合规性。同时，还需要建立数据资产的更新迭代机制，根据业务需求和技术发展及时更新和优化数据资产库中的内容和结构。

8）数据资产管理：数据资产管理是一个持续优化的过程。随着业务的发展和技术的进步，需要不断调整和完善数据资产管理的各个环节和流程。通过引入先进的管理理念和技术手段，可以提升数据资产管理的效率和效果；通过加强与其他部门的协作和沟通，可以形成数据资产管理的合力；通过建立完善的反馈机制和评估体系，可以及时发现和解决问题并持续改进数据资产管理工作。

整个数据资产的生命周期管理旨在加强资产管理，降低维护检修成本，延长使用时间，并提高数据资产的利用率。不同的组织或项目可能会根据实际需求对生命周期的环节进行微调或扩展，以适应特定的业务场景和技术要求。

3.4 数据体系

如果将组织中所有与数据相关的工作进行归纳和总结，可以发现，组织的数据工作包含不同内容，我们将其定义为组织的数据体系，如图 3-14 所示。组织的数据体系是指一个系统化、结构化的框架，它涵盖了数据及其管理、实现、治理等多个方面，整合了组织内部所有数据相关的活动、流程、技术和人员，旨在确保数据的有效收集、整合、管理、利用和保护，以支持组织的业务战略和决策过程。数据体系不仅关注数据本身的质量、准确性和安全性，还强调数据的价值挖掘、流通共享以及对业务战略和决策的支撑作用。

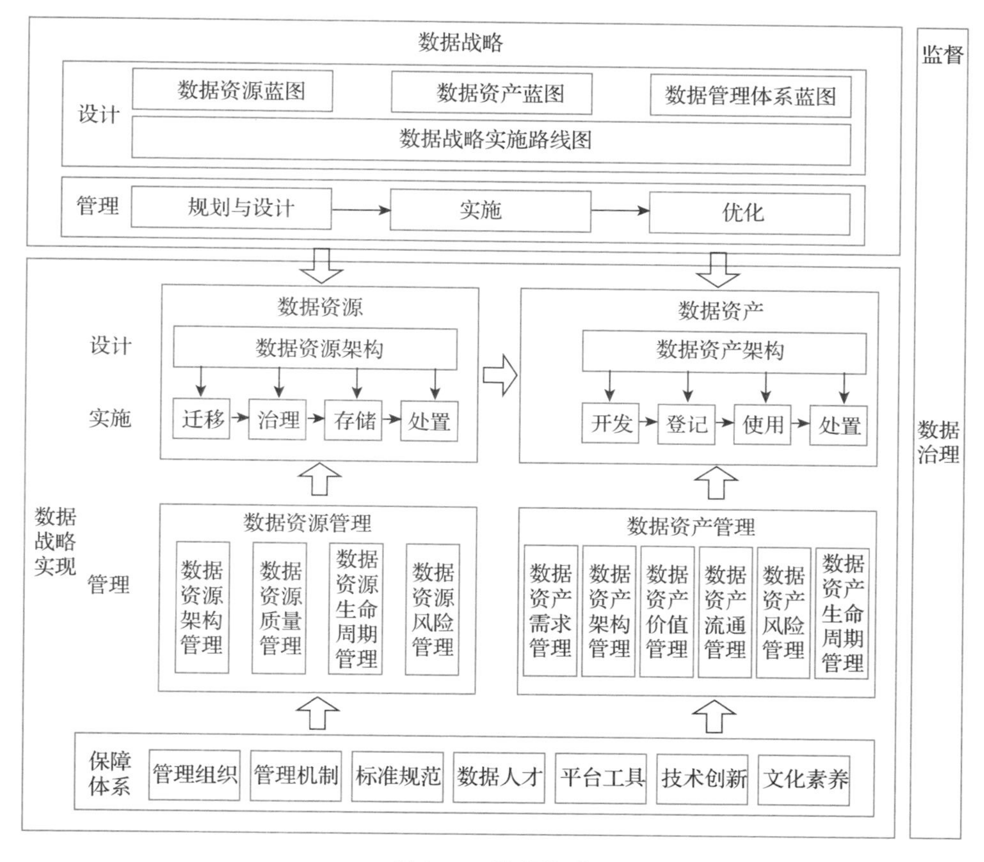

图 3-14　数据体系

概括而言，组织的数据体系是一个综合性的管理体系，通过明确的战略指导、规范的治理流程、高效的资源管理、有效的数据资产管理以及持续的监督与优化，旨在最大化数据资产的价值，促进组织数字化转型，提升业务竞争力和运营效率。

组织数据体系可以从不同角度进行划分：

- 从宏观战略角度看，可以视数据体系为数据战略的设计、管理、实现和监督过程。
- 从管理对象角度看，可以视数据体系为管理对象和管理职能两大部分。

下面，从这两种不同的角度对数据体系进行详细分析。

3.4.1 从宏观战略角度分析数据体系

从宏观战略角度，可以认为组织数据体系建设围绕数据战略展开，包括数据战略的设计、管理、实施与监督。

1. 数据战略设计

数据战略设计是创建和规划组织数据战略的过程。它包括以下几个方面。

- 数据资源蓝图设计：确定组织未来数据资源的蓝图，包括数据资源的分类、存储、布局等。
- 数据资产蓝图设计：确定组织未来数据资产的类型及具体信息，包括数据资产类型、来源、使用方式和价值。
- 数据管理体系蓝图设计：规划如何管理和维护数据资源和数据资产，确保数据资源的质量和可用性，挖掘数据资产的价值。
- 数据战略实施路线图设计：是一个规划过程，旨在将组织的数据战略转化为具体的行动步骤、里程碑、资源投入预估等。通过这个设计过程，组织能够确保数据战略得到有效执行，并逐步实现数据驱动的业务转型。

2. 数据战略管理

数据战略管理是组织为了实现其业务目标和提升竞争力，对数据资源和数据资产进行规划、指导和监督的过程。组织数据战略包括使用数据以获得竞争优势和支持组织目标的业务计划。组织数据战略必须来自对业务战略固有数据需求的理解：组织需要什么数据，如何获取数据，如何管理数据并确保其可靠性以及如何利用数据。

3. 数据战略实施

数据战略实施是将设计阶段的计划和蓝图转化为实际行动的过程。具体包括数据资源的设计、实施与管理，数据资产的设计、实施与管理，保障体系的建设。此处也可以将数据资源的管理和数据资产的管理合并在一起，作为组织数据管理体系进行建设。

- 数据资源的设计、实施与管理：是一系列系统化的过程，旨在确保组织能够有效地规划、开发、部署和维护其数据资源。设计阶段涉及对数据资源架构和标准的规划，确定数据资源的分类、存储和管理方式；实施阶段则将这些设计转化为具体的操作，包括数据资源的迁移、治理、存储和处置；管理阶段则包括数据资源的持续监控、质量保证和安全保护，以及确保数据资源符合组织的数据资源政策和标准。

- 数据资产的设计、实施与管理：是确保组织的数据资产得到有效利用和保护的一系列活动。设计阶段，组织需要确定数据资产的分类、结构和价值，制定数据资产分类和标准；实施阶段则将这些设计转化为实际行动，包括数据资产的开发、登记、使用和处置；管理阶段则涉及数据资产的持续监控、维护、价值评估和风险管理，确保数据资产能够持续为组织带来业务价值。
- 保障体系的建设：组织数据体系的设计、实现和管理需要多方面的投入，一般来说，包括管理组织、管理机制、标准规范、数据人才、平台工具、技术创新、文化素养等方面的资源保障。在这里需要注意，资金可以作为保障也可以不作为保障，在本书中，未包含在保障体系中。一般在战略规划的时候，就会预测配套资金和各类资源，在建设时需要保证资金按计划投入和监控投入 / 使用情况，在建设完成后还需要进行审计。

4. 监督体系——数据治理

一般认为数据治理的含义分为两层。

1）数据治理是一套管理流程和政策，是数据管理框架，是对数据管理体系的建章立制，即数据治理是组织内部对数据战略、数据资源、数据资产进行监督、控制和指导的一套管理机制和流程，数据治理包含了数据管理体系中相对宏观的内容，例如数据战略、数据管理政策、数据管理流程、数据管理组织、数据管理标准规范、数据管理沟通等。这种情况下，实际数据治理的大部分内容跟保障体系的内容重合。

2）数据治理是一个过程集合，旨在通过对数据管理体系持续的评价、指导、监督和治理，确保数据管理体系按照数据战略和组织路线图落地和运行，保证数据在其整个生命周期中的高质量和可控性，以支持组织的商业目标。它是一个系统性的过程集合，监督数据管理政策、标准、架构的执行，发现数据管理体系中存在的问题，进行专项治理，对管理体系进行修正，确保数据（资源 / 资产）在整个生命周期中得到恰当的管理，旨在实现数据资源及其应用过程中的管控活动、绩效管理和优化管理。

数据治理是一个全面的管理框架，它涉及组织数据管理体系的建章立制，也涉及对组织数据管理体系的监督、评价和指导等多个层面，其目标是确保组织数据管理体系按照组织数据战略目标进行落地和实施。这里的监督与治理，主要针对数据战略，同样包含两层含义：

1）建立数据战略管理的管理机制和流程，包括数据战略相关的政策、标准和程序；

2）监督数据战略管理政策和标准的执行，发现问题，处理问题，对数据战略管理体系进行修正，确保数据战略在整个生命周期中得到恰当的管理。

3.4.2 从管理对象角度分析数据体系

从管理对象角度，可以认为组织数据体系分成两大部分：管理对象和管理职能。

1. 管理对象

管理对象包括：数据战略、数据资源和数据资产。

其中，各类对象都涉及其自身的生命周期实现。

- 数据战略实现过程包括：规划和设计、实施、优化。
- 数据资源实现过程包括：数据资源的设计、迁移、治理、存储和处置。
- 数据资产实现过程包括：数据资产的设计、开发、登记、使用和处置。
- 保障体系的建设：包括管理组织、管理机制、标准规范、数据人才、平台工具、技术创新、文化素养等方面的建设。

2. 管理职能

数据管理职能包括数据战略管理、数据资源管理、数据资产管理和数据治理，旨在对数据战略、数据资源和数据资产的全生命周期进行管理，并对整个管理职能进行监督和控制。

- 数据战略管理：同 3.4.1 节。

- 数据资源管理：组织对数据资源进行日常的系统化、规范化的控制过程，包括数据资源架构管理、数据资源质量管理、数据资源生命周期管理、数据资源风险管理，目的是确保数据资源的准确性、完整性、可用性和安全性。
- 数据资产管理：组织对数据资产进行日常的系统化、规范化的控制过程，包括数据资产需求管理、数据资产架构管理、数据资产价值管理、数据资产流通管理、数据资产风险管理、数据资产生命周期管理等，目的是控制、保护、交付和提高数据资产的价值。
- 数据治理：数据治理有两层含义，一是建章立制，即数据治理是组织内部对数据战略、数据资源、数据资产进行监督、控制和指导的一套管理机制和流程，旨在确保数据的质量、安全、合规性以及有效利用，从而支持组织的战略目标和业务运营。它包括制定数据政策、标准和程序。二是对数据管理职能的监督和治理，监督数据管理政策和标准的执行，发现问题，处理问题，对管理体系进行修正，确保数据在整个生命周期中得到恰当的管理。
- 保障体系：同 3.4.1 节。

3.5　数据体系的实现过程

数据体系的一般实现过程可以概括为：规划设计阶段、实施阶段、管理阶段、监督阶段，如图 3-15 所示。

3.5.1　规划设计阶段

（1）目标设定

在这一阶段，组织需要明确数据战略的目标，确保它们与组织的整体业务目标和愿景保持一致。目标设定应该具有可衡量性、可实现性和挑战性，以便能够持续跟踪和评估数据战略的执行情况。

目标的设定需要考虑以下因素。

- 目标的可衡量性：确保每个目标都可以量化，以便跟踪和评估。

- 目标的可实现性：目标应基于当前资源和能力设定，避免过于理想化。
- 目标的挑战性：目标应具有一定的挑战性，以促进组织的成长和进步。

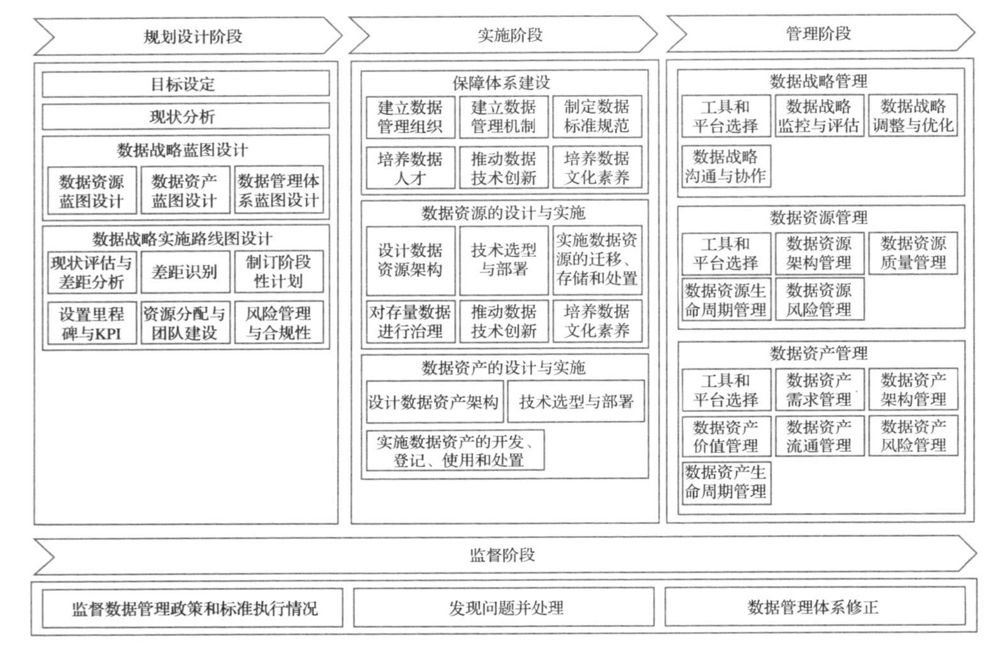

图 3-15　数据体系的实现过程

（2）现状分析

现状分析是制定数据战略的基础。组织需要对现有数据情况进行全面评估，通过收集和评估相关信息，识别出组织的优势、劣势以及改进空间，为后续的数据战略蓝图设计提供有力支持。

- 数据资源评估：评估现有的数据资源，包括数据的类型、质量、可用性等。
- 数据管理能力评估：分析当前的数据管理能力，包括数据治理、数据质量控制等，评估现有数据管理流程、技术架构和人才储备，识别数据管理的强项和弱点。
- 技术基础设施评估：评估现有的技术基础设施，包括硬件、软件、网络等。

（3）数据战略蓝图设计

数据战略蓝图设计涉及数据资源、数据资产和数据管理体系的规划。

1）数据资源蓝图设计。在这一阶段，组织需要规划数据资源的架构和标准，确定数据资源的分类、存储、布局等；同时，还需要考虑数据资源的可扩展性、可维护性和安全性等因素，确保数据资源能够满足组织的长期需求。

- 数据资源架构：设计数据资源的存储、分类和布局架构。
- 数据资源标准：制定数据资源的标准，包括数据格式、质量要求等。

2）数据资产蓝图设计。组织需要规划数据资产的分类和标准，明确数据资产的类型、来源、使用方式和价值。通过制定统一的数据资产分类和标准，可以提高数据资产的识别、管理和利用效率。

- 数据资产分类：明确数据资产的类型和来源。
- 数据资产标准：制定数据资产的使用和管理标准。

3）数据管理体系蓝图设计。组织需要规划数据管理体系，确保数据质量和可用性，挖掘数据资产价值。这包括制定数据管理政策，建立数据管理组织架构等。

- 数据管理政策：制定数据管理的政策和流程。
- 数据管理组织架构：建立数据管理的组织架构和职责分配。

（4）数据战略实施路线图设计

组织需要将数据战略转化为具体的行动步骤和里程碑，制定详细的数据战略实施路线图。通过明确每个阶段的目标、任务和时间表，确保数据战略得到有效执行，支持数据驱动的业务转型。数据战略实施路线图设计包括现状评估与差距分析、差距识别、制定阶段性计划、设置里程碑与 KPI、资源分配与团队建设以及风险管理与合规性。

1）现状评估与差距分析。识别组织当前拥有的数据及管理情况、IT 基础设施，了解组织内部对数据使用的态度、技能水平及文化障碍。

- 数据类型与来源评估：识别组织当前拥有的数据类型和来源。
- IT 基础设施评估：评估现有 IT 基础设施的能力与限制。

2）差距识别。基于现状评估，明确关键领域的差距，如数据资源质量、数据资源安全防护等方面，为制定改进措施提供依据。

3）制定阶段性计划，分为短期、中期和长期计划。

- 短期计划（1～6 个月）：集中解决最紧迫的问题，如数据清洗与标准化、基础数据平台搭建、关键数据应用项目启动等。
- 中期计划（6 个月～2 年）：深化数据分析能力，建立数据治理体系，推广数据文化，实施更多高级分析项目。
- 长期计划（2 年以上）：实现全面数据驱动决策，优化业务流程，推动业务创新，形成持续的数据优化与迭代机制。

4）设置里程碑与 KPI。设置里程碑和 KPI 包括里程碑设定和 KPI 设定。

- 里程碑设定：为每个阶段设定明确的完成标志，如数据仓库上线、首个数据分析报告发布、关键业务流程自动化实现等。
- KPI 设定：基于目标设定具体的绩效指标，如数据质量提升百分比、分析模型准确率、业务效率提升率等，用于监控进度和评估效果。

5）资源分配与团队建设。根据实施计划分配必要的资金预算、技术资源和人力资源。

- 资金预算分配：根据实施计划分配必要的资金。
- 技术资源分配：分配技术资源以支持数据战略的实施。可以考虑与外部供应商或咨询公司合作，以弥补内部资源或技能的不足。
- 团队建设：组建跨职能的数据治理团队，包括数据工程师、数据分析师、业务专家等，并进行必要的培训和能力提升。

6）风险管理与合规性。识别数据战略实施过程中可能遇到的风险，如数据泄露、合规性问题、技术障碍等。为每种风险制定预防和缓解策略，确保数据的安全性和合规性。

3.5.2 实施阶段

（1）保障体系建设

1）建立数据管理组织。组织需要建立专门的数据管理组织，负责数据战略的实施和管理。数据管理组织应该具备专业的数据管理能力，包括数据战略规划、数据治理、数据质量管理和数据安全等。

- 组织结构：明确数据管理组织的层级结构和职责分工，设立数据管理委员会作为最高决策机构。

- 专业团队：构建由数据工程师、分析师、科学家等组成的跨学科团队，确保数据战略的专业技术支撑。

2）建立数据管理机制。组织需要制定数据管理机制，确保数据战略的实施能够顺利进行。

- 政策制定：制定全面的数据管理政策，涵盖数据的采集、存储、使用、共享和销毁等环节。
- 数据管理流程设计：设计高效的数据管理流程，减少冗余步骤，提高数据流转效率。
- 数据管理的沟通机制和协作机制设计：设计数据管理的沟通与协作机制，减少沟通层级，增强透明度，为数据管理工作的顺利开展减少障碍。

3）制定数据标准规范。组织通过制定和实施数据标准规范，可以提高数据的一致性和可比性，降低数据管理的成本和风险。

- 制定标准：组织需要制定统一的数据标准规范，包括数据定义、数据格式、数据质量和数据安全等方面的规范。
- 规范更新：建立标准规范的定期审查和更新机制，以适应业务发展和技术变革的需要。

4）培养数据人才。组织需要培养一支专业的数据人才队伍，包括数据管理专员、数据架构师、数据建模师、数据分析师、数据工程师、数据科学家等。通过提供培训和发展机会，提高数据人才的专业素养和创新能力。

- 培训计划：实施数据人才培训计划，提升团队的数据素养和专业技能。
- 职业发展：为数据人才提供职业发展路径，激励其在数据领域的长期发展。

5）推动数据技术创新。组织需要关注数据技术的最新发展动态，积极推动数据技术创新。通过引入新技术和新应用，提高数据处理的效率和准确性，为组织的业务发展和创新提供有力支持。

- 技术研究：跟踪和研究数据领域的前沿技术，如人工智能、机器学习等。
- 创新应用：推动新技术在数据管理中的应用，提高数据处理的智能化水平。

6）培养数据文化素养。组织需要培养全员的数据文化素养，提高员工对数据价值的认识和利用能力。通过加强数据文化的宣传和普及，激发员工的数据意识和数据创新精神。

- 文化建设：在组织内部推广数据驱动的决策文化，提升全员的数据意识。
- 交流活动：举办与数据相关的交流和分享活动，促进跨部门的数据合作。

（2）数据资源的设计与实施

1）设计数据资源架构。组织需要设计数据资源架构和标准，明确数据资源的分类、存储、布局等；同时，还需要考虑数据资源的可扩展性、可维护性和安全性等因素，确保数据资源能够满足组织的长期需求。

2）技术选型与部署。组织需要选择合适的技术和工具，支持数据资源的实施。这包括数据库技术、数据仓库技术、大数据技术等。同时，组织还需要考虑技术的兼容性、可扩展性和安全性等因素，确保技术能够满足组织的实际需求。

- 技术评估：评估并选择适合组织业务需求的数据库、数据仓库和大数据技术。
- 部署实施：部署选定的技术平台，确保数据资源的高效存储和访问。

3）实施数据资源的迁移、存储和处置。组织需要按照数据资源架构和标准的要求，实施数据资源的迁移、存储和处置。

- 迁移策略：制定数据迁移计划，确保数据从旧系统到新系统的平滑过渡。
- 迁移实施：按照迁移计划，实现存量数据的迁移，一般是从业务类系统迁移到数据仓库、数据中台或者数据湖之类的数据分析环境中。
- 存储优化：优化数据存储结构，提高数据访问速度和存储效率。

4）对存量数据进行治理。组织需要对存量数据进行治理，形成有序的数据资源。

- 数据清洗：执行数据清洗流程，提高存量数据的质量。
- 整合转换：整合分散的数据资源，进行必要的数据转换，以适应新的数据架构。

（3）数据资产的设计与实施

1）设计数据资产架构。组织需要设计数据资产分类，明确数据资产的类型、来源、使用方式和价值。通过制定统一的数据资产分类和标准，可以提高数据资产的识别、管理和利用效率。

2）技术选型与部署。组织需要选择合适的技术和工具，支持数据资产的实施。这包括数据资产管理平台、数据分析工具等。同时，组织还需要考虑技术的兼容性、可扩展性和安全性等因素，确保技术能够满足组织的实际需求。

3）实施数据资产的开发、登记、使用和处置。组织需要按照数据资产分类和标准的要求，实施数据资产的开发、登记、使用和处置。通过规范数据资产的开发流程和使用方式，确保数据资产的质量和安全性。

需要说明的是，数据资源和数据资产可以放在一个平台管理，也可以不放在一个平台上管理，这取决于组织的实际管理需求。

3.5.3　管理阶段

（1）数据战略管理

在数据战略管理阶段，组织需要确保数据战略的持续执行和优化。

- 工具和平台选择。选择合适的数据管理工具和平台，以支持数据战略的监控、评估和调整。这些工具应能够提供实时的数据视图、自动化的报告生成和高级的数据分析功能。
- 数据战略监控与评估。实施定期的数据战略评估机制，监控数据战略的实施效果，并与业务目标进行对比分析。利用关键绩效指标（KPI）和关键结果指标（OKR）来量化评估数据战略的成效。
- 数据战略调整与优化。基于监控与评估的结果，组织需要对数据战略进行必要的调整与优化。这可能包括修改数据管理流程、更新数据治理政策或引入新技术以提高数据的质量和可用性。
- 数据战略沟通与协作。确保数据战略的一致性和协同性，组织需要加强内部沟通和跨部门协作。通过定期的会议和报告机制，确保所有相关人员对数据战略有清晰的理解和共识。

（2）数据资源管理

- 工具和平台选择。选择合适的数据资源管理工具和平台，对数据资源进行全面的监控和管理。

- 数据资源架构管理。通过在数据资源架构设计、实施、评价与控制过程中施行有效的措施，可以监督与控制数据资源架构设计与实现的全生命周期状态，保障数据资源架构设计科学、落地性强，保证数据资源架构按计划实施。
- 数据资源质量管理。对数据资源从计划、获取、存储、维护、应用、消亡等整个生命周期的每个阶段里可能引发的各类数据质量问题，进行识别、度量、监控、预警。
- 数据资源生命周期管理。对数据资源从创建到最终销毁的整个过程进行系统化管理。它涉及规划、执行和监督数据资源的创建、存储、维护、迁移、归档和删除等各个环节。
- 数据资源风险管理。持续识别、评估、处理和监控数据风险，以保护组织的数据资源和确保业务连续性。

（3）数据资产管理

- 工具和平台选择。选择合适的数据资产管理工具和平台，对数据资产进行日常的系统化、规范化的控制。
- 数据资产需求管理。对组织内部和外部的数据需求和约束进行系统的识别、分析和管理，以确保数据资产能够满足这些需求，并为组织带来价值。
- 数据资产架构管理。管理数据资产架构规划、整合、保护与利用，通过科学的数据资产分类、分级架构、设计及管理规则制定，确保数据资产的安全性、一致性、可访问性和价值最大化。
- 数据资产价值管理。对数据资产的价值进行识别、评估、维护和提升，确保数据资产能够为组织带来最大的经济利益，并支持数据驱动的决策制定。
- 数据资产流通管理。管理数据资产在组织内部及与外部合作伙伴之间的共享、交换、分发和变现，确保数据资产的流动性和可访问性。
- 数据资产风险管理。监控数据资产在组织内外部使用时可能存在的数据风险，全方位进行数据资产安全与合规管控，确保数据资产在组织内部使用和外部流通时的安全和合规。

- 数据资产生命周期管理。管理数据资产整个生命周期中的相关操作，确保数据资产在整个生命周期中得到有效管理，以支持组织的业务连续性和长期发展。

3.5.4　监督阶段

（1）监督数据管理政策和标准执行情况

在监督阶段，确保数据管理政策和标准得到有效执行是至关重要的。

- 监督机制的建立。设立一个独立的数据管理监督团队，负责定期审查数据管理政策的执行情况。该团队应具备跨部门的视角，以确保监督的全面性和客观性。
- 定期审计。通过定期的内部审计，评估数据管理政策的遵循情况。审计结果应用于识别政策执行中的偏差和不足，为进一步的改进提供依据。
- 实时监控系统。开发和部署实时监控系统，以跟踪关键数据管理活动和指标。系统应能够自动检测异常情况并发出警报，以便组织及时采取措施。
- 合规性检查。定期与法律法规以及行业最佳实践进行对比，确保数据管理政策和标准的合规性。对于发现的合规性差距，应立即采取行动进行整改。

（2）发现问题并处理

- 问题发现。及时发现数据管理过程中存在的问题和隐患，包括数据质量问题、安全风险等。
- 问题根源分析。对问题进行深入分析，找出问题的根源和解决方案。
- 问题解决协调。协调相关部门和团队解决问题，确保数据管理体系的正常运行。
- 反馈循环。建立一个反馈机制，鼓励员工对数据管理过程中的问题和建议进行反馈。反馈应被系统地收集和分析，以便不断优化数据管理流程。

（3）数据管理体系修正

- 政策修订流程。制定明确的政策修订流程，确保政策能够根据业务发展和技术进步进行适时更新。修订流程应包括意见征集、影响评估和正式批准等环节。

- 激励与惩戒机制。根据员工和团队对数据管理政策执行的情况，实施激励和惩戒机制。对于优秀的表现给予奖励，对于违反政策的行为进行惩戒。
- 跨部门协作。加强不同部门之间的协作，特别是在数据管理政策和标准的执行上。通过建立跨部门工作小组，促进信息共享和协同工作。
- 持续改进文化。培养一种持续改进的数据管理文化，鼓励员工不断寻求提高数据管理效率和效果的方法。通过持续改进，组织能够适应不断变化的数据环境和需求。
- 技术工具支持。利用技术工具支持数据管理政策的执行，如数据质量管理工具、数据访问控制工具等。这些工具应与组织的数据管理目标和政策保持一致。

通过这四个阶段的工作流程，组织可以确保数据战略从规划到实施，再到持续管理与监督的每一个环节都能得到充分的考虑和执行，从而实现数据资源和数据资产的最大价值，进而支持组织的长期发展。

第4章 CHAPTER 4

CDO如何做好数据管理

在数字化时代，数据已成为组织运营不可或缺的元素，而CDO则是引领组织在数据海洋中航行的重要舵手。他们不仅负责制定和执行数据战略，还要确保数据资源的有效管理和数据资产的最大化利用。

首先，我们将探讨CDO如何与数据战略紧密相连。数据战略是组织在数据管理方面的顶层设计，它指明了数据应用的方向和目标。CDO需要深入理解组织的业务需求和市场环境，从而制定出既符合实际又具有前瞻性的数据战略。在这个过程中，CDO还要与组织的其他高层领导紧密合作，确保数据战略与组织整体战略保持一致。

其次，我们将关注CDO如何建设和管理组织的数据资源。数据资源是组织的重要资产，它们需要经过精心地设计和建设才能发挥出最大的价值。CDO需要带领团队对数据资源进行合理的分类、整合和存储，确保数据的准确性和可访问性。同时，CDO还要关注数据资源的安全性和隐私保护，防止数据泄露和滥用。

最后，我们将探讨CDO如何促进数据资产的形成和使用。数据资产是组织从数据资源中提炼出的有价值的信息和知识，它们可以为组织的决策提供有力支持。CDO 需要建立一套完善的数据资产管理体系，包括数据资产的开发、登记、管理、维护、流通等环节。同时，CDO 还要关注数据资产的内部共享和外部流通与交易，打破部门之间的信息壁垒，促进数据的跨部门利用和数据资产价值变现。

为了支撑上述工作的顺利开展，CDO 还需要建立一套完善的支撑体系。这包括组建高效的数据管理组织、制定合理的数据管理机制、推动数据管理的标准化和规范化、培养和引进优秀的数据人才、选择合适的数据管理平台和工具、关注数据技术的创新和发展、营造良好的组织文化氛围以及加强数据治理工作等。通过这些措施，CDO 可以确保组织数据管理的高效性和可持续性，从而为组织的长期发展奠定坚实的基础。

4.1 CDO 与数据战略

4.1.1 数据战略解析

1. 数据战略的内涵

数据战略是组织在明确自身目标和业务需求的前提下，对所有相关数据资源进行规划、整合、利用和管理，以实现组织价值最大化的一种战略形态。它是组织精细化数据管理不可或缺的基础，旨在提升数据质量、实现数据价值的升华，并为组织数字化转型奠定基础。数据战略是组织数据管理及数据运用的总体规划和指导方针，它使组织在充分发掘数据潜能的基础上，实现目标业务与数据相互促进的良性循环。

不同组织对于数据战略的定义可能存在细微差异，但都强调了数据战略在指导数据管理、提升数据价值以及支持组织目标实现方面的重要性。例如，DAMA 数据管理知识体系将数据战略视为数据治理的关键组成部分，强调其在决策制定和人员行为方式方面的指导作用。而 DCMM（《数据管理能力成熟度评估模型》）等标准也对数据战略有类似的定义和解释。这些定义都突出了数据战略在数据管理和应用中的核心地位。

总体来说，数据战略是组织对数据资源和数据资产进行系统性、整体性规划的产物，它需要根据组织的业务目标、市场环境和技术发展趋势来制定，以确保数据能够成为组织的核心竞争力，并推动组织的持续发展。

2. 数据战略的实现过程

如图 4-1 所示，数据战略从规划到实施再到迭代完善是一个系统性的过程，旨在确保组织能够有效地管理和利用数据资源，实现业务目标并提升竞争力。

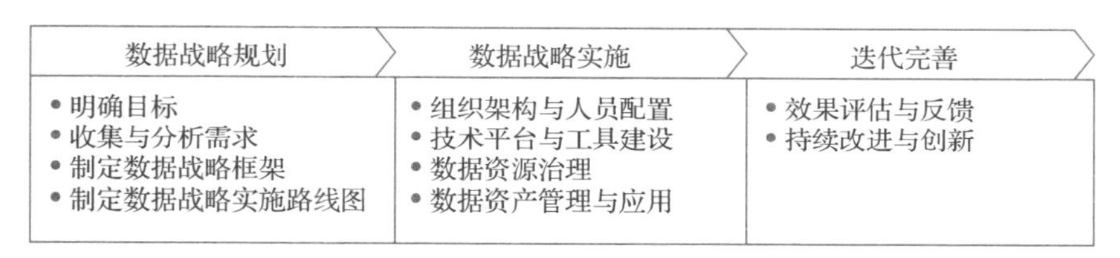

图 4-1　数据战略的实现过程

（1）数据战略规划

1）明确目标：组织首先需要明确自己的数据战略目标，例如提升效率、降低成本、增强竞争力或了解市场趋势等。这些目标应与组织的整体战略和业务需求相一致。

2）收集与分析需求：根据目标，收集并分析业务、技术和其他相关方面的需求。这包括了解现有数据资源、技术能力和业务流程，以及评估未来可能的数据需求和数据应用。

3）制定数据战略框架：基于需求分析，制定一个包含数据管理、数据分析、数据安全等方面的数据战略框架。这个框架应明确数据的来源、流动、使用和存储等各个环节的规范和要求。

4）制定数据战略实施路线图：对数据需求进行优先级排序，形成各类数据项目，设计数据战略实施阶段，明确每个阶段的目标、任务和时间表，确保数据战略得到有效执行，支持数据驱动的业务转型。

（2）数据战略实施

1）组织架构与人员配置：根据数据战略框架，调整或优化组织架构，确保有专门的人员负责数据管理和分析工作。同时，对相关人员进行培训和提升，以满足数据战略实施需求。

2）技术平台与工具建设：选择合适的技术平台和工具，支持数据收集、存储、处理和分析等各个环节。确保这些平台和工具能够满足数据战略的需求，并与其他业务系统有效集成。

3）数据资源治理：根据数据战略的要求，收集并整合来自不同来源的数据。这可能涉及数据的清洗、验证、整合和标准化等过程，以确保数据的质量和一致性。

4）数据资产管理与应用：利用合适的数据资产管理和应用工具，管好组织的数据资产，并对数据进行深入挖掘和分析，发现其中的规律和模式。将分析结果应用于业务决策和流程优化中，提高组织的运营效率和竞争力；同时挖掘数据资产的外部流通与交易机会，促成数据资产的变现。

（3）迭代完善

1）效果评估与反馈：定期评估数据战略实施效果，包括数据的质量、分析结果的准确性以及业务价值的提升等方面。根据评估结果，及时调整和优化数据战略框架和实施计划。

2）持续改进与创新：随着业务和技术的发展，不断关注新的数据技术和应用趋势，持续改进和创新数据战略。这可能涉及引入新的数据分析方法、拓展数据来源或优化技术平台等。

在整个流程中，持续的沟通和协作是关键。不同部门和团队之间需要紧密合作，确保数据战略能够顺利实施并取得预期效果。同时，建立有效的数据治理机制和数据安全体系也是保障数据战略成功实施的重要环节。

需要注意的是，具体的数据战略实施流程可能因组织的规模、行业特点、技术实力等因素而有所不同。因此，在制定和实施数据战略时，应根据组织的实际情况进行灵活调整和优化。

3. 案例：商业银行的数据战略

在当前商业银行积极拥抱科技战略与数字化转型的浪潮中，尽管业界已普遍认识到构建完整、统一且自上而下的数据战略的重要性，但关于数据战略的具体界定、涵盖范畴及其核心价值，行业内尚未形成统一认识。同时，数据战略如何与业务战略、科技战略相互融合、协同作用，仍是商业银行亟待深入探索的课题。尤为关键的是，目前商业银行领域尚缺乏可借鉴的、具有标杆意义的数据战略实践案例。

（1）数据战略框架

鉴于上述背景，普华永道携手中国光大银行，共同发布了《商业银行数据战略白皮书》，旨在为行业提供一套全面、可行的数据战略框架，作为商业银行数据能力建设的指导性蓝图。该战略框架自顶向下精心构建，每一层级都承载着特定的使命与功能，如图 4-2 所示。

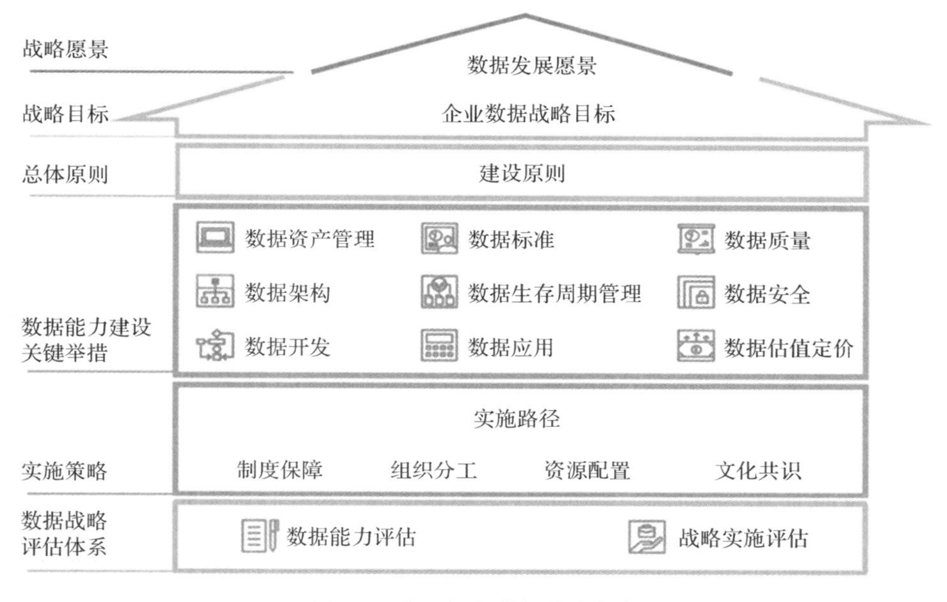

图 4-2　商业银行数据战略框架

- 数据战略愿景：作为整个战略蓝图的灵魂，它高瞻远瞩地定义了商业银行在数据领域的长远发展方向，是全体利益相关者共同愿景的结晶。这一愿景聚焦于数据管理的卓越追求，以数据为杠杆，撬动更广泛、更深层次的业务变革与增长愿景。
- 数据战略目标：作为愿景与实际行动之间的桥梁，战略目标将宏大的愿景细化为一系列具体、可衡量的阶段性任务。这些目标根据商业银行的自身条件与外部环境的变化灵活调整，确保战略路径的可行性与适应性。

- 数据战略总体原则：这些原则如同战略实施的指南针，为制定和实施各项战略举措提供了根本性的指导方针。它们确保了战略推进过程中的决策一致性、方向正确性及资源高效配置。
- 数据能力建设关键举措：作为战略落地的关键步骤，举措的制定需紧密围绕战略目标与总体原则，结合银行实际情况灵活调整。这些举措涵盖数据治理体系的完善、数据技术的创新应用、数据分析能力的提升等多个维度，旨在全方位推动数据价值的深度挖掘与广泛应用。
- 实施策略：构成了数据战略规划的基石层面，涉及将战略举措细化为具体行动方案，并确保这些方案得以有效执行。包括制度保障、组织分工、资源配置、文化共识等方面。
- 数据战略评估体系：评估数据战略在实际操作层面的成效，确保商业银行的数据能力能够达到既定的建设预期与目标，以此增强商业银行的数据能力，并提高数据能力评估的精确度。

商业银行的数据战略是一个多维度、多层次的系统工程，它要求银行在明确愿景与目标的基础上，坚持正确的总体原则，通过一系列切实有效的举措，不断推动数据资产的增值与业务价值的提升。

（2）实施方案

根据商业银行数据战略框架，可将商业银行数据战略的实施路径分为三大步骤：数据战略制定、数据战略实施、数据战略评价。

1）数据战略制定包括以下内容。

一是数据战略现状分析。数据战略的起点在于深入的现状分析，这一过程需从两个维度并行展开，如图 4-3 所示。

- 自上而下：从宏观视角出发，融合国家战略导向、监管政策要求、行业发展趋势及银行自身发展需求，特别是科技革新与人才储备的考量，逐层细化至数据使能与数据生产力的具体建设要求，确保数据战略与外部环境及内部发展需求紧密契合。
- 自下而上：依托《数据管理能力成熟度评估模型》，对商业银行当前的数据管理现状进行全面评估，精准识别数据能力的主要短板与差距，为后续策略制定提供精准的数据支撑。

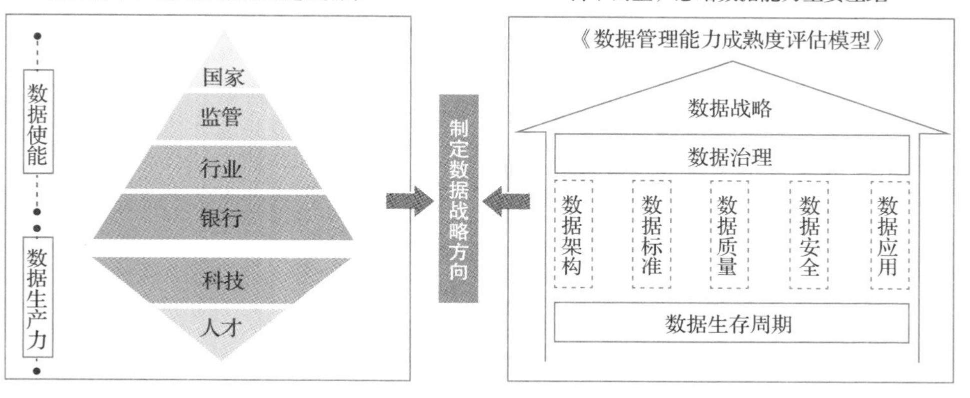

图 4-3　数据战略现状分析方法

二是制定数据战略愿景。数据战略愿景的设定需要围绕两大核心要素。

- 利益相关者视角：确保愿景既反映所有利益相关者的核心诉求，又紧密贴合商业银行的整体发展方向与使命，形成广泛共识与共鸣。
- 价值链与生产要素考量：明确数据在商业银行战略及价值链中的核心地位，判断数据是作为实现业务愿景的辅助工具，还是成为驱动银行未来发展的核心引擎，以此为基础构建数据战略愿景的蓝图。

三是制定数据战略目标。数据战略目标的设定需综合考量以下几种因素。

- 外部形势：深入分析国家政策、监管导向、科技进步、行业动态及行业标杆的实践经验，为目标设定提供宏观背景与参考坐标。
- 自身情况：全面审视商业银行的数据现状、数据能力、科技战略、核心诉求、现实条件及资源配置，确保目标既具挑战性又具可行性。
- 目标分期：将战略目标细化为短期、中期与长期三个阶段，短期聚焦痛点解决，中期推动管理升级与业务创新，长期则着眼于确立在数字化竞争中的独特地位与优势。

四是确定数据战略实施的总体原则。结合现状分析与战略目标，商业银行在实施数据战略时应遵循以下原则。

- 业务战略匹配：确保数据战略与业务战略高度协同，共同推动银行整体发展。
- 组织级统筹：强化组织层面的统筹协调，确保数据战略实施过程中的资源高效配置与信息共享。
- 渐进式演进：采取分阶段、分步骤的实施策略，逐步推进数据能力的提升与战略的深化。
- 短期长期收益平衡：在追求长期战略目标的同时，注重短期成效的积累，确保战略实施的可持续性。
- 目标可量化：设定可量化、可追踪的目标指标，便于对战略实施效果进行客观评估与调整。

五是制定数据战略实施举措。为确保战略目标的实现，商业银行需要基于自身基础条件与资源投入情况，制定具体的数据能力建设举措。

- 内部基础条件：以战略目标为导向，结合数据治理、数据资源架构、数据应用等现有基础，制定针对性的能力提升计划。
- 资源投入：明确资源分配优先级，评估预期投资回报率，确保资源投入与战略举措的有效匹配，为举措的顺利实施提供坚实保障。

2）数据战略实施。

一是组织与人员配置优化。数据战略的有效实施离不开与之相匹配的组织架构与人才布局。商业银行需要深刻认识到，数据战略的转型不仅是技术层面的革新，更是人才与组织模式的深刻变革。因此，商业银行需要通过全面的人才盘点与战略目标对比，精心绘制组织分工的蓝图，并据此制定一系列人才引进、员工培训及组织重构方案。

在人才建设方面，商业银行应高度重视复合型人才的培养与引进，即那些既精通银行业务又掌握先进数据技术的专业人才。为此，商业银行需调整薪酬与晋升机制，以更具吸引力的待遇吸引外部优秀人才，同时加大对现有员工的培训力度，通过设计针对性的培训课程、派遣数据科学家入驻业务部门等方式，全面提升员工的数据素养与实战能力。

二是构建完善的制度保障体系。制度保障是数据战略落地不可或缺的一环。商业银行需根据自身的业务流程与组织架构特点，将数据战略细化为一系列可操作的流程规范、职责划分与资源配置要求，形成一套既符合银行实际又具有高度可执行性的数据管理制度体系。这套制度将有效规范员工行为，降低操作风险，为数据战略的稳步推进提供坚实的制度保障。

三是积极培育数据文化。数据文化的构建是数据战略落地的精神支柱。商业银行应深刻认识到，没有深入人心的数据文化，就无法真正实现数据驱动的业务变革。因此，商业银行需要将数据文化的培育作为战略实施的重要内容之一，通过宣传教育、案例分享、激励机制等多种手段，营造一种鼓励数据创新、尊重数据价值的文化氛围。

正如 Gartner 所强调的，文化与数据素养是数据领导者面临的两大挑战。商业银行需要从意识层面入手，提升全体员工的数据敏感度与觉察力，激发员工参与数据战略的积极性与创造力。只有这样，数据战略才能在商业银行内部生根发芽，开花结果，真正推动银行向数据驱动型组织转型。

3）数据战略评价。

在商业银行数据战略的执行过程中，为确保战略目标的顺利达成，需定期进行战略实施评估。此次评估应紧密围绕既定规划目标，从投入成本、产出效益、时间进度及保障措施等多个维度，全面审视数据战略的实施情况。通过设定关键绩效指标（KPI），对战略实施效果进行量化评估，以便及时调整策略，优化资源配置。具体的评估指标如图 4-4 所示。

4.1.2　CDO 与数据战略管理

CDO 与数据战略之间存在着紧密而重要的关系。CDO 不仅是数据战略的制定者，还是其执行和管理的核心人物。

1. CDO 与数据战略的关系

数据战略是组织在数据管理和应用方面的顶层设计和规划，旨在确保数据能够有效地支持业务决策和创新。而 CDO 则是数据战略的引领者和实施者，负责将数据战略转化为具体的行动计划和管理措施。

CDO 与数据战略的关系主要体现在以下几个方面。

- 组织制定数据战略：CDO 需要根据组织的业务目标和发展需求，组织制定符合实际的数据战略，明确数据管理的方向和目标。

- 解读和推广数据战略：CDO 需要将数据战略的内容和意义传达给组织内部各个部门和员工，确保大家对数据战略有共同的理解和认同。
- 实施和管理数据战略：CDO 需要组织制定具体的实施计划和管理措施，确保数据战略得到有效执行和监控。

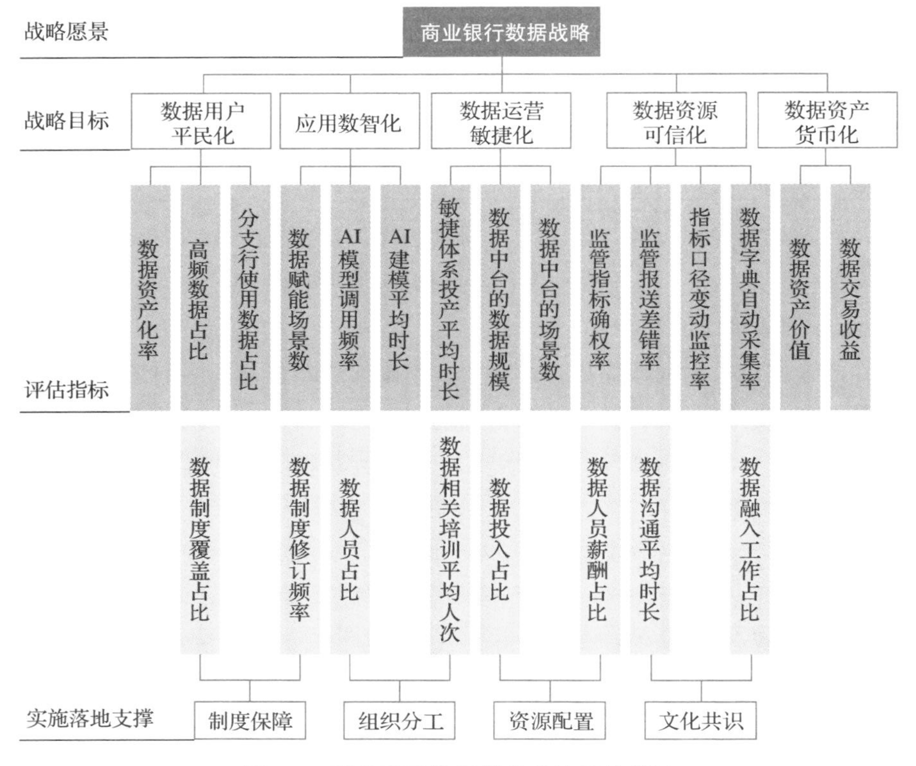

图 4-4 商业银行数据战略实施评估指标

2. CDO 对数据战略的内容负责

CDO 对数据战略的内容负责主要体现在以下几个方面。

- 数据战略的内容必须基于组织的内外部数据需求和约束，需要满足政策、法律法规、监管等方面的要求，在合法合规的前提下规划组织数据。

- 组织的数据战略要向上承接组织的业务战略，与组织的业务战略对齐。
- 数据战略首先要明确其战略定位，即确定“做什么”和“不做什么”；同时，需要设定明确的数据战略目标，包括短期、中期和长期目标，以满足决策分析、业务协同、创新与创业等需求。
- 数据战略需要明确战略实施的组织、角色分工、职责及决策权，确保数据战略实施的顺利进行。
- 数据战略应制定实施策略和行动路线，明确数据管理和应用所需的条件，如组织内外部数据管理和使用环境，以及数据管理能力成熟度情况等。这些条件和因素将影响数据战略的实施效果和成功概率。
- 技术和基础设施也是数据战略的重要内容。数据战略需要考虑到组织的技术和基础设施能力，确保组织有适当的技术和基础设施来收集、存储、处理和分析数据。这包括选择适当的数据管理工具和技术，以及构建稳定、高效的数据处理和分析平台。

最后，数据战略应选择适当的指标和度量来评估数据的价值和效能。这有助于组织了解数据战略的实施效果，并根据评估结果进行必要的调整和优化。

总之，数据战略的内容要求既全面又具体，既要考虑战略层面的定位和决策，又要关注实施层面的策略和行动。同时，数据战略还需要不断适应组织内外环境的变化，以确保其持续有效性和适应性。

3. CDO 如何负责和管理数据战略

CDO 在负责和管理数据战略时，可以采取以下策略和方法。

- 建立跨部门的协作机制：与业务部门、IT 部门等建立紧密的合作关系，共同推进数据战略的实施。
- 引入先进的数据管理工具和技术：利用现代化的数据管理工具和技术，提高数据管理的效率和准确性。
- 培养数据文化和人才队伍：通过培训和教育，提升员工的数据意识和技能水平，打造一支高效的数据管理团队。
- 制定数据战略实施的考核和激励机制：建立数据战略实施的考核体系，对执行情况进行定期评估和反馈，同时设立激励机制，鼓励员工积极参与数据战略的实施。

CDO 如何负责和管理数据战略，如图 4-5 所示。

组织制定数据战略	解读和推广数据战略	实施和管理数据战略
• 理解业务需求 • 分析数据现状 • 制定数据战略 • 制定实施计划	• 内部沟通 • 培训和教育 • 建立数据文化 • 外部宣传	• 领导实施团队 • 监控实施进度 • 评估实施效果 • 持续优化 • 确保合规性

图 4-5　CDO 如何负责和管理数据战略

（1）组织制定数据战略

- 理解业务需求：CDO 首先需要深入理解企业的业务目标和战略需求，明确数据在支持这些目标中的关键作用。
- 分析数据现状：CDO 需要评估企业当前的数据资产、数据质量、数据管理能力和技术基础，识别数据管理的痛点和改进空间。
- 制定数据战略：基于业务需求和数据现状，CDO 负责制定数据战略，明确数据管理的目标、原则、方法和步骤，确保数据战略与企业的整体战略相一致。
- 制定实施计划：CDO 需要为数据战略制定详细的实施计划，包括时间表、资源分配、责任分配和预期成果等。

（2）解读和推广数据战略

- 内部沟通：CDO 需要与企业高层、业务部门和技术部门进行深入沟通，解释数据战略的重要性和意义，确保各方对数据战略有清晰的认识。
- 培训和教育：CDO 需要组织数据战略的培训和教育活动，提高员工的数据素养和数据分析能力，使员工能够理解和支持数据战略的实施。
- 建立数据文化：CDO 需要推动企业内部建立数据驱动的文化，鼓励员工利用数据进行决策和创新，将数据视为企业的核心资产。
- 外部宣传：在适当的时候，CDO 也可以向外部利益相关者（如投资者、客户、合作伙伴等）宣传企业的数据战略，展示企业在数据管理方面的专业性和前瞻性。

（3）实施和管理数据战略

- 领导实施团队：CDO 需要组建一个跨部门的实施团队，负责数据战略的具体实施工作。CDO 应作为团队的领导者，协调各方资源，推动实施工作的顺利进行。
- 监控实施进度：CDO 需要定期监控数据战略的实施进度，确保各项任务按时完成，并及时解决实施过程中出现的问题。
- 评估实施效果：通过数据分析和评估工具，CDO 需要对数据战略的实施效果进行定期评估，了解数据战略的实际成效和存在的问题，以便及时调整和优化数据战略。
- 持续优化：根据评估结果和业务发展需求，CDO 需要持续优化数据战略，确保数据战略能够持续支持企业的业务发展和创新。
- 确保合规性：在数据战略的实施过程中，CDO 还需要确保企业遵守相关的法律法规和行业标准，保护数据安全和隐私。

综上所述，CDO 在数据战略中扮演着至关重要的角色。他们不仅负责组织制定数据战略，还需要确保其有效执行和管理。通过跨部门协作、引入先进技术、培养数据文化和人才队伍以及制定考核和激励机制等策略和方法，CDO 能够推动数据战略在组织中的落地和生效，为组织创造更大的价值。

4.2 CDO 与数据资源

历经信息化建设阶段，大多数组织已经有了一定数量的信息化系统和数据，但是这些数据往往存在数据孤岛现象，经常出现标准不统一、数据模型不一致、数据定义不同、数据质量不高等问题。为了解决这些问题，满足业务对数据的需求，并减少对信息化系统（业务系统）的冲击，就需要将数据资源从 OLTP 类的业务系统迁移到 OLAP 类的数据环境中进行治理，经过数据治理，数据资源由无序变为有序，形成企业级标准数据资源。治理完毕后，组织要对数据资源进行日常的系统化、规范化的控制，包括数据资源架构管理、数据资源质量管理、数据风险管理、数据资源生命周期管理，来确保数据资源的准确性、完整性、可用性和安全性，为后续数据资源转化为有价值的数据资产做好准备。上述过程即数据资源的形成和管理所涉及的主要内容。

数据资源的生命周期包括数据资源设计、建设、管理等关键环节。

- 数据需求：数据需求是数据资源设计和建设的基础，提供对数据资源的各项要求，是数据资源建设和管理的关键输入。
- 数据资源设计：通过数据资源设计过程，规划组织的数据资源，明确组织数据资源的蓝图，是需求的落实。
- 数据资源建设：选择合适的工具，对 OLTP 中的数据进行迁移，并进行治理，初步实现数据资源的有序。
- 数据资源管理：通过数据资源管理平台，基于数据资源的生命周期对数据资源的架构、质量和风险进行管理，实现数据资源的合法合规与高质量。

4.2.1 CDO 与数据需求

1. 数据需求的内涵

数据需求是指为了实现特定的目标或功能，所需要的数据类型、数据量、数据质量、数据格式以及数据的获取、处理、存储和使用方式等方面的具体数据要求。数据需求的主要目标是明确数据资源需要满足的各类需求、约束和目标，并为数据资源架构设计做准备。为此，需要了解以下内容。

- 数据来源：根据不同领域的数据需求，要识别所需数据的来源（如内部系统、外部合作伙伴等）。
- 数据类型：识别所需数据源中包含的数据类型。需要识别类型广泛的非结构化数据和半结构化数据，例如文本、日志、邮件、图片、音频、视频、即时消息、论坛帖子、网页、地理位置信息、传感器数据采集记录等。需要识别主数据、交易数据、统计数据等数据的分布情况和质量情况。
- 元数据：识别上述数据源中各类数据对应元数据的情况。

同时，还需要进行权威数据源识别与认证，评估每个数据源的可靠性、准确性、及时性、完整性和相关性。基于评估结果，认证哪些数据源是权威的，即它们提供的数据是符合组织标准和数据需求的。

数据需求通常包括以下内容。

- 数据类型：指需要收集或处理的数据种类，如文本、数字、图像、音频、视频等。
- 数据量：指所需的数据规模，可能涉及数据的容量、数量等。
- 数据质量：包括数据的准确性、完整性、一致性、及时性等。
- 数据格式：指数据的存储和表示方式，如 CSV（逗号分隔值）、XML 等。
- 数据来源：指数据的获取渠道，可能来自内部系统、外部供应商、公开数据源等。
- 数据获取：涉及如何收集数据，包括数据采集的方法和工具。
- 数据处理：指对数据进行清洗、转换、分析等操作，以满足特定的需求。
- 数据存储：涉及数据的存储方式，如数据库、数据仓库、云存储等。
- 数据安全：确保数据的安全性，包括数据加密、访问控制等。
- 数据隐私：遵守相关的隐私法规，保护个人和敏感数据不被滥用。
- 数据使用：指数据如何被利用，包括数据分析、报告生成、决策支持等。
- 数据共享和交换：在不同的系统或组织之间共享数据的需求。
- 数据生命周期管理：指数据从创建、使用到销毁的整个周期的管理。

2. CDO 负责数据需求

CDO 与数据需求之间的关系密切且关键，如图 4-6 所示。

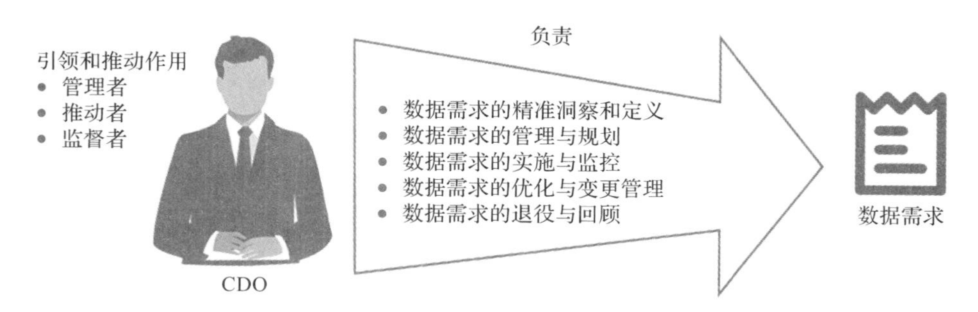

图 4-6 CDO 与数据需求

（1）CDO 引领数据需求的精准洞察和定义

- 识别数据需求：CDO 作为数据领域的领军人物，首要任务之一是组织团队识别组织内部和外部的数据需求。这包括与业务部门、管理层、技术团队等紧密合作，明确他们为了达成业务目标、优化流程、支持决策等所需的数据类型、数据量、数据质量等要求。

- 深入分析：CDO 需要驱动团队对数据需求进行深入分析，理解这些需求背后的业务逻辑和价值，以确保数据解决方案能够精准地满足业务需求。同时，CDO 还需考虑数据获取、处理、存储和使用的可行性及成本效益。

（2）CDO 负责数据需求的管理与规划

- 制定数据战略：基于对数据需求的深刻理解，CDO 需与高层管理团队共同制定数据战略，明确数据在支撑企业愿景、实现业务目标中的核心地位。数据战略将指导数据需求的规划、实施和优化。
- 规划数据项目：CDO 负责规划具体的数据项目，以满足数据需求。这包括设定项目目标、时间表、预算和资源分配，以及选择合适的技术和工具来实施项目。

（3）CDO 推动数据需求的实施与监控

- 推动项目实施：CDO 需要指导数据团队进行项目管理，确保数据项目按照规划顺利推进。这包括数据采集、处理、存储和分析等各个环节的协调工作。
- 监控数据质量：CDO 需要建立严格的数据质量管理体系，确保数据的准确性、完整性和时效性。通过持续监测、校验和清洗数据，提升数据质量，满足业务需求。
- 促进数据共享与融合：CDO 需要推动跨部门、跨业务线的数据共享与融合，打破信息孤岛，促进数据在组织内部的流通和利用。

（4）CDO 执行数据需求的优化与变更管理

- 持续优化数据需求：CDO 需要根据业务发展和市场变化，不断优化数据需求，确保数据解决方案始终与业务需求保持一致。
- 管理数据需求变更：当业务需求发生变化时，CDO 需要及时响应并管理数据需求的变更。这包括评估变更的影响、制定变更计划、调整项目资源等。

（5）CDO 监督数据需求的退役与回顾

- 数据需求退役：当数据需求不再满足业务需求或被新的解决方案替代时，CDO 需要监督数据团队的数据需求的退役工作，包括数据的归档、删除或转移。
- 回顾与总结：CDO 需要对数据需求管理过程进行回顾和总结，总结经验教训，为未来的数据需求管理提供参考。

综上所述，CDO 在数据需求明确的过程中扮演着至关重要的角色。他们不仅是数据需求的识别者、分析者和管理者，还是数据项目实施和监控的推动者，以及数据需求优化与变更管理的执行者、数据需求退役与回顾的监督者。通过 CDO 的努力，组织能够确保数据需求得到明确、有效满足，进而推动业务的发展和创新。

4.2.2　CDO 与数据资源设计

CDO 与数据资源设计之间的关系密切且关键，如图 4-7 所示。

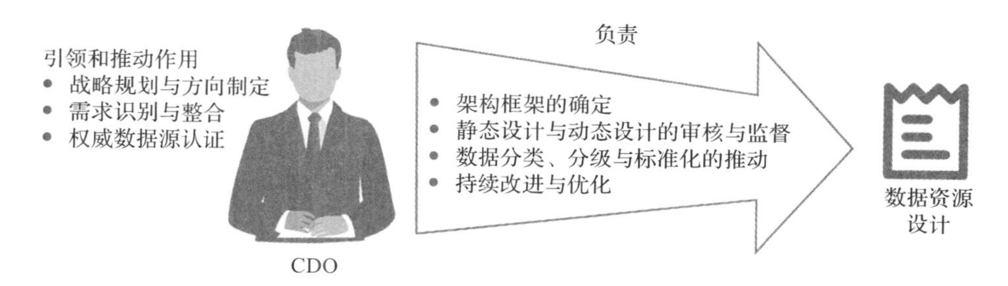

图 4-7　CDO 与数据资源设计

1. CDO 在数据资源设计中的引领和推动作用

- 战略规划与方向制定：CDO 负责制定组织的数据战略，并基于此战略为数据资源设计提供方向和指导。他们需要确保数据资源的设计符合组织的长期发展规划和业务需求。
- 需求识别与整合：CDO 需要深入了解不同业务领域的需求，包括所需的数据类型、元数据情况、数据源及其结构等。他们需要将这些需求整合到数据资源设计中，确保设计能够满足组织的实际需求。

- 权威数据源认证：CDO 负责识别并认证权威数据源，确保数据资源设计基于可靠、准确的数据源。他们通过评估数据源的可靠性、准确性、及时性、完整性和相关性，为数据资源设计提供高质量的数据基础。

2. CDO 对数据资源的设计负责

- 架构框架的确定：CDO 负责确定数据资源架构的框架，包括架构元模型和架构视图。他们需要确保这些框架能够清晰地表达出数据资源架构的内在结构和外在表现形式，从而为数据资源设计提供标准化的指导。
- 静态设计与动态设计的审核与监督：CDO 需要审核和监督数据资源架构的静态设计和动态设计。静态设计包括逻辑数据模型、数据生命周期设计、数据存储策略设计、数据分布策略设计等；动态设计包括数据流、数据沿袭、数据接口等。CDO 需要确保这些设计符合数据战略和业务需求，并且能够高效地支持组织的数据管理和使用。
- 数据分类、分级与标准化的推动：CDO 负责推动数据资源的分类、分级和标准化工作。他们需要确保数据资源得到合理的分类和分级，以便针对不同种类和级别的数据制定不同的生命周期管理策略。同时，他们需要推动数据标准的制定，保障数据定义和使用的一致性、准确性和完整性。
- 持续改进与优化：CDO 需要持续关注数据资源设计的执行效果，并根据业务变化和技术发展进行持续改进和优化。他们需要确保数据资源设计能够持续满足组织的业务需求和数据管理要求。

总之，CDO 在数据资源设计中扮演着引领者、推动者和管理者的角色。他们通过制定数据战略、识别业务需求、认证权威数据源、确定架构框架、审核设计内容、推动数据分类分级与标准化以及持续改进与优化等方式，确保数据资源设计能够高效地支持组织的数据管理和使用。

4.2.3 CDO 与数据资源建设

如图 4-8 所示，CDO 在数据资源建设过程中扮演着核心角色。

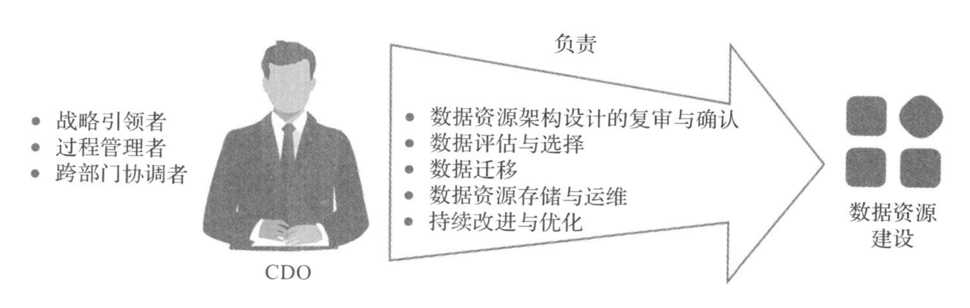

图 4-8　CDO 与数据资源建设

1. CDO 与数据资源建设的关系

（1）战略引领者

CDO 作为数据战略的主要制定者，需要将数据资源建设与组织的整体战略紧密结合。他们需要确保数据资源建设不仅满足当前业务需求，还符合组织的长期发展规划。

（2）过程管理者

CDO 负责管理整个数据资源建设的过程，包括设计复审、数据评估、数据迁移、数据存储与运维等各个环节。他们要确保这些环节能够高效、有序地进行。

（3）跨部门协调者

数据资源建设往往涉及多个部门之间的合作。CDO 作为跨部门协调者，需要确保不同部门之间的顺畅沟通，共同推进数据资源建设工作。

2. CDO 对数据资源的建设负责

（1）数据资源架构设计的复审与确认

CDO 负责复审和确认数据资源架构设计，确保设计符合业务需求和技术要求。他们可能会与业务部门和技术部门合作，共同对设计进行审查和修改。

（2）数据评估与选择

CDO 负责评估 OLTP 系统中的数据，确定哪些数据对分析有用，并选择需要迁移的数据源中的数据集。他们可能需要与业务部门和技术部门沟通，了解业务需求和技术限制，以便做出合理选择。

（3）数据迁移

CDO 负责审核详细的数据迁移计划，并监督计划的执行。他们可能需要与 ETL 工具提供商合作，确保数据能够准确、完整地迁移到 OLAP 系统中。在迁移过程中，CDO 还需要负责协调不同部门之间的资源分配和风险管理。

（4）数据资源存储与运维

CDO 负责组织设计数据资源模型，优化数据存储结构，以提高查询和分析的效率。他们还需要创建索引、实施数据分区等策略，以优化数据库性能。此外，CDO 还需要负责数据资源的日常运维工作，确保数据的准确性和安全性。

（5）持续改进与优化

CDO 需要持续关注数据资源建设的效果，并根据业务变化和技术发展进行持续改进和优化。他们可能会与业务部门和技术部门合作，共同评估数据资源建设的效果，并制定相应的改进措施。

总之，CDO 在数据资源建设过程中扮演着关键角色。他们不仅是战略引领者、过程管理者和跨部门协调者，还对数据资源建设的各个环节负责。通过 CDO 的努力，组织可以确保数据资源建设的高效、有序和成功。

4.2.4 CDO 与数据资源管理

如图 4-9 所示，CDO 在数据资源管理体系中扮演着至关重要的角色，与数据资源管理密切相关，并承担着对数据资源进行管理的核心职责。

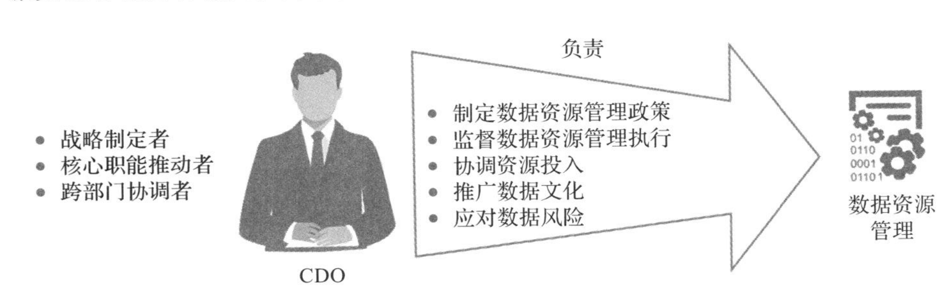

图 4-9　CDO 与数据资源管理

1. CDO 与数据资源管理的关系

（1）战略制定者

CDO 是组织数据战略的制定者，负责将数据资源管理纳入组织的整体战略规划中。他们了解组织的业务需求和发展目标，将数据资源作为组织的重要资产来管理和利用。

（2）核心职能推动者

CDO 推动数据资源管理体系中的核心职能的实施，包括数据资源架构管理、数据资源质量管理、数据资源风险管理以及数据资源生命周期管理。他们需要确保这些职能的有效运行，为组织提供高质量、安全合规的数据资源支持。

（3）跨部门协调者

数据资源管理涉及多个部门和团队的合作。CDO 作为跨部门协调者，需要促进不同部门之间的沟通和协作，确保数据资源管理体系的顺畅运行。

2. CDO 对数据资源的管理负责

（1）制定数据资源管理政策

CDO 负责制定数据资源管理的相关政策，明确数据资源管理的目标、原则、流程和标准。他们需要确保这些政策与组织的整体战略和业务需求相一致。

（2）监督数据资源管理执行

CDO 监督数据资源管理政策的执行情况，确保各项核心职能得到有效实施。他们通过定期评估、审计和监控等方式，确保数据资源管理体系的合规性和有效性。

（3）协调资源投入

CDO 协调组织内部和外部的资源投入，确保数据资源管理所需的资源得到充分保障。他们与相关部门合作，共同制定数据资源管理的预算和计划，并确保资源的合理分配和有效利用。

（4）推广数据文化

CDO 致力于推广数据文化，提高组织内部对数据资源的认识和重视程度。他们通过培训、宣传和交流等方式，增强员工的数据意识和数据素养，促进数据资源的有效利用和创新发展。

（5）应对数据风险

CDO 负责应对数据资源在生命周期中可能面临的风险。他们通过制定风险管理策略、建立风险评估机制、加强数据安全保护等措施，确保数据资源的安全性、完整性和合规性。

总之，CDO 在数据资源体系中发挥着核心作用，与数据资源管理密切相关。他们通过制定政策、监督执行、协调资源、推广文化和应对风险等方式，确保数据资源体系的有效运行和持续优化，为组织提供高质量、安全合规的数据资源支持。

4.3 CDO 与数据资产

经过了组织数据资源管理，组织的数据资源已经从无序变为了有序。那么对于组织而言，下一步就是要利用高质量的数据资源产生间接的和直接的经济效益。但是，并不是所有的数据资源都能带来价值。需要根据数据资产的需求，筛选和开发数据资源，形成不同种类的数据资产；然后对数据资产进行管理和应用，通过建立有效的数据资产管理体系，支撑多种形态的数据资产在组织内的应用和价值创造，以及数据资产在组织外部的流通和交易。

数据资产的生命周期包括数据资产形成、数据资产管理、数据资产流通等关键环节。

- 数据资产形成：是组织将数据资源转化为有价值、可管理、可利用的资产的过程。
- 数据资产管理：是规划、控制和提供数据资产的一组业务职能。数据资产管理是在数据资源管理的基础上，对数据资产应用与服务能力的建设与打造，既包括对内的支撑，也包括对外的支撑，为数据资产流通做好准备。数据资产管理涵盖了登记、使用、处置和监督等与数据资产实现相关的计划、政策、流程、方法、项目和程序，旨在控制、保护、交付和提高数据资产的价值。
- 数据资产流通：是指多领域不同属性的数据资产进行关联、融合，寻找更加有价值的数据信息，并为组织带来巨大经济利益的过程。在数据资产流通中，数据资产以多种形式，按照数据标准和市场流通模式，从提供方传递到需求方。数据资产流通的具体形式包括数据资产共用、数据资产开放和数据资产交易等。

4.3.1　CDO 与数据资产形成

在数据资产形成与建设的过程中，CDO 扮演着至关重要的角色。CDO 是负责组织数据战略、数据资源治理、数据资产管理及数据驱动创新的高级管理人员。他们与数据资产形成的关系如图 4-10 所示，体现在对数据资产的全生命周期管理，从需求识别、开发、登记与形成、管理和治理到价值挖掘和利用的每一个环节。

跨部门协作与沟通：与各业务部门、技术团队和利益相关者进行沟通和协作，确保数据资产能够满足各方需求并得到充分利用

数据资产需求识别	数据资产开发	数据资产登记与形成	数据资产管理和治理	数据资产的价值挖掘和利用
• 与业务部门紧密合作 • 深入理解业务需求和目标 • 关注市场趋势、技术发展以及法规要求 • 确保数据资产需求既满足当前业务需求，也符合未来发展趋势	• 指导团队选择合适的技术和工具 • 指导团队模型与挖掘算法的开发 • 确保数据资产开发的质量并符合相关法规要求	• 组织制定数据资产登记和管理的流程规范 • 组织建立数据资产的分类和标签体系 • 推动数据资产的共享和使用	• 建立和维护数据资产管理体系 • 推动数据治理活动的实施 • 确保数据资产得到合理、合规和高效的使用	• 关注数据资产的潜在价值 • 推动组织内部进行数据挖掘和分析 • 探索数据资产的商业化潜力和交易模式 • 实现数据资产的经济价值

图 4-10　CDO 与数据资产形成

1）数据资产需求识别：CDO 需要与业务部门紧密合作，深入理解业务需求和目标，从而准确识别出组织对数据资产的具体需求。CDO 还需要关注市场趋势、技术发展以及法规要求，确保数据资产需求既满足当前业务需求，也符合未来发展趋势。

2）数据资产开发：在数据资产开发阶段，CDO 负责指导团队选择合适的技术和工具，进行数据集、数据产品与服务、数据分析模型与挖掘算法的开发。CDO 还需要确保数据资产开发的质量、效率和安全性，确保数据资产能够满足业务需求并符合相关法规要求。

3）数据资产登记与形成：CDO 需要组织制定数据资产登记和管理的流程规范，确保不同种类的数据资产经过登记、合规性审核和发布等过程，形成标准化的数据资产。CDO 还需要建立数据资产的分类和标签体系，方便组织内部对数据资产进行检索、共享和使用。

4）数据资产管理和治理：CDO 负责建立和维护数据资产管理体系，包括数据资产流通管理、数据资产价值评估、数据资产安全策略、数据资产访问控制等。CDO 还需要推动数据治理活动的实施，确保数据资产得到合理、合规和高效的使用。

5）数据资产的价值挖掘和利用：CDO 需要关注数据资产的潜在价值，推动组织内部进行数据挖掘和分析，将数据转化为有价值的洞察和决策支持。CDO 还需要与业务部门合作，探索数据资产的商业化潜力和交易模式，实现数据资产的经济价值。

6）跨部门协作与沟通：在数据资产形成的过程中，CDO 需要与各业务部门、技术团队和利益相关者进行沟通和协作，确保数据资产能够满足各方需求并得到充分利用。

总之，CDO 在数据资产形成与建设的过程中发挥着核心作用，他们通过负责和管理数据资产的各个环节，推动组织实现数据驱动的业务创新和价值提升。

4.3.2 CDO 与数据资产管理

如图 4-11 所示，CDO 与数据资产管理之间的关系紧密且关键。CDO 作为组织的高层管理者，在数据资产管理中扮演着核心角色，对数据资产管理进行全面负责。

1. CDO 与数据资产管理的关系

1）战略制定者：CDO 负责制定组织的数据战略，确保数据资产管理与组织的整体战略保持一致。

2）管理者与执行者：CDO 负责数据资产管理的全面执行，包括数据资产需求管理、价值管理、流通管理、风险管理和生命周期管理等核心职能。

3）协调者：CDO 需要协调组织内部各个部门之间的数据资产管理活动，确保数据资产在组织内部得到充分利用和保护。

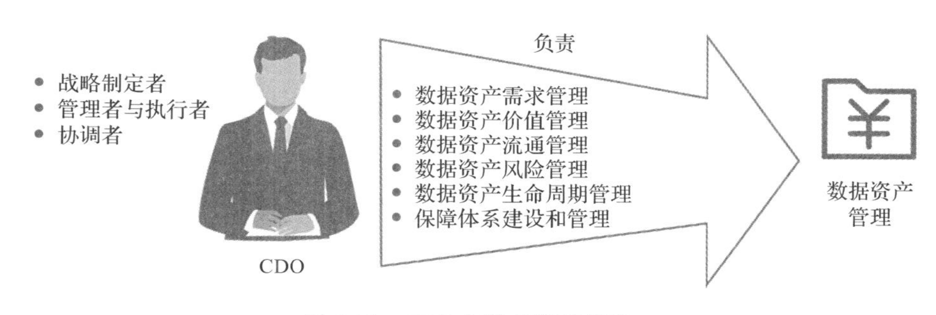

图 4-11　CDO 与数据资产管理

2. CDO 对数据资产管理进行负责

1）数据资产需求管理：CDO 负责组织识别和定义组织对数据资产的具体需求，确保数据资产能够满足组织的业务目标和战略需求。

2）数据资产价值管理：CDO 通过评估和提升数据资产的经济价值，为组织提供数据驱动的决策支持，促进业务增长和盈利能力。

3）数据资产流通管理：CDO 负责管理和控制数据资产的流通，确保数据资产在组织内部和外部的共享、交换、分发和变现过程中保持安全、合规和高效。

4）数据资产风险管理：CDO 建立完善的数据资产风险管理机制，确保数据资产在组织内部使用和外部流通时的安全和合规，降低数据风险对组织的影响。

5）数据资产生命周期管理：CDO 负责数据资产从登记、使用、流通、维护到最终退役的整个生命周期管理，确保数据资产在整个生命周期中得到有效管理和利用。

6）保障体系建设和管理：CDO 需要确保组织在数据资产管理方面投入足够的资金、资源和精力，包括管理组织、管理机制、标准规范、数据人才、平台工具、技术创新和文化素养等方面。同时，CDO 还需要推动系统 / 工具在线化、自动化的支持，减少人工投入导致的数据资产管理成本增加和静态化等问题。

在整个管理过程中，CDO 需要让组织的各个业务部门和管理部门参与数据资产管理的具体流程，包括盘点、识别、认定、确权、登记、流通、处置过程等。这样可以确保数据资产管理的全面性和有效性，同时提高组织对数据资产的认知和利用效率。

4.3.3 CDO 与数据资产流通

1. CDO 与数据资产流通的关系

CDO 与数据资产流通的关系密切，他们在推动数据资产流通的过程中扮演着至关重要的角色。如图 4-12 所示，CDO 作为组织内数据战略和管理的领导者，对数据资产流通的管理主要体现在以下几个方面。

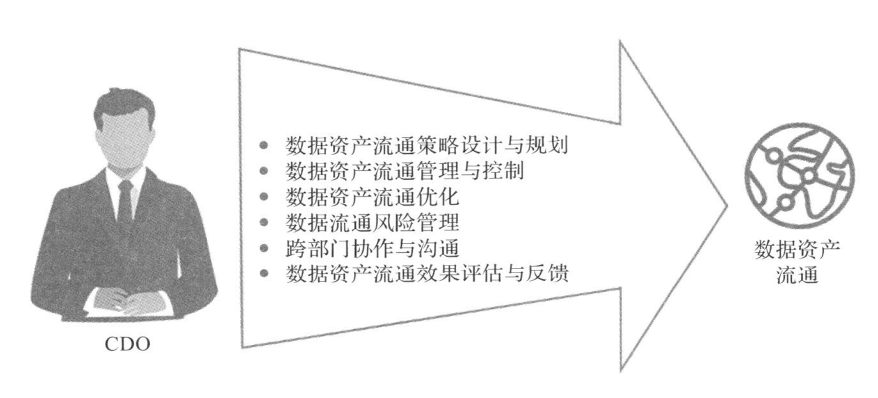

图 4-12　CDO 与数据资产流通

（1）数据资产流通策略设计与规划

CDO 负责职责制定和规划组织的数据资产流通策略，确保数据资产流通符合组织的整体战略和业务目标。他们需要考虑数据资产的类型、价值、市场需求、法律法规等因素，制定合适的流通策略，包括数据的定价、交易方式、合作伙伴选择等。

（2）数据资产流通管理与控制

CDO 负责管理和监督数据资产流通的全过程，包括数据资产的登记、确权、评估、交易、交付等环节。他们需要确保数据资产流通的合规性、安全性和效率，防止数据泄露、滥用等风险。

（3）数据资产流通优化

CDO 通过分析数据资产流通的效率和效果，识别存在的问题和瓶颈，提出改进措施和优化方案。他们可能引入新的技术、工具或平台，提升数据资产流通的自动化和智能化水平，降低管理成本。

（4）数据流通风险管理

CDO 负责组织团队识别、评估、监控和缓解数据资产流通过程中可能出现的各种风险，如法律风险、技术风险、市场风险等。他们需要制定风险应对策略和预案，确保在风险发生时能够迅速响应和处置。

（5）跨部门协作与沟通

CDO 需要与业务部门、技术部门、法务部门等多个部门密切合作，共同推动数据资产流通工作。他们需要协调各方利益，确保数据资产流通的顺利进行，并推动组织内部形成数据驱动的文化氛围。

（6）数据资产流通效果评估与反馈

CDO 需要定期评估数据资产流通的效果和价值，包括数据资产的交易量、交易金额、客户满意度等指标。他们需要根据评估结果调整和优化数据资产流通策略和管理措施，确保数据资产流通能够持续为组织创造价值。

总之，CDO 在数据资产流通过程中扮演着规划者、管理者、优化者和风险管理者等多重角色。他们通过制定策略、协调资源、推动实施和监控评估等方式，确保数据资产能够安全、高效、合规地在组织内外流通和交易，为组织带来直接的经济效益和价值。

2. CDO 如何实施数据资产流通

CDO 在实施数据资产流通时，需要采取一系列系统性的步骤和策略来确保数据资产的有效、安全、合规流通，如图 4-13 所示。

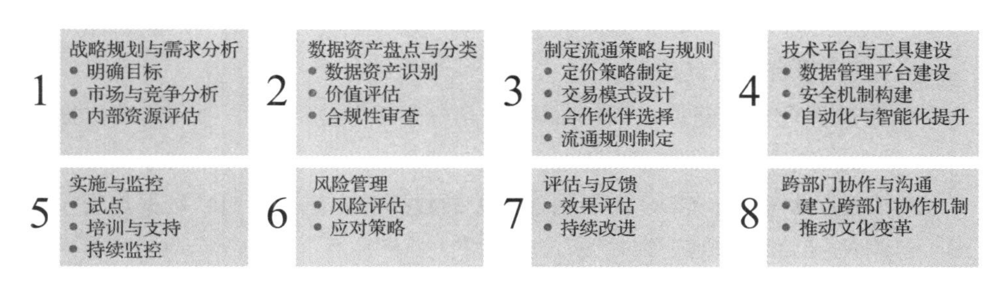

图 4-13　CDO 如何实施数据资产流通

（1）战略规划与需求分析

- 明确目标：CDO 应与高层管理层紧密合作，明确数据资产流通的目标，包括支持哪些业务目标、期望达到的经济收益，以及希望达成的行业地位等。

- 市场与竞争分析：CDO 需要了解市场上类似数据资产的流通情况、竞争对手的策略，以及潜在的市场需求。
- 内部资源评估：CDO 需要评估组织内部的数据资产、技术能力、法律合规状况及人力资源等，确定实施数据资产流通的可行性。

（2）数据资产盘点与分类

- 数据资产识别：CDO 需要全面梳理组织内外的数据资产，包括结构化、半结构化和非结构化数据。
- 价值评估：CDO 需要根据数据的业务价值、稀缺性、市场需求等因素，对数据资产进行分类和评估。
- 合规性审查：CDO 需要确保所有数据资产流通符合相关法律法规和行业标准。

（3）制定流通策略与规则

- 定价策略制定：CDO 需要根据数据资产的价值、市场需求及竞争情况，制定合理的定价策略。
- 交易模式设计：CDO 需要设计适合组织的数据交易模式，如直接销售、许可使用、数据服务等。
- 合作伙伴选择：CDO 需要筛选并评估潜在的合作伙伴，包括数据买家、数据服务商、技术提供商等。
- 流通规则制定：CDO 需要制定详细的数据流通规则，包括数据质量标准、交付方式、安全要求等。

（4）技术平台与工具建设

- 数据管理平台建设：CDO 需要建立或升级数据管理平台，实现数据资产的集中管理、监控和交易。
- 安全机制构建：CDO 需要构建强大的数据安全体系，包括数据加密、访问控制、审计追踪等。
- 自动化与智能化提升：CDO 需要引入 AI、大数据等技术，提升数据资产流通的自动化和智能化水平。

（5）实施与监控

- 试点：CDO 需要选择部分数据资产进行试点流通，以验证策略的有效性并收集反馈。

- 培训与支持：CDO 需要为相关团队提供必要的培训和支持，确保他们能够理解并执行数据资产流通的流程。
- 持续监控：CDO 需要对数据资产流通的全过程进行持续监控，确保合规性、安全性和效率。

（6）风险管理

- 风险评估：CDO 需要定期评估数据资产流通过程中的潜在风险，包括法律、技术、市场等方面的风险。
- 应对策略：CDO 需要制定风险应对策略，确保在风险发生时能够迅速响应和处置。

（7）评估与反馈

- 效果评估：CDO 需要定期评估数据资产流通的效果和价值，包括交易量、交易金额、客户满意度等。
- 持续改进：CDO 需要根据评估结果调整和优化数据资产流通策略和管理措施，确保持续改进和提升。

（8）跨部门协作与沟通

- 建立跨部门协作机制：CDO 需要确保业务部门、技术部门、法务部门等之间的顺畅沟通与合作。
- 推动文化变革：CDO 需要在组织内部推动形成数据驱动的文化氛围，提高员工对数据资产流通的认识和支持度。

通过以上步骤，CDO 可以系统地实施数据资产流通，为组织创造更大的经济价值和社会价值。

4.4　CDO 与数据治理

1. 数据治理方法

数据治理是一个系统化的过程，旨在确保数据的质量、安全性和有效利用。图 4-14 是组织数据治理的一般方法和步骤，以及每个阶段的主要活动。

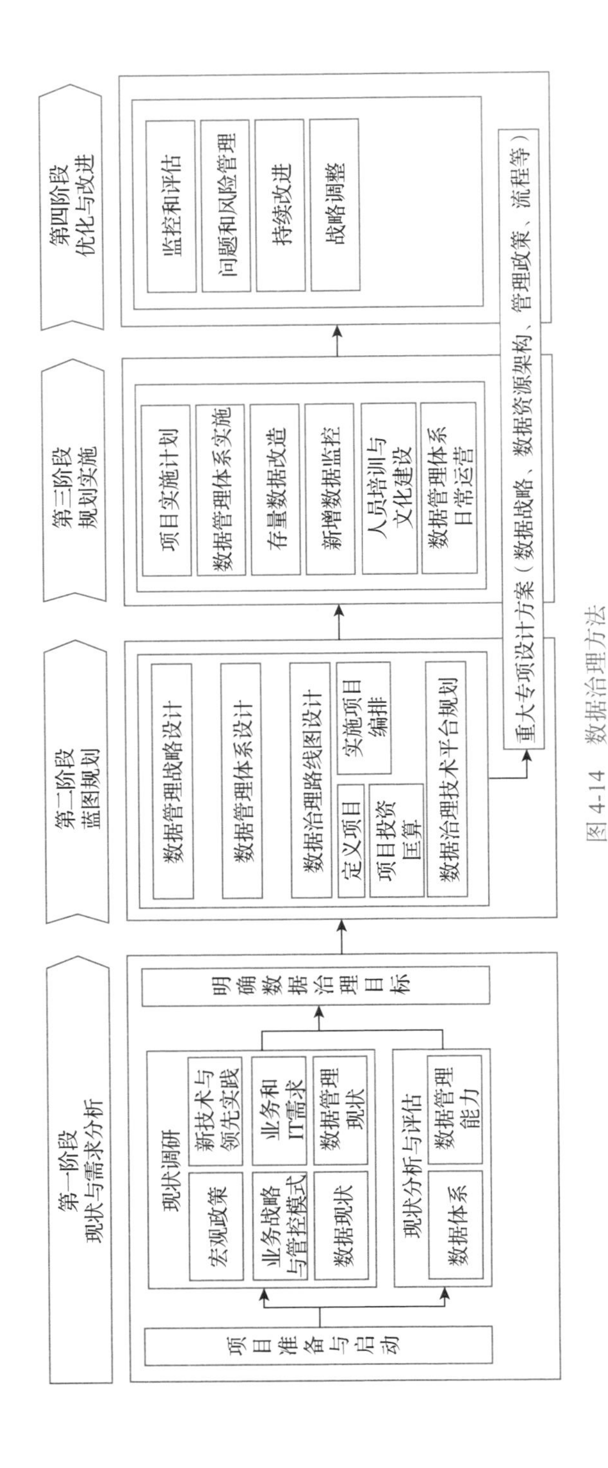

第一阶段
现状与需求分析
项目准备与启动
现状调研
宏观政策
业务战略与管控模式
数据现状
新技术与领先实践
业务和IT需求
数据管理现状
现状分析与评估
数据体系
数据管理能力
明确数据治理目标
第二阶段
蓝图规划
数据管理战略设计
数据管理体系设计
数据治理路线图设计
定义项目
项目投资匡算
实施项目编排
数据治理技术平台规划
重大专项设计方案（数据战略、数据资源架构、管理政策、流程等）
第三阶段
规划实施
项目实施计划
数据管理体系实施
存量数据改造
新增数据监控
人员培训与文化建设
数据管理体系日常运营
第四阶段
优化与改进
监控和评估
问题和风险管理
持续改进
战略调整

图 4-14 数据治理方法

（1）现状与需求分析阶段

目标：评估企业当前的数据管理状况，明确数据治理的需求和目标。

工作内容：

- 现状调研：包括数据现状、数据管理现状、宏观政策等。
- 现状分析与评估：了解业务流程和数据使用情况，收集和分析业务部门对数据治理的需求；分析企业现有的数据管理能力，包括数据质量、数据安全、数据架构等方面；识别当前数据管理中存在的问题和风险，如数据不一致、数据冗余等。
- 明确数据治理目标：基于现状评估和业务需求，明确数据治理的具体需求。

（2）蓝图规划阶段

目标：制定数据治理的长远规划和目标，设计数据管理体系的整体框架。

工作内容：

- 数据管理战略设计：根据企业的业务战略，制定组织数据管理的战略和目标。
- 数据管理体系设计：设计组织数据管理体系。
- 数据治理路线图设计：根据数据管理体系的现状和蓝图之间的差距，基于业务需求和数据实现本身的逻辑，对各项差距进行排序，形成数据治理实施路线图，设计数据治理项目群，并计算投入资源。
- 数据治理技术平台规划：规划所需的技术平台和工具，以支持数据治理的实施以及后续数据管理的实现。

（3）规划实施阶段

目标：根据蓝图规划，执行数据治理的具体计划和项目。

工作内容：

- 项目实施计划：制定详细的数据治理项目计划，包括时间表、资源分配和里程碑。
- 数据管理体系实施：设计和实施数据管理的政策、流程和制度，设计数据资源 / 资产管理职能，并选择合适的平台和工具，进行数据管理职能固化，实现数据管理体系。

- 存量数据改造：利用数据管理框架，逐步实现对存量数据的改造。
- 新增数据监控：利用数据管理框架，监督新增数据的高质量产生。
- 人员培训与文化建设：对相关人员进行数据管理培训，建立数据治理文化。
- 数据管理体系日常运行。

（4）优化与改进阶段

目标：持续优化数据治理实践，确保数据管理工作与企业战略和业务需求相一致。

工作内容：

- 监控和评估：监控数据管理体系实施的效果，定期进行评估。
- 问题和风险管理：识别实施过程中的问题和风险，及时进行管理。
- 持续改进：根据评估结果，制定改进措施，持续优化数据管理实践。
- 战略调整：随着企业战略和业务需求的变化，调整数据治理战略和规划。

通过这四个阶段的连续实施，企业能够建立起一套有效的数据管理体系，支持数据的高效管理和利用，为企业的数字化转型和业务发展提供坚实的基础。

2. CDO 与数据治理

组织治理是指社会特殊复杂系统的相关主体，为媾和相关主体利益、达成系统目的所采取的契约、指导、控制等所有方法措施制度化的过程与成果体现。它本身属于制度治理思想的延伸与深化，主要涉及组织战略、架构、文化、价值观的治理。对于高层组织，治理主要聚焦在战略和经营策略方面；对于中基层组织，则更侧重于组织责任、岗位、流程、效率、人员、薪酬等方面的治理。组织治理的目标是建设合规廉洁型组织、健康安全型组织、高效可持续发展型组织。

同样，组织中的数据治理则是组织中涉及数据生命周期的一整套管理行为，由组织数据管理部门发起并推行，旨在制定和实施针对整个组织内部数据的商业应用和技术管理的一系列政策和流程。数据治理的目标是提升数据的价值，是组织实现数字战略的基础。它关注如何从数据中获取商业价值，并确保数据治理活动都是为实现组织的业务价值服务。

在 3.4.1 节，我们提到了数据治理的两层含义。在这里，我们关注的是第二层含义“数据治理是一个过程集合，旨在通过对数据管理体系持续的评价、指导、监督和治理，确保数据管理体系按照数据战略和组织路线图落地和运行，保证数据在其整个生命周期中的高质量和可控性，以支持组织的商业目标。”即对数据管理体系的监督、指导和控制。

CDO 在数据治理全过程中扮演着至关重要的角色。他们应该实施以下措施来确保数据治理的成功实施。

- 明确数据治理愿景和目标：CDO 需要清晰地定义数据治理的愿景，并与组织的整体战略和业务目标保持一致。同时，CDO 需要设定具体、可衡量的数据治理目标，如提高数据质量、减少数据错误率、增强数据安全等。
- 组织制定详细的数据治理政策和流程：CDO 需要制定全面的数据治理政策，明确数据所有权、使用权、访问权等关键事项。同时，CDO 需要设计数据治理流程，包括数据收集、存储、处理、使用和共享等环节，确保治理流程符合治理政策。
- 构建数据治理组织架构和团队：CDO 需要设立专门的数据治理委员会或团队，明确各成员的角色和职责，并为数据治理团队提供必要的资源和支持，确保其工作的顺利进行。
- 实施数据治理监控与评估：CDO 需要建立数据治理的监控机制，定期检查和评估数据治理工作的执行情况；收集和分析数据治理的绩效指标，如数据质量提升率、数据安全事件减少率等，以评估数据治理的效果。
- 推动数据驱动的决策制定：CDO 需要倡导使用数据来支持决策制定过程，提高决策的准确性和效率。CDO 可以提供必要的数据分析和可视化工具，帮助决策者更好地理解数据和洞察业务趋势。
- 推动数据质量和元数据管理：CDO 需要建立数据质量标准，制定数据质量评估方法，确保数据的准确性和完整性；实施元数据管理策略，记录数据的来源、结构、用途等信息，便于数据管理和使用。
- 加强数据安全与隐私保护：CDO 需要制定数据安全策略，包括数据加密、访问控制、备份和恢复等措施；遵守数据隐私法规，确保用户数据的安全和合规使用。

- 提升数据文化的培育与推广：通过培训和宣传活动，提升全体员工的数据意识和数据素养。CDO 需要鼓励跨部门和跨项目的数据共享和合作，打破数据孤岛，提高数据利用效率。
- 持续改进和优化数据治理：CDO 需要持续关注行业发展趋势和技术进步，不断更新和优化数据治理策略和流程；鼓励员工提出改进建议和创新想法，促进数据治理工作的持续改进。
- 建立数据治理的沟通机制：CDO 需要定期向高层管理者报告数据治理的进展和成果，确保数据治理工作与组织战略保持一致；加强与业务部门的沟通与合作，确保数据治理工作能够满足业务需求并解决实际问题。

总的来说，CDO 需要全面、深入地参与数据治理的各个环节，确保数据治理工作的有效进行，为组织创造更大的价值。

4.5 CDO 与数据管理保障体系

CDO 与数据管理保障体系之间存在着密切的关系。数据管理保障体系是组织内部为确保数据的有效管理和利用而建立的一套完整的、系统的支持机制，而 CDO 则是该体系的核心领导者和推动者。

数据管理保障体系包括管理组织、管理机制、标准规范、数据人才、平台工具、数据技术创新、组织文化素养、数据治理等多个方面，旨在确保组织数据的准确性、一致性、可靠性和安全性，提高组织数据管理的效率和效能。数据管理保障体系为组织提供了数据管理的整体框架和指导原则，是数据资产得以有效利用的基础。

4.5.1 CDO 与数据管理组织

1. 数据管理组织的内容

一般来说，数据管理组织包括组织架构、岗位设置、团队建设、数据责任、绩效考核等内容，是各项数据职能工作开展的基础。对组织在数据管理和数据应用行使职责规划和控制，并指导各项数据职能的执行，以确保组织能有效落实数据战略目标。

- 组织架构：建立数据管理组织，建立数据体系配套的权责明确且内部沟通顺畅的组织，确保数据战略的实施。
- 岗位设置：建立数据管理所需的岗位，明确岗位的职责、任职要求等。
- 团队建设：制定团队培训、能力提升计划，通过引入内部、外部资源定期开展人员培训，提升团队人员的数据管理技能。
- 数据责任：进行管理权责划分、数据归口管理，明确数据所有人、管理人等相关角色，以及数据归口的具体管理人员。
- 绩效考核：建立绩效评价体系，根据团队人员职责、管理数据范围的划分，制定相关人员的绩效考核体系。

2. 数据管理组织的层级

数据管理组织的层级划分可以根据组织的规模、业务特点和实际需求进行灵活设计。一般而言，可以将其划分为如图 4-15 所示的几个层级。

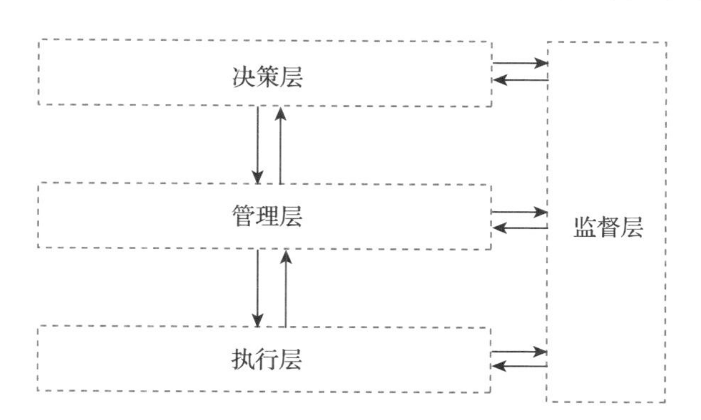

图 4-15　数据管理组织的层级

- 决策层：这是数据管理组织的最高层级，通常由 CDO 以及高层管理团队组成。他们负责制定数据管理战略，审批重大决策，制定数据管理政策和标准，并监督整个数据管理组织的运行情况。决策层的主要职责是确保数据管理战略与组织战略保持一致，为组织的数据管理和应用提供战略指导。
- 管理层：管理层负责执行决策层的决策，制定具体的数据管理计划，协调各个部门之间的数据管理工作，确保数据管理流程的顺畅运行。他们还需要对数据管理效果进行评估，向决策层提供反馈和建议。

- 执行层：执行层是数据管理组织的基础力量，包括数据资源管理团队、数据资产管理团队、数据流通管理团队、数据治理管理团队，还包含数据管理专员、数据架构师、数据建模师、数据分析师、数据工程师、数据科学家等具体执行数据管理和分析任务的专业人员。他们负责数据的采集、处理、分析、应用、管理工作，为组织的业务发展和决策提供数据支持。
- 监督层：监督层是指在数据管理组织中，负责监控和评估整个数据管理活动的一个层级。它确保数据管理的决策和执行过程符合组织的政策、标准和法律法规。监督层通常由数据治理委员会、审计部门或特定的监督团队组成。

此外，为了加强数据管理组织与其他部门的协同合作，还可以设置跨部门的协调机制，如数据管理委员会或数据治理委员会等。这些委员会可以由来自不同部门的数据管理专家和业务代表组成，共同推进数据管理工作，确保数据在组织内部得到有效利用。

3. CDO 与数据管理组织之间的关系

CDO 与数据管理组织之间的关系是领导与被领导、指导与被指导的关系。CDO 作为数据管理的高层负责人，负责制定数据管理战略，规划和设计数据政策和标准，并监督数据管理组织的执行情况。数据管理组织是 CDO 实现数据管理目标的重要载体，通过组织内部各层级的协同工作，确保数据的有效管理和利用。

CDO 建立的数据管理组织，应当是一个结构清晰、职责明确、协同高效的团队。这个团队需要能够全面覆盖数据的采集、存储、处理、分析和应用等各个环节，确保数据的质量、安全性和价值得到充分发挥。CDO 与数据管理组织之间的关系如图 4-16 所示。

- 明确数据管理战略：CDO 首先需要明确组织的数据管理战略，确定数据管理的目标、原则和重点。这有助于为数据管理组织提供明确的指导方向。

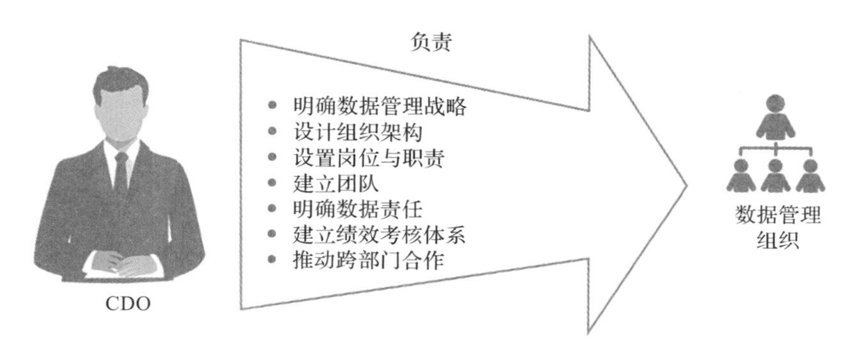

图 4-16　CDO 与数据管理组织之间的关系

- 设计组织架构：根据数据管理战略，CDO 需要设计合理的组织架构，确保数据管理活动的顺畅进行。这包括确定数据管理组织的层级、部门设置和人员配置等。
- 设置岗位与职责：CDO 需要明确数据管理组织中各个岗位的职责和任职要求，确保每个岗位都能充分发挥其作用。同时，CDO 还需要关注岗位之间的协作和沟通，确保数据管理活动的顺利进行。
- 建立团队：CDO 需要积极引入和培养数据管理专业人才，建立高效的数据管理团队。这包括制定团队培训、能力提升计划，通过内部、外部资源开展人员培训等。
- 明确数据责任：CDO 需要明确数据管理责任，确保数据归口管理。这包括明确数据所有人、管理人等相关角色，以及明确数据归口的具体管理人员。
- 建立绩效考核体系：CDO 需要建立科学的绩效考核体系，根据团队人员职责、管理数据范围的划分，制定相关人员的绩效考核标准。这有助于激励团队成员积极工作，提高数据管理效率。
- 推动跨部门合作：CDO 需要积极推动跨部门的数据管理合作，确保数据在组织内部得到有效利用。这可以通过建立数据管理委员会或数据治理委员会等跨部门协调机制来实现。

在建立数据管理组织的过程中，CDO 需要关注以下几个方面。

- 关注组织特点：CDO 在建设数据管理组织时，需要充分考虑组织的规模、业务特点和实际需求，确保数据管理组织能够符合组织的实际情况。

- 强化战略导向：CDO 需要确保数据管理战略与组织战略保持一致，将数据管理活动与组织的整体目标相结合，为组织的业务发展提供有力支持。
- 注重人才培养：CDO 需要关注数据管理人才的培养和引进，建立高效的数据管理团队。同时，CDO 还需要关注团队成员的职业发展，提供广阔的发展空间和良好的职业前景。
- 加强跨部门沟通：CDO 需要积极推动跨部门的数据管理合作，加强与其他部门的沟通和协作，确保数据在组织内部得到有效利用。
- 持续改进和优化：CDO 需要持续关注数据管理组织的运行情况，及时发现问题并进行改进和优化。这有助于不断提高数据管理效率和质量，为组织的业务发展提供有力保障。

综上所述，CDO 与数据管理组织之间是领导与被领导的关系，CDO 需要建立一个结构清晰、职责明确、协同高效的数据管理组织，通过合理的层级划分和职责分工，确保数据在组织内部得到有效管理和利用。

4.5.2 CDO 与数据管理机制

CDO 与数据管理机制之间存在着密切的关系。数据管理机制是组织内部为确保数据的有效管理、利用和保护而建立的一系列规则、流程和制度。CDO 作为数据管理机制的制定者、推动者和监督者，负责构建和完善这一机制，以确保数据在组织内部得到充分利用，同时避免数据泄露、滥用等风险。CDO 与数据管理机制的关系如图 4-17 所示。

1. 数据管理机制的内容

CDO 建立的数据管理机制，应该是一个全面、系统、协同的体系，覆盖数据的全生命周期管理，包括数据的收集、存储、处理、分析、共享和销毁等各个环节。具体来说，数据管理机制应该包括以下几个关键内容。

- 数据政策：制定明确的数据管理政策，包括组织级数据管理政策、各职能领域数据管理政策以及操作级别的工作细则和手册等。

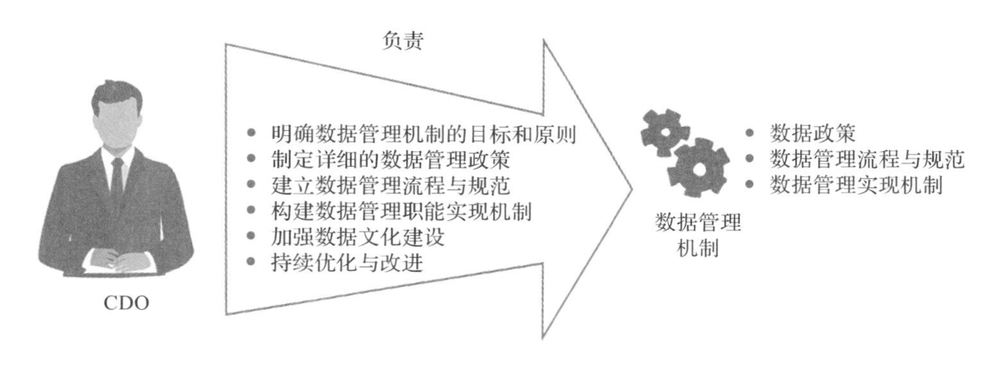

图 4-17　CDO 与数据管理机制

- 数据管理流程与规范：建立详细的数据管理流程，包括数据管理在数据的收集、存储、处理、分析和共享中的具体管理步骤和要求。这些流程应该确保数据的流动是高效、安全且合规的。同时，制定数据操作的规范，指导员工如何正确使用和管理数据。
- 数据管理实现机制：制定数据管理职能实现机制，划分数据管理权责，包括数据政策与标准管理机制、数据质量管理机制、数据安全与隐私保护机制、数据访问与共享机制、数据备份与恢复机制、数据生命周期管理机制、数据合规管理机制等。这些机制共同构成了组织的数据管理体系，确保了数据在组织内部的有效管理、利用和保护。根据组织的具体需求和业务特点，可以进一步细化和完善这些机制。

通过这些关键内容的构建和完善，CDO 可以建立一个全面、高效、安全的数据管理机制，为组织的数据管理提供有力的制度保障和流程保障。同时，这也有助于提升组织的数据利用价值，推动组织的数字化转型和创新发展。

2. CDO 如何建设数据管理机制

CDO 在建设数据管理机制时，需要采取一系列系统性的措施，以确保数据在组织内部得到全面、高效、安全的管理。以下是一些关键步骤和方法。

（1）明确数据管理机制的目标和原则

- 目标设定：CDO 需要明确数据管理机制的目标，如提升数据质量、确保数据安全、优化数据利用等。

- 原则确立：CDO 需要确立数据管理机制的基本原则，如合规性、完整性、准确性、保密性、可用性等。

（2）制定详细的数据管理政策

- 组织级政策：CDO 需要制定覆盖整个组织的数据管理政策，明确数据管理的总体框架和要求。
- 职能领域政策：CDO 需要根据各职能领域的特点，制定针对性的数据管理政策，如财务、人力资源、营销等部门的数据管理规范。
- 操作手册：CDO 需要编写详细的数据管理操作手册，指导员工在日常工作中如何正确地收集、存储、处理、分析和共享数据。

（3）建立数据管理流程与规范

- 流程设计：CDO 需要设计清晰的数据管理流程，包括数据的收集、清洗、整合、分析、存储、共享和销毁等各个环节。
- 规范制定：CDO 需要制定严格的数据操作规范，明确数据命名、格式、存储位置、访问权限等要求，确保数据的准确性和一致性。

（4）构建数据管理职能实现机制

- 数据管理组织架构：CDO 需要建立或优化数据管理组织架构，明确数据管理团队的职责和权限。
- 数据质量管理机制：CDO 需要建立数据质量管理机制，通过数据分析模型检验数据质量，并制定数据质量改进计划。
- 数据安全与隐私保护机制：CDO 需要加强数据安全防护，运用加密技术，严格管理数据访问权限，定期评估风险。同时，他们还需要建立数据隐私保护机制，确保个人数据的使用合法合规。
- 数据访问与共享机制：CDO 需要制定数据访问和共享机制，明确数据的共享范围、方式和权限，促进数据在组织内部的流通和利用。
- 数据备份与恢复机制：CDO 需要建立数据备份和恢复机制，确保数据在意外丢失或损坏时能够迅速恢复。
- 数据生命周期管理机制：CDO 需要根据数据的价值和业务需求，制定数据生命周期管理机制，包括数据的保留期限、归档和销毁等。
- 数据合规管理机制：CDO 需要建立全面的数据合规管理体系，确保数据采集、存储、处理、传输等各个环节都符合相关法律法规的要求。

（5）加强数据文化建设

- 培训与教育：CDO 需要通过举办数据培训和教育活动，提高员工对数据管理的认识和重视程度。
- 激励机制：CDO 需要建立数据管理的激励机制，鼓励员工积极参与数据管理和创新活动。
- 沟通与协作：CDO 需要加强跨部门之间的沟通与协作，形成数据管理的合力。

（6）持续优化与改进

- 定期评估：CDO 需要定期对数据管理机制进行评估，发现存在的问题和不足。
- 持续改进：CDO 需要根据评估结果，不断优化和改进数据管理机制，提升数据管理的效率和效果。

通过以上步骤和方法，CDO 可以逐步建立起一个全面、系统、协同的数据管理机制，为组织的数据管理提供有力的制度保障和流程保障。同时，这也有助于提升组织的数据利用价值，推动组织的数字化转型和创新发展。

4.5.3　CDO 与标准规范

数据标准（Data Standards）是指保障数据的内外部使用和交换的一致性和准确性的规范性约束。在数字化过程中，数据是业务活动在信息系统中的真实反映。由于业务对象在信息系统中以数据的形式存在，数据标准相关管理活动均需以业务为基础，并以标准的形式规范业务对象在各信息系统中的统一定义和应用，以提升企业在业务协同、监管合规、数据共享开放、数据分析应用等各方面的能力[1]。

对于组织而言，通俗来讲，数据标准就是对数据的命名、数据类型、长度、业务含义、计算口径、归属部门等，定义一套统一的规范，保证各业务系统对数据的统一理解、对数据定义和使用的一致性。

[1] 中国信息通信研究院云计算与大数据研究所，CCSA TC601 大数据技术标准推进委员会，数据标准管理实践白皮书（2022 版）。

在中国信息通信研究院云计算与大数据研究所和 CCSA TC601 大数据技术标准推进委员会联合发布的《数据标准管理实践白皮书》中关于数据标准有如下描述：数据标准有多种分类方式，对于不同的分类方式，均可采用以数据元为数据标准制定的基本单元构建数据标准体系。

数据可以分为基础类数据和指标类数据。基础类数据指业务流程中直接产生的，未经过加工和处理的基础业务信息。指标类数据是指具备统计意义的基础类数据，通常由一个或以上的基础数据根据一定的统计规则计算而得到。相应地，数据标准也可以分为基础类数据标准和指标类数据标准。

- 基础类数据标准是为了统一企业所有业务活动相关数据的一致性和准确性，解决业务间数据一致性和数据整合，按照数据标准管理过程制定的数据标准。
- 指标类数据标准一般分为基础指标标准和计算指标（又称组合指标）标准。基础指标具有特定业务和经济含义，且仅能通过基础类数据加工获得，计算指标通常由两个以上基础指标计算得出。并非所有基础类数据和指标类数据都应纳入数据标准的管辖范围。数据标准管辖的数据，通常只是需要在各业务条线、各信息系统之间实现共享和交换的数据，以及为满足监控机构、上级主管部门、各级政府部门的数据报送要求而需要的数据。

CDO 与数据标准规范的关系非常密切。CDO 在组织中担任着制定、推动和监督数据标准规范实施的重要角色。数据标准规范是组织数据管理的基石，它确保了数据的准确性、一致性、可靠性和安全性，为组织的数据应用提供了坚实的基础。

CDO 应该建立的数据标准规范应该是一个全面、系统、灵活且适应性强的体系。具体来说，CDO 应该采取以下措施。

- 确保标准的全面覆盖：数据标准规范应涵盖数据的全生命周期，包括数据的收集、存储、处理、分析和共享等各个环节。
- 关注业务和技术需求：在制定数据标准时，CDO 需要深入了解业务需求和技术要求，确保标准能够真正满足组织的实际需求。
- 推动标准的实施和监督：CDO 不仅要组织制定数据标准规范，还要推动其在组织内部的实施，并监督其执行情况，确保标准得到有效遵守。

- 持续优化和更新标准：随着业务的发展和技术的进步，数据标准规范也需要不断进行优化和更新。CDO 应该定期评估现有标准的适用性，并根据需要进行调整和完善。

通过建立和实施有效的数据标准规范，CDO 可以帮助组织提高数据质量、降低数据风险、提升数据价值，从而推动组织的数字化转型和创新发展。

4.5.4 CDO 与数据人才

数据人才建设是组织在数字化时代中不可或缺的一环，它涉及数据相关人才的招募、培养、管理和激励等多个方面。具体的内容包括以下几个方面。

- 人才招募：根据组织的需求，招募具有不同专业背景和技能的数据人才，如数据科学家、数据分析师、数据工程师等。这需要制定明确的职位描述和招聘标准，并通过各种渠道进行招聘宣传。
- 人才培训：为现有员工提供与数据相关的培训和教育，以提高他们的数据素养和技能水平。这可以包括线上课程、工作坊、内部培训等多种形式。
- 人才管理：建立完善的人才管理机制，包括绩效考核、晋升路径、薪酬激励等，以确保数据人才能够在组织中得到充分的发展和认可。
- 人才梯队建设：根据组织的发展战略和业务需求，构建合理的数据人才梯队，确保在不同层次和领域都有合适的人才储备。

CDO 在数据人才建设中扮演着至关重要的角色。他们是组织数据战略的制定者和执行者，对数据人才的需求、培养和管理有着深刻地理解和把握。CDO 与数据人才建设之间的关系是相辅相成的，CDO 需要依靠数据人才来实现组织的数据战略，而数据人才则需要 CDO 的指导和支持来更好地发挥他们的作用。

为了建立符合组织要求的数据人才梯队，CDO 应该采取以下措施。

- 明确组织需求：CDO 需要深入了解组织的业务目标和发展战略，明确对数据人才的需求和期望。
- 制定人才规划：CDO 需要基于组织需求，组织制定数据人才的发展规划，包括人才的招募、培养、使用和留任等方面。

- 建立培训体系：CDO 需要设计并实施全面的培训体系，包括培训课程、实践机会和职业发展路径等，以提升数据人才的专业技能和综合素质。
- 优化人才管理：CDO 需要建立公平、透明的人才管理机制，通过绩效考核、激励机制等方式，激发数据人才的积极性和创造力。

总之，CDO 应该根据组织的实际情况和需求，制定合理的数据人才建设策略，并通过有效的人才管理，推动数据人才在组织中的成长和发展，从而为组织的数字化转型和业务发展提供有力支持。

4.5.5 CDO 与平台工具

数据平台工具建设涉及多方面的内容，旨在构建一个高效、稳定且灵活的数据处理、存储和分析、流通环境。以下是数据平台工具建设主要包括的几个方面。

- 硬件与基础设施：包括服务器、存储设备、网络设备等硬件设施的配置和部署。这需要根据组织的数据量和处理需求来确定服务器数量和规格，选择高性能存储设备，保证网络带宽和稳定性。
- 软件环境：涉及操作系统、数据库管理系统、数据处理引擎等软件的选择和配置。例如，根据具体需求选择适合的操作系统和数据库管理系统，如 Linux 操作系统和 Hadoop 分布式文件系统。同时，选择合适的数据处理引擎，如 Spark、Hive 等。
- 数据采集与存储：需要构建数据采集机制，确保从各种来源（包括结构化数据和非结构化数据）有效收集数据。同时，还需要设计高效和可扩展的数据存储方案，利用分布式文件系统、关系型数据库、NoSQL 数据库等技术进行数据存储，并进行容量规划和数据备份策略的制定。
- 数据服务与管理：数据平台需要提供数据服务，确保数据资产和数据用户之间的有效连接。这通常涉及 API 的设计和实施，为业务提供直接价值的数据支持。此外，还需要进行数据的开发、调度、运维监控等管理活动。

CDO 在数据平台工具建设中扮演着关键角色。他们是数据管理的领导者，需要确保数据平台的建设与组织的战略目标和业务需求紧密结合。CDO 不仅需要对最新的大数据理论、技术和方法有深入了解，还需要具备全面的知识结构和较强的创新、组织和协调能力，以推动数据平台工具的建设和优化。

为了建设符合组织要求的数据平台工具，CDO 需要采取以下措施。

- 明确需求与目标：CDO 应深入了解组织的业务需求和数据使用场景，确定数据平台的建设目标和期望效果。
- 制定建设规划：CDO 需要基于需求分析，组织制定详细的数据平台建设规划，包括硬件和软件的选择、数据采集与存储策略、数据服务与管理机制等。
- 组织与实施：CDO 需要协调各部门和团队，确保数据平台建设的顺利进行。这包括硬件设备的采购与部署、软件环境的搭建与配置、数据采集与存储方案的实施等。
- 监控与优化：CDO 需要在数据平台运行过程中，持续监控其性能和稳定性，并根据实际情况进行调整和优化。

总之，CDO 需要全面考虑组织的业务需求、技术现状和发展趋势，建设一个既满足当前需求又具有前瞻性的数据平台工具。通过有效的数据平台工具建设，组织可以提高数据处理效率、优化决策过程并推动业务的创新发展。

4.5.6 CDO 与数据技术创新

CDO 与数据技术创新之间存在密切的关系。CDO 作为组织内部数据管理的最高负责人，不仅需要对现有的数据管理策略和流程有深入地理解，还需要密切关注数据技术的最新发展，以便将这些创新技术应用到实际的数据管理工作中，推动组织的数据管理能力不断提升。

对于数据技术创新，CDO 应该持开放和积极的态度。技术创新是推动数据管理领域不断发展的重要动力，CDO 需要敏锐地捕捉到这些创新技术的潜力，评估其对组织数据管理的潜在影响，并决定是否将其引入组织。同时，CDO 也需要意识到技术创新可能带来的风险和挑战，如技术成熟度、安全性、合规性等问题，确保在引入新技术时能够充分考虑这些因素。

要实现数据技术创新，CDO 可以从以下几个方面入手。

- 了解技术趋势：CDO 需要持续关注数据技术的最新发展，了解各种新技术的基本原理、应用场景和优势劣势。这可以通过参加行业会议、阅读专业文献、与同行交流等方式实现。

- 评估技术适用性：对于每一种新技术，CDO 需要评估其是否适用于组织的业务需求和数据管理现状。这需要考虑组织的规模、业务特点、数据规模和质量等因素。
- 制定技术引入计划：在决定引入某项新技术后，CDO 需要制定详细的引入计划，包括技术选型、实施步骤、时间表、预算等。同时，CDO 还需要考虑如何与现有的数据管理系统和流程进行集成。
- 推动技术实施与培训：在技术实施过程中，CDO 需要协调各个部门和团队，确保技术能够顺利部署和应用。同时，CDO 还需要组织相关培训，提高员工对新技术的认识和使用能力。
- 监控与评估技术创新效果：在技术创新实施后，CDO 需要定期监控和评估其效果，包括数据质量、数据处理速度、业务效率等方面的改善情况。这有助于了解技术创新是否达到了预期目标，并为后续的技术创新提供经验和教训。

综上所述，CDO 与数据技术创新的关系非常密切，CDO 需要持开放态度并积极推动技术创新，通过了解技术趋势、评估技术适用性、制定引入计划、推动实施与培训以及监控与评估技术创新效果等方式，实现数据技术创新并推动组织的数据管理能力不断提升。

4.5.7 CDO 与组织文化素养

CDO 与组织文化素养之间的关系是相辅相成的。组织文化素养是组织内部员工共同遵循的价值观、信仰和行为规范的总和，它塑造了组织的工作氛围和行事风格。而 CDO 则是推动数据管理和应用的核心角色，他们致力于在组织中建立以数据为核心的工作方式和决策机制。

对于组织文化素养，CDO 应该持有尊重和敬畏的态度。他们需要深入了解组织的文化特点，包括员工对数据的态度、数据在决策中的地位以及组织对数据的重视程度等。通过理解组织文化，CDO 可以更好地制定数据战略，使其与组织的核心价值观和期望行为相契合。

要实现数据驱动的组织文化素养，CDO 可以从以下几个方面入手。

1）CDO 需要积极倡导数据文化。他们可以通过演讲、培训、内部宣传等方式，向员工普及数据的重要性，并解释数据如何帮助组织做出更好的决策。同时，他们还可以分享成功的数据应用案例，激发员工对数据的兴趣和热情。

2）CDO 需要推动数据素养的提升。数据素养是指员工具备获取、分析、解读和应用数据的能力。CDO 可以组织相关的培训课程，帮助员工提升数据技能，并鼓励他们在实际工作中积极应用数据。

3）CDO 还需要与业务部门紧密合作，共同推动数据驱动的决策和实践。他们可以与业务部门共同制定数据应用的目标和计划，并提供必要的数据支持和指导。通过跨部门合作，CDO 可以促进数据在组织中的广泛应用和深入融合。

4）CDO 还需要关注数据治理和伦理问题。随着数据在组织中的重要性不断提升，数据安全和隐私保护等问题也日益凸显。CDO 需要制定和完善数据治理政策，确保数据的合规性和安全性，并倡导员工遵守数据伦理规范。

综上所述，CDO 与组织文化素养之间存在密切关系。他们需要尊重并理解组织文化，通过积极倡导数据文化、推动数据素养的提升、与业务部门紧密合作以及关注数据治理和伦理问题等方式，实现数据驱动的组织文化素养，推动组织在数字化时代取得更大的成功。

第 5 章 CHAPTER

CDO 的岗位职责与考核

随着数据驱动决策成为企业运营的核心，CDO 的角色越发重要，其职责和考核标准的明确对于组织的长期发展至关重要。

首先，我们将从 CDO 角色的划分与演变入手，分析 CDO 在组织中扮演的不同角色和工作重点。CDO 的角色不仅涉及数据的管理，更需要具备战略眼光和跨部门协作能力，以推动数据的价值实现。同时，随着组织数字化转型的深入，CDO 的角色也在不断演变，需要不断适应新的需求和挑战。

其次，我们将详细阐述 CDO 的岗位职责，包括不同机构对 CDO 岗位职责的定位以及 CDO 所应承担的核心任务。这些任务不仅涵盖数据管理、分析和应用等方面，还包括数据战略制定、数据资源治理、数据资产管理、数据文化培育等方面。通过对 CDO 岗位职责的明确，可以为组织招聘和培养 CDO 提供有力的指导。

再次，我们将探讨如何发挥 CDO 的价值，这涉及组织文化、组织结构、人才激励等多个方面。通过为 CDO 提供充分的支持和资源，可以使其更好地履行职责，为组织带来更大的价值。

最后，我们将重点关注 CDO 的绩效考核体系。绩效考核是评估 CDO 工作成果和价值的重要手段。我们将从考核内容、考核指标、考核形式和绩效考核的目的与意义等方面进行分析，并探讨如何设定合理的考核对象、考核指标和考核内容。科学的绩效考核体系可以激励 CDO 更好地发挥作用，推动组织数据驱动战略的实施。

5.1　CDO 的角色划分与演变

CDO 已经逐渐被学术界和实践者认为是组织数据战略以及数据驱动战略变革的主要设计者、组织者和推动执行者。

5.1.1　CDO 角色划分的 3 个关键维度

为了便于大家理解 CDO 的角色，这里定义了 CDO 角色划分的 3 个关键维度：数据范围、管理范围和合作方向[1]，如图 5-1 所示。

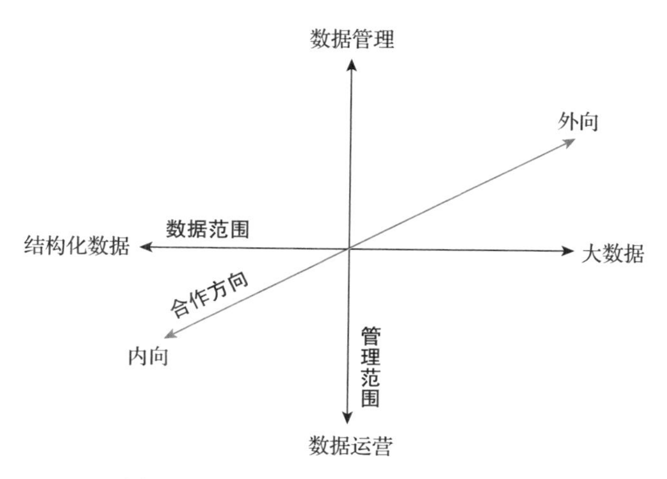

图 5-1　CDO 角色划分的 3 个关键维度

[1] 张宏云，黄伟，徐宗本，等. 大数据领导：首席数据官 [M]. 北京：高等教育出版社，2019.

1. 数据范围

在数据范围维度，CDO 的角色定位聚焦于两个主要方面：传统结构化数据和多样化的大数据。

当工作焦点面向传统结构化数据时，CDO 主要专注于传统数据管理活动。这是因为传统数据，如客户关系管理（CRM）系统、企业资源规划（ERP）系统等产生的数据，是组织日常运营的基石。缺乏稳定且准确的数据基础，组织的运营效率和决策质量都将受到严重影响。

当工作焦点面向多样化的大数据时，CDO 则致力于管理和分析各种来源的多样化数据，如社交媒体数据、物联网（IoT）数据等，以从中获取新的洞察和见解。这些数据通常与传统的交易数据或关系数据库系统不直接相关，但能为组织提供独特的视角，支持运营优化或基于新见解发展新的商业战略。

2. 管理范围

在管理范围维度，CDO 的工作重心可以分为数据管理和数据运营两个方面。

当管理重心偏向于数据管理时，CDO 的主要职责是确保组织内部数据的准确性、完整性和合规性。他们通过制定和执行数据治理策略、数据质量标准和数据安全措施，为组织提供高质量且合规的数据支持。

而当管理重心偏向于数据运营时，CDO 则致力于通过数据驱动的方式来改善组织的业务运营或开发新的战略机会。他们与业务部门紧密合作，利用数据分析来洞察市场趋势、客户需求和运营效率，为组织创造更大的价值。

3. 合作方向

合作方向维度主要描述了 CDO 在工作中是更倾向于面向组织内部还是面向组织外部。

当工作焦点面向组织内部时，CDO 致力于与内部业务利益相关者合作，关注与内部业务流程相关的数据需求。他们与各部门协作，确保数据的内部有效共享和使用，支持内部决策和业务优化。

而当工作焦点面向组织外部时，CDO 则关注外部环境中的利益相关者，如顾客、合作伙伴、供应商和监管机构等。他们致力于与外部合作伙伴建立紧密的合作关系，共同推动业务发展和创新。在这个过程中，CDO 还需要关注外部报告的提交，确保与外部利益相关者之间的信息沟通和透明度。通过改善与外部合作伙伴的关系，CDO 为组织创造更多的商业机会和竞争优势。

5.1.2　CDO 的角色划分及工作重点

基于 CDO 角色划分的 3 个关键维度，可以定义 CDO 的 8 种职责，如图 5-2 所示，这些职责对应 CDO 角色划分的 3 个关键维度所形成立方体的 8 个角。

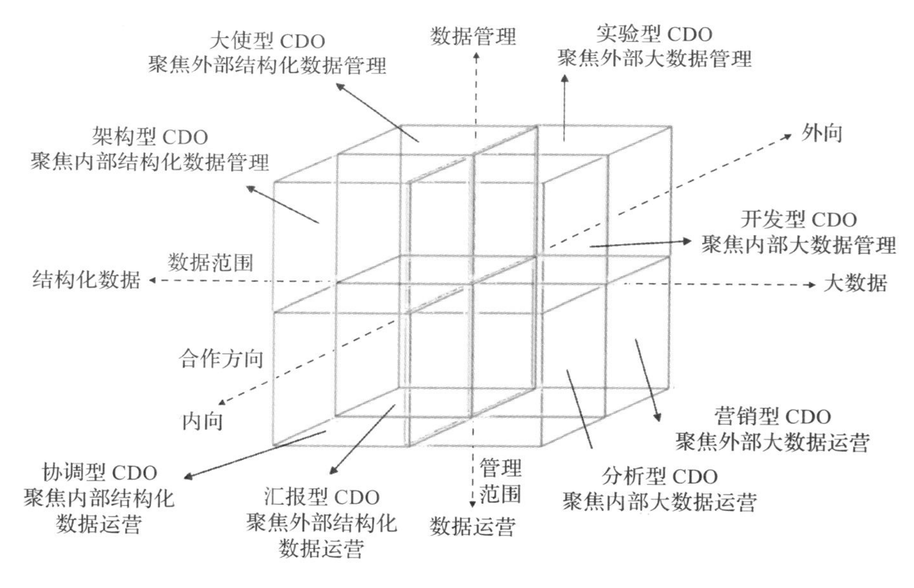

图 5-2　CDO 的角色划分及工作重点

注意，对这些角色的理解不应局限于名称的字面意思，那只是对立方体模型每个角所代表的角色的简单命名。

在任何时刻，一个 CDO 都会有多重职责，但是其中必然有一个主要职责。此外，一个 CDO 在任期内的主要职责也会随时间和组织环境的变化而发生变化。

（1）架构型 CDO：聚焦内部结构化数据管理

架构型 CDO 在组织中扮演关键角色，专注于内部结构化数据的整体架构和管理。他们不仅关注数据资源的存储和安全性，还深入研究数据的结构、质量和可用性。通过构建和维护一个高效的数据资源架构，架构型 CDO 为组织提供了强大的数据治理基础，使组织能够基于数据洞察发掘新的战略机会，推动业务向数据驱动型发展。

（2）协调型 CDO：聚焦内部结构化数据运营

协调型 CDO 致力于促进组织内部各部门之间的数据资产合作与共享。他们深入了解各部门的数据资产需求和使用情况，建立跨部门的数据资产共享机制，确保数据资产的内部高效利用。通过提供高质量的数据资产，协调型 CDO 为组织的经营决策提供有力支持，帮助各部门提升业务绩效。

（3）大使型 CDO：聚焦外部结构化数据管理

大使型 CDO 是组织与外部数据政策和商业策略之间的桥梁。他们密切关注行业动态和政策变化，与外部合作伙伴保持紧密联系，促进组织在数据领域的合作与交流。大使型 CDO 不仅关注传统结构化数据的战略价值，还积极寻求新数据源，为组织创造更多商业机会。

（4）汇报型 CDO：聚焦外部结构化数据运营

在监管严格的行业中，如金融和医疗行业，汇报型 CDO 扮演着至关重要的角色。他们确保组织的数据符合外部报告要求，提供准确、一致的交易数据，支持外部报告的编制和提交。通过严格的数据管理和质量控制，汇报型 CDO 帮助组织降低风险，保持合规性，赢得客户和监管机构的信任。

（5）开发型 CDO：聚焦内部大数据管理

开发型 CDO 专注于组织内部大数据的管理和应用。他们深入了解大数据的特点和价值，与各部门紧密合作，挖掘大数据中的潜在价值。通过开发新的数据分析方法和工具，开发型 CDO 为组织发现新的商业机会，推动创新发展。他们致力于将数据转化为实际的商业价值，提升组织的竞争力。

（6）分析型 CDO：聚焦内部大数据运营

分析型 CDO 侧重于通过大数据改善组织内部经营绩效。他们运用先进的数据分析和处理技术，对组织内部的数据进行深入挖掘和分析，提供关键的业务洞察和决策支持。分析型 CDO 具备出色的数据敏感性和分析能力，能够帮助组织优化运营流程，提高决策质量，推动业务持续增长。

（7）实验型 CDO：聚焦外部大数据管理

实验型 CDO 致力于与外部合作伙伴共同探索基于大数据的新市场和新产

品。他们勇于尝试新的大数据分析方法和应用场景，通过行业内的合作关系获取多样化的数据源。实验型 CDO 不断挑战传统思维，勇于探索未知领域，为组织创造新的市场机会和商业策略。他们的工作为组织的创新发展提供了源源不断的动力。

（8）营销型 CDO：聚焦外部大数据运营

营销型 CDO 专注于与外部数据合作伙伴和利益相关者建立关系，利用大数据提升外部数据服务的质量。他们深入了解市场需求和竞争态势，通过数据驱动的方式制定营销策略和推广计划。营销型 CDO 通常出现在数据产品公司，他们与零售商、金融机构和运输公司等客户紧密合作，通过提供高质量的数据产品和服务，增强客户关系，推动产品销售和增长。

5.1.3 CDO 角色的演变

不同的组织，由于业务形态和需求不同，CDO 的定位也不同。在某些组织中，风险、合规性和法规可能是创建 CDO 角色的驱动因素，其关注点相对狭窄和专业。而在其他组织中，创建 CDO 角色的驱动因素可能更广泛，可能包括运营组织数据，给组织带来经济价值。

从本质上讲，CDO 的角色必须与围绕其数据战略的组织成熟度相关联。可将 CDO 角色的演变分为四类，如图 5-3 所示。

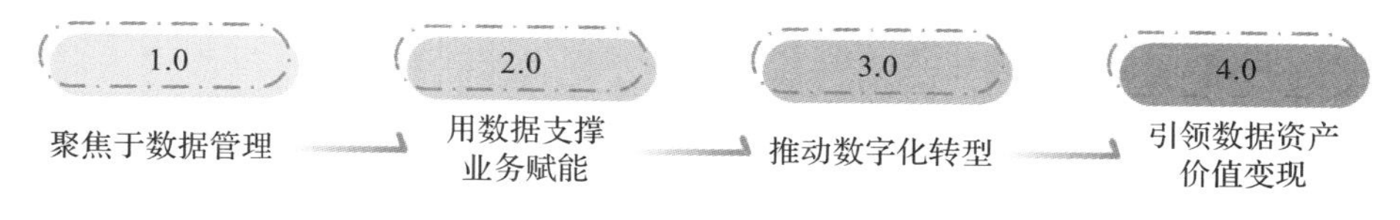

图 5-3 CDO 角色的演变

（1）CDO 1.0：聚焦于数据管理

工作重心：主要关注传统数据的管理活动，确保数据的准确性、完整性和合规性。这包括数据控制、质量管理、维护、保护和治理等方面的工作。

（2）CDO 2.0：用数据支撑业务赋能

工作重心：在数据管理的基础上引入数据分析的概念，利用数据为组织提供洞察和决策支持。在这一阶段 CDO 开始关注数据驱动的业务决策。

（3）CDO 3.0：推动数字化转型

工作重心：作为数字化转型的舵手，CDO 深度参与并引领企业的业务模式创新、流程优化和决策智能化。他们识别并引入前沿数据技术（如 AI、云计算等），构建或升级数据平台，提升数据处理、分析和洞察的能力。

（4）CDO 4.0：引领数据资产价值变现

工作重心：将数据视为重要资产，通过有效管理和运营提升其价值。这包括识别高价值数据源，优化数据采集与整合流程，开发数据产品与服务，以及探索数据变现途径（如数据交易、数据服务外包等）。CDO 在这一阶段更多地关注数据的商业化利用。

总的来说，CDO 角色的演变反映了数据战略在组织中日益重要的地位，以及数据技术和管理理念的不断发展。从专注于数据管理的 CDO 1.0 到引领数据资产价值变现的 CDO 4.0，CDO 的角色越来越倾向于组织的战略伙伴，从成本中心向利润中心转变，利用数据驱动组织业务增长和创新。

5.2 CDO 的岗位职责

5.2.1 不同机构对 CDO 岗位职责的定位

为了更好地支持 CDO 在组织中“生根发芽，开花结果”，我们首先要探讨 CDO 的一般职责范围是什么。㊀

1）全球最大的猎头机构之一 DHR（2013）认为 CDO 主要职责是负责大数据收集、使用和制定公司数据战略。

2）国内易观智库（2015）认为数据管理与保护、决策支持、数据风险监控是 CDO 的重要职能。

3）嘉信理财的全球数据官 Andrew Salesky 对 CDO 的职责范围有一个很有意思的比喻，他认为 CDO 的职责范围可以看作凳子上的 3 条腿：第一条是“数据腿”，是对数据本身的维护、保护和治理；第二条是“分析腿”，是数据分析

㊀ 孙宁．首席数据官：从哪里来？到哪里去？ [EB/OL].（2022-03-23）[2024-03-24]. https://mp.weixin.qq.com/s/yPOyBpF_3hgl23bgZG-Gfg.

和从数据中获取价值的能力；第三条是“技术腿”，是获取、集成、存储数据的基础技术。CDO 可以管理其中的一条、两条或者全部，这视每一个公司的具体情况而定。

4）毕马威（2016）认为 CDO 主要有以下 8 方面的工作职责：作为数据和数据分析的传播者和拥护者；促进数据共享；制定数据政策和指导方针；协调跨部门数据及数据分析；制定数据标准；支持数据治理；提供数据服务；领导数据战略和制订计划。

5）《理解首席数据官》作者 Julie Steele（2016）认为 CDO 不仅要关注日常微观战术细节，也要考虑到宏观战略，其具体职责包括：

- 负责战略和执行、长期和短期预算之间的平衡（Balance）；
- 负责数据治理运营框架，并从数据中获取价值；
- 以支持业务目标为中心，驱动数据项目，并安排优先级（Prioritization）；
- 负责数据驱动的宣传和文化变革；
- 作为业务和技术之间的桥梁。

6）IBM 商业价值研究院（2016）认为 CDO 包括 3 项职责：

- 数据集成者，主要负责实施现代化的内部集成数据；
- 业务优化者，利用数据，最大限度地提高内部业务流程和以客户为中心的业务流程的效率；
- 市场创新者，帮助组织成为数字化颠覆者，让数据实现经济效益。

7）聂钰、肖忠东、冯泰文和 Talburt（2018）对美国多家企业的 CDO 研究显示，CDO 最重要的角色是数据管理者和商业价值挖掘者，同时承担着决策制定者、协调者、数据概念及技能推广者的工作。

8）普华永道思略特（2021）认为 CDO 在公司中主要承担以下 6 项工作：与 CEO 保持沟通，确保董事会对数据战略、数据管理进行关注和认可；与企业战略和业务目标保持一致，制定企业数据战略；负责制定数据政策和标准，提升数据质量，确保数据监管合规合法；对数据进行采集、共享、商业化管理；推动数据项目；建设企业数据文化，提升员工数据能力。

9）锦囊专家发布的《2021 中国首席数据官白皮书》指出，通过数据推动业务持续增长是 CDO 的关键工作。CDO 要通过制定数据管理标准与制度，设立数据管理部门及人员，完成数据分析报告以支持业务的增长。

10）《DAMA 数据管理知识体系指南（第 2 版）》（DAMA DMBOK2）一书认为 CDO 主要有 6 方面的常见任务：建立组织数据战略；使以数据为中心的需求与可用的 IT 和业务资源保持一致；建立数据治理标准、政策和程序；为业务提供建议以实现数据能动性，如业务分析、大数据、数据质量和数据技术；向企业内外部利益相关方宣传良好的信息管理原则的重要性；监督数据在业务分析和商业智能中的使用情况。

5.2.2 CDO 的具体职责

CDO 的职责是确保组织内部数据的有效管理和利用，以支持业务发展和决策制定。如图 5-4 所示，他们需要全面考虑数据战略管理、数据资产流通与变现、数据资产开发、数据资源管理、数据资产管理、保障体系建设等多个方面，以推动组织的数字化转型和提升数据价值。

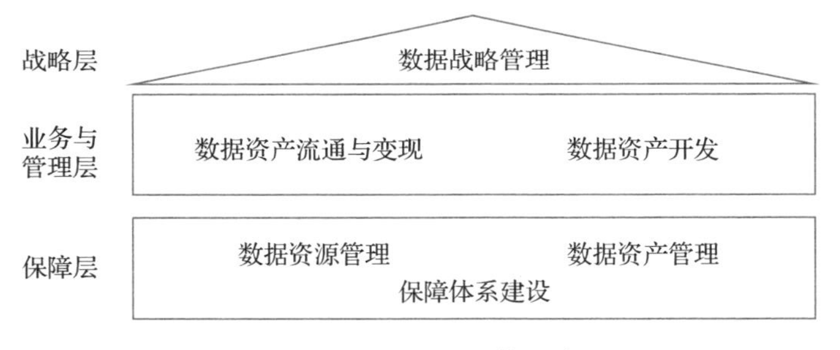

图 5-4　CDO 的具体职责

（1）数据战略管理

在数据战略管理上，CDO 负责制定企业的数据战略，确保数据战略与企业的业务目标和发展方向相一致。他们需要理解企业的业务需求，并确定如何利用数据来实现这些目标。此外，他们还需要密切关注数据技术的发展趋势，以便及时调整和优化数据战略。

（2）数据资产流通与变现

在数据资产流通与变现方面，CDO 负责促进数据资产流通，提高数据的价值和利用率。他们需要制定数据流通政策和流程，确保数据资产的安全性和合规性，同时促进数据的交流和合作，打通数据孤岛，推动数据资产价值实现。

（3）数据资产开发

在数据资产开发方面，CDO 负责规划并领导企业的数据战略，推动数据驱动的决策文化建设，监督数据资产的设计、开发与优化，确保数据产品的质量、安全性和合规性，同时促进跨部门数据合作，以最大化数据的业务价值，助力企业实现数字化转型和创新增长。

（4）数据资源管理

在数据资源管理方面，CDO 负责识别、整合和优化组织内外的数据资源，确保数据的完整性和一致性。他们需要制定数据资源管理的策略和流程，包括数据的采集、存储、处理和分析等，以满足业务的需求。

（5）数据资产管理

在数据资产管理方面，CDO 的任务是确保数据资产的安全、可靠和有效利用。他们需要制定数据资产管理政策，确保数据资产有效利用，并防止数据泄露和滥用。同时，他们还要确保数据资产的合规性，遵守相关的数据保护法规。

（6）保障体系建设

在保障体系建设方面，CDO 需要构建和维护一个有效的数据治理框架，为数据战略管理、数据资源管理、数据资产管理等方面提供坚实的支撑。

综上所述，CDO 需要全面考虑数据的各个方面，确保数据的有效管理和利用，为组织的业务发展提供有力的数据支持和产品支持。他们不仅需要具备深厚的数据专业知识，还需要具备强大的领导力和协调能力，以推动组织在数据管理方面取得更好的成果。

5.2.3　××公司 CDO 招聘启事

1. 公司简介

×× 股份有限公司是经国务院同意、国务院国资委批准，于 2006 年 8 月成立的大型国有企业。×× 公司具有提供业务独特的一体化综合解决方案能力，致力于成为新一代综合智慧服务提供商，在全国范围内为通信运营商、媒体运营商、设备制造商、专用通信网及政府机关、企事业单位等提供网络建设、外包服务、内容应用及其他服务，并积极拓展海外市场。

近年来，××公司积极融入“数字中国”建设浪潮，全面参与国家“数字基建”和各行各业“数字化转型”建设。公司已具备涵盖规划设计、工程建设、信息化技术与产品、运维和运营、全国支撑本地服务、安全保障和科技生态能力的全域一体化智慧服务能力，并持续跟踪新技术，持续加大研发投入。

2. 招聘岗位

根据经营管理工作和业务发展需要，按照公司相关规定，结合公司实际情况，现面向社会公开招聘相关岗位工作人员，并就有关事项公告如下：

首席数据官：1 人。

招聘范围：面向社会公开招聘，招聘工作地点为北京。

岗位职责：

- 根据公司战略，制定公司数据管理战略，以数据要素为驱动推动企业业务转型；
- 主导建立公司数据治理体系，组织体系落地，完善数据标准化管理，提升企业数据质量；
- 负责公司内外部数据挖掘，丰富企业数据资源，支撑公司经营决策、分析和业务拓展；
- 把握大数据技术发展趋势，组织研究与制定公司大数据技术应用规划，推进数据融合创新应用；
- 构建公司大数据人才体系，组织公司数字化人才培养及认证。

3. 报名条件

（1）基本条件

- 具有良好的政治素质，带头贯彻落实习近平新时代中国特色社会主义思想，坚决执行党和国家的路线、方针、政策；符合好干部——信念坚定、为民服务、勤政务实、敢于担当、清正廉洁的要求。
- 认同企业价值观，具有良好的职业道德，事业心、责任感强。
- 具有较强的组织管理和沟通协调能力，熟悉国家相关政策和所从事的专业领域发展趋势，掌握岗位必需的管理、专业知识和技能。
- 全日制大学本科及以上学历。

- 年龄要求在 40 周岁及以下（本次为：1982 年 1 月 1 日后出生）。特别优秀的，年龄可以适当放宽。
- 没有不良从业记录。

（2）岗位条件

- 具有计算机、统计分析等相关专业教育背景，具有良好的战略思维和专业素养，熟悉大数据技术架构和相关技术实现，能够准确把握企业数字化管理战略方向。
- 具备 10 年及以上数据专业工作经历，应担任央企、大型地方国企、知名民营企业总部相关部门副职岗位及以上职务。
- 具有大中型企业信息化系统建设、咨询、规划和设计经验者优先。

4. 招聘程序

发布公告、报名、资格审查、履历评估、专业笔试（可选）、面试、确定意向人选、背景调查、确定拟聘人选、公示、聘任试用、试用期满考核、正式聘用或解聘。

5.3 如何发挥 CDO 的价值

组织可以通过以下几个方面的举措来促进 CDO 发挥最大价值。

（1）明确 CDO 角色定位与职责

组织应清晰定义 CDO 的角色定位与职责，确保 CDO 的工作重点与组织的战略目标保持一致。这包括明确 CDO 在数据战略制定、数据资产管理、业务支持等方面的具体职责，并为其提供足够的资源和支持，以便其高效地完成工作。

（2）赋予足够的权威和决策权

组织应赋予 CDO 足够的权威和决策权，以便其在数据管理和战略制定中发挥核心作用。这包括在数据相关问题上拥有决策权，以及在跨部门协作中能够协调各方资源，推动数据战略的实施。通过赋予足够的权威和决策权，可以增强 CDO 在组织中的影响力和执行力，使其更好地发挥价值。

（3）设定明确的考核与激励机制

组织应设定明确的考核与激励机制，以评估 CDO 的工作绩效并激励其发挥更大的价值。考核指标可以包括数据质量提升、数据驱动决策的效果、业务价值创造等方面。同时，组织还可以通过提供奖金、晋升机会等激励措施，鼓励 CDO 持续创新和改进。

（4）建立跨部门协作机制

组织应推动 CDO 与其他关键部门（如 IT、业务、财务等）建立紧密的协作关系。通过跨部门协作，CDO 可以更好地理解业务需求，确保数据战略与业务目标相一致。同时，这也有助于打通数据孤岛，促进数据的共享和流通，提高数据的整体价值。

（5）提供持续的学习与发展机会

组织应重视 CDO 的专业成长和职业发展，为其提供持续的学习与发展机会。这包括参加行业会议、研讨会、培训课程等，以便 CDO 及时了解最新的数据技术和应用趋势。此外，组织还可以通过内部培训、知识分享等方式，提高 CDO 及其团队的数据处理和分析能力。

（6）营造数据驱动的文化氛围

组织应努力营造数据驱动的文化氛围，使数据成为决策和创新的核心驱动力。这包括倡导员工使用数据进行决策、鼓励跨部门的数据共享和合作、定期举办数据相关的分享和交流活动等。通过营造这样的文化氛围，可以为 CDO 的工作提供有力支持，并促进其在组织中发挥更大的价值。

5.4 对 CDO 进行绩效考核

组织对 CDO 进行绩效考核，是一个严谨且系统性的过程，旨在全面、深入地评估其工作表现和对组织目标的贡献。这一过程不仅是对 CDO 个人能力的检验，更是对组织数据战略执行效果的一次全面审视。

5.4.1 绩效考核的目的与意义

在深入探讨绩效考核的意义时，必须明确一个核心观点：绩效考核不是目的，而是实现组织和个人共同发展的有效手段。绩效考核的过程实际上是一个双向的、动态的交流与反馈机制，它对于 CDO 以及整个组织都具有深远的影响。

第一，从组织的角度来看，绩效考核是了解 CDO 工作情况的重要途径。通过收集和分析 CDO 在数据战略实施、数据资源管理、数据资产管理、数据驱动决策等方面的具体数据和案例，组织可以全面了解 CDO 的工作成效、优势与不足。这些信息对于组织制定更精准的战略、优化资源配置、提升整体竞争力至关重要。

第二，绩效考核是组织发现问题和不足的关键环节。在评估过程中，组织可能会发现 CDO 在某些方面存在不足或需要改进的地方，如沟通能力、团队协作能力、创新能力等。这些问题和不足的及时发现，有助于组织及时制定改进措施，帮助 CDO 提升工作能力和效率。

第三，对于 CDO 个人而言，绩效考核是一次自我认知和自我提升的机会。通过绩效考核，CDO 可以了解自己在工作中的表现，发现自己的优点和不足，从而制订更具针对性的个人发展计划。此外，绩效考核的结果还可以作为 CDO 职业晋升、奖金发放等决策的重要依据，激发其工作积极性和动力。

第四，绩效考核还有助于 CDO 调整工作策略和方法。在评估过程中，CDO 可能会发现某些工作策略或方法并不适合自己或组织的发展需求。这时，CDO 可以根据评估结果及时调整策略和方法，提高工作效率和质量。这种灵活性和适应性是 CDO 在数据驱动时代不可或缺的重要素质。

第五，绩效考核的最终目标是促进 CDO 与组织的共同成长和发展。通过绩效考核，组织可以为 CDO 提供明确的发展方向和路径，帮助其在职业道路上不断前进。同时，CDO 也可以借助绩效考核的反馈机制，不断提升自己的能力和价值，为组织的发展贡献更大的力量。

综上所述，绩效考核作为组织和个人共同发展的重要手段，具有不可替代的作用。通过全面、客观、公正地评估，组织可以更好地了解 CDO 的工作情况，发现问题和不足，并为其提供改进和发展的方向。同时，CDO 也可以通过绩效考核了解自己的工作表现，调整工作策略和方法，提升自己的能力和价值。这种双向的互动和协同作用，将促进 CDO 与组织的共同成长和发展，实现组织目标和个人价值的双赢。

5.4.2 考核内容

绩效考核应当紧紧围绕 CDO 的核心职责和关键成果领域进行，这些领域涵盖了多个方面，以确保组织对 CDO 的工作有一个全面而深入的评价，如图 5-5 所示。

序号	考核内容	说明
01	战略规划与执行	重点关注CDO在制定数据战略时的前瞻性和创新性，以及数据战略与公司整体战略的契合度
02	数据管理与治理	重点考查CDO在建立和维护数据管理体系、确保数据质量、保障数据安全等方面的表现
03	数据驱动决策	重点关注CDO在推动数据驱动决策方面的贡献
04	数据流通与变现	重点考核CDO在识别和开发数据的商业潜力、制定和执行数据变现的策略、准确评估数据资产的价值、选择合作伙伴、维护关系以及创新合作模式方面的贡献
05	团队建设与人才培养	重点关注CDO在领导和管理数据团队、提升团队能力方面的表现

图 5-5　对 CDO 进行考核的内容

（1）战略规划与执行

CDO 作为数据领域的领导者，首先需要具备出色的战略规划能力。这一部分的考核将重点关注 CDO 在制定数据战略时的前瞻性和创新性，以及数据战略与公司整体战略的契合度。同时，考核也将对战略实施过程中的进度和效果进行评估，以确保战略能够顺利落地并产生实际效果。

（2）数据管理与治理

数据管理与治理是 CDO 的重要职责之一。在考核中，将重点考查 CDO 在建立和维护数据管理体系、确保数据质量、保障数据安全等方面的表现。通过对比不同时间段的数据质量、数据安全性以及数据治理体系的完善程度，可以全面评估 CDO 在这一领域的贡献。

（3）数据驱动决策

CDO 需要通过提供准确、有价值的数据支持来推动组织的决策过程。因此，在考核中，将重点关注 CDO 在推动数据驱动决策方面的贡献。这包括评估基于数据做出的决策对业务发展的影响、数据洞察的准确性和价值等。通过统计和分析基于数据做出的成功决策案例，可以充分展现 CDO 在这一领域的成果。

（4）数据流通与变现

数据流通与变现是 CDO 的关键职责。在考核中，将重点考核 CDO 在识别和开发数据的商业潜力、制定和执行数据变现的策略、准确评估数据资产的价值、选择合作伙伴、维护关系以及创新合作模式方面的贡献。通过对 CDO 在数据流通与变现方面的全面考核，组织可以确保数据资产得到最有效的利用，同时实现数据的商业价值最大化。

（5）团队建设与人才培养

作为团队领导者，CDO 需要具备出色的领导力和团队协作能力。在考核中，将重点关注 CDO 在领导和管理数据团队、提升团队能力方面的表现。这包括评估团队士气、人才流失率、团队成员的成长情况等。通过收集团队成员的反馈和意见，组织可以全面了解 CDO 在团队建设方面的成果和存在的问题。

5.4.3　考核指标

为了更具体地衡量 CDO 的工作表现，组织需要制定一系列具体的考核指标。这些指标可以根据组织的实际情况和 CDO 的职责进行定制，以确保考核的针对性和有效性。图 5-6 是一些建议的考核指标。

1. 数据战略实施进度

- 战略计划与实际执行对比：详细对比 CDO 制订的数据战略计划与实际执行中的差异，包括时间节点、关键里程碑的达成情况，以及任何策略上的调整和改进。这可以帮助组织了解 CDO 在战略执行过程中的灵活性和应变能力。
- 关键绩效指标（KPI）达成率：针对数据战略的关键领域和核心目标，设定具体的 KPI，如数据资产增长率、数据标准化程度等。通过定期跟踪这些指标的达成情况，可以评估 CDO 在推动战略实施方面的效率和成果。
- 跨部门协作与整合：评估 CDO 在推动跨部门数据战略协作和整合方面

的表现，包括与其他业务部门的沟通、协调以及资源调配能力。这有助于了解 CDO 在促进组织内部数据共享和协同工作方面的贡献。

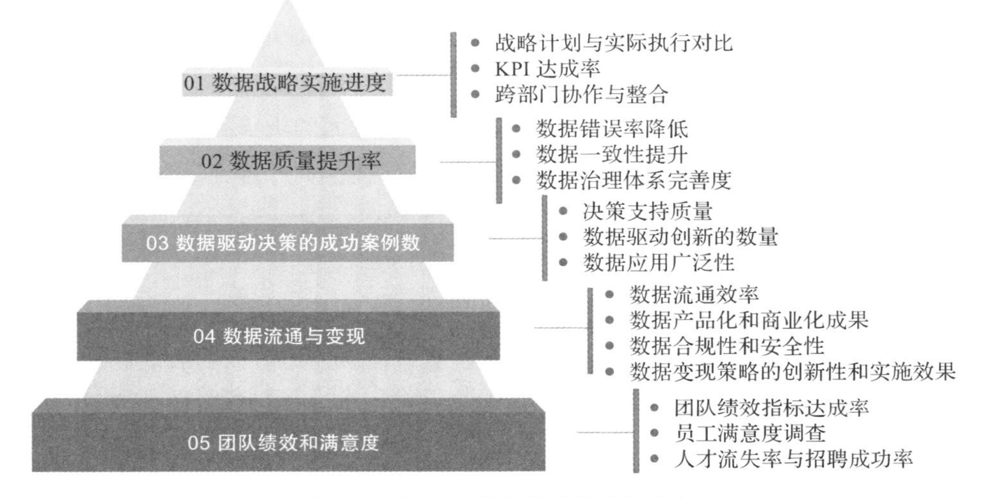

图 5-6　对 CDO 考核的建议考核指标

2. 数据质量提升率

- 数据错误率降低：通过对比不同时间段的数据错误率，评估 CDO 在数据质量管理方面的成果。降低数据错误率可以提高数据的准确性和可靠性，为组织提供更有效的决策支持。
- 数据一致性提升：评估 CDO 在推动数据标准化和一致性方面的努力，包括制定数据标准和规范、建立数据校验机制等。提高数据一致性可以确保不同部门和系统之间的数据能够无缝对接和共享。
- 数据治理体系完善度：评估 CDO 在建立和完善数据治理体系方面的贡献，包括制定数据治理政策、建立数据安全管理机制、推动数据文化等。一个完善的数据治理体系可以为组织提供持续、稳定的数据支持。

3. 数据驱动决策的成功案例数

- 决策支持质量：评估 CDO 提供的数据支持对业务决策的影响力和价值，包括数据洞察的准确性、深度以及对决策过程的贡献程度。这可以通过收集和分析基于数据做出的成功决策案例来实现。

- 数据驱动创新的数量：统计和分析 CDO 推动的数据驱动创新项目数量，如基于数据的新产品开发、服务优化等。这些创新项目可以体现 CDO 在推动组织创新和增长方面的贡献。
- 数据应用广泛性：评估 CDO 在推动数据在组织中广泛应用方面的表现，包括数据可视化、数据分析工具的使用情况等。一个广泛的数据应用环境可以提高组织的决策效率和创新能力。

4. 数据流通与变现

- 数据流通效率：评估数据资产在组织内外的流通速度和流程的简化程度，包括数据资产请求响应时间、数据资产共享的频率和数据资产交换的自动化水平。数据流通效率直接影响组织对市场变化的响应速度和决策的时效性。高效的数据流通能够促进跨部门协作，加快产品和服务的创新。
- 数据产品化和商业化成果：衡量 CDO 在将数据转化为可销售产品或服务方面的成效，包括数据产品的收入贡献、市场份额增长和客户满意度。数据产品化和商业化是数据变现的重要途径，能够为组织带来直接的经济收益，同时增强组织的市场竞争力和品牌价值。
- 数据合规性和安全性：评估 CDO 在确保数据流通与变现过程中遵守相关法律法规和组织政策的能力，包括数据泄露事件的频率和严重性、合规性审核的结果。数据合规性和安全性是数据流通与变现的基石，关系到组织的声誉、客户信任和法律风险管理。强化数据合规性和安全性能够保护组织免受潜在的经济损失和声誉损害。
- 数据变现策略的创新性和实施效果：评价 CDO 在制定和执行数据变现策略方面的创新性和实施效果，包括新策略的引入、数据变现模式的多样性和策略实施的成功率。创新的数据变现策略能够开拓新的收入来源，提高数据资产的利用效率。实施效果的评估有助于组织了解策略的可行性和 CDO 的执行力，为未来的数据战略调整提供依据。

5. 团队绩效和满意度

- 团队绩效指标达成率：收集团队成员的绩效评估结果，包括工作质量、工作效率等方面的数据。通过对比不同时间段的绩效数据，可以评估 CDO 在团队管理方面的成果。

- 员工满意度调查：通过定期的员工满意度调查，了解团队成员对 CDO 的领导风格、团队协作能力等方面的评价。这可以帮助组织了解 CDO 在团队建设方面的表现以及存在的问题。
- 人才流失率与招聘成功率：评估 CDO 在人才管理和招聘方面的表现，包括人才流失率、招聘成功率等指标。一个稳定且高效的数据团队可以为组织提供持续的数据支持和创新动力。同时，通过吸引和留住优秀的数据人才，可以提高组织在数据领域的竞争力。

5.4.4 考核形式

在评估 CDO 的工作表现时，考核形式应该灵活多样，以全面、客观地衡量其工作成果和贡献。具体可采取的考核形式如图 5-7 所示。

01	定量考核	KPI完成情况、项目完成率、数据驱动价值
02	定性考核	访谈和反馈、问卷调查、360度反馈
03	定期评估与不定期抽查	在考核CDO的工作表现时，可以采用定期评估和不定期抽查相结合的方式

图 5-7 考核形式

1. 定量考核

定量考核是一种基于具体数据和指标来评估 CDO 工作表现的方法。这种考核形式通过收集和分析相关数据，为评估提供客观、可量化的依据。

- KPI 完成情况：设定一系列与 CDO 工作紧密相关的 KPI，如数据战略实施进度、数据质量提升率、数据驱动决策的成功案例数等。通过定期收集和分析这些指标的完成情况，可以直观地反映 CDO 在各项任务中的表现和成果。
- 项目完成率：评估 CDO 负责或参与的数据项目的完成情况和质量。这包括项目的进度、成本、质量和客户满意度等方面的指标。通过对比项目计划与实际执行情况，可以了解 CDO 在项目管理方面的能力和成果。

- 数据驱动价值：除了直接的 KPI 和项目指标外，还可以评估 CDO 通过数据驱动为组织带来的价值。这包括提高决策效率、优化业务流程、增加收入或降低成本等方面的成果。这些价值可以通过具体的案例和数据来体现。

2. 定性考核

定性考核侧重于通过主观评价和反馈来评估 CDO 的工作表现。这种考核形式可以深入了解 CDO 的领导风格、沟通能力、团队协作能力等方面的表现，以及在推动组织变革和创新方面的贡献。

- 访谈和反馈：通过一对一的访谈或小组讨论，收集 CDO 的同事、下属和业务合作伙伴对其工作表现的评价和反馈。这些访谈可以围绕 CDO 的领导风格、沟通能力、团队协作能力、问题解决能力等方面进行。同时，也可以了解 CDO 在推动数据战略实施、提升数据质量、推动数据驱动决策等方面的具体贡献和成就。
- 问卷调查：设计一份针对 CDO 工作表现的问卷，向组织内部和外部的相关人员发放。问卷可以涵盖 CDO 的领导风格、沟通能力、团队协作能力、创新能力、问题解决能力等多个方面。通过收集和分析问卷结果，可以全面了解 CDO 在各个方面的工作表现。
- 360 度反馈：采用 360 度反馈机制，从多个角度收集对 CDO 的评价和反馈。这包括 CDO 的上级、同事、下属以及业务合作伙伴等。通过综合各方面的反馈，可以更全面地了解 CDO 的工作表现、优点和不足，为后续的改进和发展提供指导。

3. 定期评估与不定期抽查

在考核 CDO 的工作表现时，可以采用定期评估和不定期抽查相结合的方式。

- 定期评估：设定固定的评估周期，如每季度或每年进行一次全面评估。在评估期间，收集和分析 CDO 的定量和定性考核数据，对其工作表现进行综合评价。评估结果可以作为 CDO 晋升、奖金发放等决策的依据。

- 不定期抽查：除了定期评估外，还可以进行不定期的抽查。可以是对某个具体项目或任务的完成情况进行检查，也可以是对 CDO 在某个方面的工作表现进行临时评估。抽查结果可以为 CDO 日常工作的监督和指导提供方向。

在考核过程中，应注重公正、公平和透明。确保考核标准的明确性和一致性，避免主观臆断和偏见。同时，也应充分听取 CDO 的意见和反馈，促进其持续改进和发展。通过全面、客观的考核形式，可以真实反映 CDO 的工作表现和价值贡献，为组织的发展提供有力支持。

5.4.5 考核举例

对 CDO 考核时，需要考虑 CDO 的关键职责和目标，以及他们如何推动组织的数据战略落地和数据运营。表 5-1 是一个 CDO 考核表的示例。

表 5-1 CDO 考核表

姓名		职位	CDO
部门			
考核周期	____年____月____日至____年____月____日		
评分项		满分（分）	得分（分）
一、数据战略与领导力（30 分）			
1. 数据战略制定与业务对齐（10 分）			
理解业务需求和市场环境		5	
制定前瞻性和实用性的数据战略		5	
2. 数据战略执行与监督（10 分）			
实施数据战略的计划和进度		5	
监督数据战略执行的效果和调整		5	
3. 高层领导关系与影响力（10 分）			
与高层领导的合作紧密度		5	
在关键决策中的影响力		5	
二、数据资源管理（25 分）			

（续）

评分项	满分（分）	得分（分）
1. 数据资源建设（10 分）		
数据分类、整合和存储管理	10	
2. 数据质量与安全（15 分）		
确保数据准确性和可访问性	5	
数据安全性和隐私保护措施	10	
三、数据资产管理（20 分）		
1. 数据资产管理体系（10 分）		
数据资产开发和管理流程	10	
2. 数据资产流通与变现（10 分）		
促进数据资产内部共享和外部交易	10	
四、数据技术与创新（10 分）		
1. 数据技术跟进（5 分）		
关注和引入新兴数据技术	5	
2. 创新应用推动（5 分）		
推动数据技术的创新应用	5	
五、数据治理与文化（10 分）		
1. 数据治理体系（5 分）		
建立和维护数据治理政策和流程	5	
2. 数据文化建设（5 分）		
培养数据驱动的组织文化	5	
六、团队建设（5 分）		
团队管理与发展（5 分）		
组建和管理高效的数据管理团队	2.5	
培养和引进数据人才	2.5	
七、附加贡献（± 5 分）		
对组织数据管理有显著贡献或创新的特别加分	5	
未能达到基本职责要求的扣分	−5	

（续）

评分项		满分（分）	得分（分）
八、自我评估			
CDO 自我总结和评估：			
九、上级评价			
直接上级对 CDO 的综合评价：			
十、考核结果			
总得分		考核等级	
改进建议：			
十一、备注			
其他需要说明的事项：			

考核说明：

1）各项指标的具体评分标准和方法由人力资源部门和数据管理部门共同制定；

2）考核结果将作为 CDO 绩效评价、职业发展和薪酬调整的重要依据。

请注意，这只是一个示例，实际考核表应根据组织的具体情况和需求进行调整。

5.5 CDO 对数据团队的考核

5.5.1 考核的意义

作为数据团队的领导者，CDO 对数据团队的考核具有深远意义。这不仅是对团队成员工作表现的一种评估，更是确保团队与公司整体战略和业务需求紧密契合、高效运作的关键环节。

（1）确保团队目标与公司战略一致

CDO 通过定期对数据团队进行考核，可以清晰地看到数据团队的工作目标是否与公司的长期战略和业务需求保持一致。这种一致性是确保团队工作方向正确、避免资源浪费的基础。

在考核过程中，CDO 能够识别出那些可能偏离方向或与公司战略不匹配的项目或任务，从而及时调整团队的工作重点，确保团队始终沿着正确的方向前进。

（2）提升团队绩效和效率

考核是一个客观评价团队成员工作表现的过程。通过考核，CDO 可以识别出那些表现优秀的成员，给予他们应有的认可和奖励，从而激发他们的工作热情和积极性。

同时，考核也能帮助 CDO 发现团队中存在的问题和瓶颈，比如某些流程不畅、结构不合理等。针对这些问题，CDO 可以制定相应的改进措施，优化团队的工作流程和结构，提高团队整体的工作效率。

（3）加强数据质量和准确性

数据是公司的宝贵资产，其质量和准确性直接关系到公司决策的准确性和有效性。通过考核，CDO 可以确保数据团队严格遵守数据标准和规范，对数据进行严格的质量控制和准确性检查。

考核过程中，CDO 还可以发现那些可能导致数据错误或误导的潜在风险点，进而及时采取措施进行纠正或预防，以减少数据问题导致的决策风险。

（4）促进团队成长和发展

考核不仅是对过去工作的总结和评价，更是对未来发展的规划和指导。通过考核，CDO 可以深入了解团队成员的技能水平、潜力和发展方向，为他们制订个性化的培训计划和发展路径。

CDO 还可以根据团队的整体情况，制定相应的人才引进和激励机制，吸引更多的优秀人才加入团队，为团队的持续发展注入新的活力。

（5）建立团队文化和价值观

考核过程中，CDO 可以强调与传递公司的核心价值观和团队文化。这种文化的传承和弘扬有助于增强团队成员的归属感和认同感，使他们在工作中始终保持正确的方向和态度。

同时，CDO 还可以通过考核来发现并表彰那些践行公司文化和价值观的优秀成员，树立榜样和标杆，激励更多的人加入这一行列中来，共同推动团队的发展和进步。

综上所述，CDO 对数据团队的考核工作具有多方面的意义和价值。它不仅能够确保团队目标与公司战略保持一致、提升团队绩效和效率、加强数据质量和准确性，还能够促进团队成长和发展、建立团队文化和价值观。因此，CDO 应该高度重视考核工作，确保其得到有效实施和持续改进。

5.5.2 考核对象、考核频次及考核指标

CDO 的考核对象、考核频次及考核指标可以根据组织的具体情况和实际需求来确定，以下是一些建议。

1. 考核对象

考核对象为数据团队。CDO 作为数据团队的领导者，应对其直接管理的数据团队成员进行考核。这包括数据战略管理团队、数据流通管理团队、数据资源管理团队、数据资产管理团队、数据治理团队等，涉及数据管理专员、数据架构师、数据建模师、数据科学家、数据分析师、数据工程师等团队成员的工作表现、能力发展以及任务完成情况。CDO 在考核时，需要确保考核体系既全面又具有针对性，能够真实反映各团队的工作成效和存在的问题。

2. 考核频次

为了确保考核的及时性和有效性，建议采取定期考核与不定期抽查相结合的方式。定期考核可以设为每月、每季度或每半年一次，以便对各团队的工作

进行阶段性评估。不定期抽查则可以根据实际情况进行，以便及时发现问题并进行整改。

3. 考核指标

CDO 对数据团队的考核可以采用如图 5-8 所示的考核指标。

（1）数据战略管理团队

1）数据战略与组织整体战略的一致性包括以下几方面。

- 评估数据战略明确支持的组织战略目标比例（例如，至少 90% 的关键战略目标有明确的数据支撑）。
- 检查数据战略中是否有明确的业务场景和数据应用场景描述（例如，至少覆盖 80% 的核心业务场景）。
- 评估数据战略是否包含行业趋势、市场变化以及技术发展的前瞻性分析（例如，每季度至少进行一次）。

2）数据战略的实施进度和效果包括以下几个方面。

- 设定关键数据战略项目的完成率指标（例如，每季度至少完成 85% 的项目计划）。
- 评估数据战略实施后，业务决策优化案例的数量和效果（例如，成功应用数据驱动决策带来的业务增长率不低于 10%）。
- 追踪数据战略实施对业务创新或产品创新的贡献率（例如，新产品或服务的成功推出中，数据驱动的贡献占比不低于 60%）。

3）数据战略调整和优化的能力包括以下几方面。

- 检查团队是否具备根据业务变化或市场反馈，及时调整和优化数据战略的能力。
- 评估团队在应对突发事件或挑战时，数据战略的灵活性和适应性。

4）团队协作和创新能力包括以下几方面。

- 评估团队成员之间的协作效率，包括沟通、信息共享和问题解决能力。
- 鼓励团队成员提出创新性的想法和方案，以推动数据战略的不断优化和升级。

数据战略管理团队

数据战略与组织整体战略的一致性
- 明确支持的组织战略目标比例
- 是否有明确的业务场景和数据应用场景描述
- 数据战略的前瞻性

数据战略的实施进度和效果
- 关键数据战略项目的完成率指标
- 业务决策优化案例的数量和效果
- 对业务创新或产品创新的贡献率

数据战略调整和优化的能力
- 及时调整和优化数据战略的能力
- 数据战略的灵活性和适应性

团队协作和创新能力
- 团队成员之间的协作效率
- 团队成员提出创新性的想法和方案

数据流通管理团队

数据资产流通的效率
- 数据资产流通的平均响应时间
- 数据流通的完成率
- 数据流通的自动化程度

数据流通的安全性和合规性
- 数据在流通过程中的安全性
- 数据流通中的安全事件数量
- 数据流通的合规性

数据流通为组织带来的价值
- 对业务的实际影响
- 跨部门协作和知识共享情况
- 直接经济价值

团队协作和创新能力
- 团队成员之间的协作和沟通能力
- 与其他部门建立良好合作关系的能力

数据资源管理团队

数据采集的准确性和完整性
- 数据采集的准确率指标
- 数据字段的完整率
- 数据采集过程中的异常和错误率

数据存储、处理和分析的效率
- 数据存储系统的响应时间
- 数据处理和分析任务的平均完成时间指标
- 数据处理和分析流程中的自动化程度

数据质量情况
- 数据质量检查的频次
- 解决数据质量问题的平均时间

数据资源的安全性和合规性
- 数据安全事件的数量
- 数据处理的合规性

团队协作和问题解决能力
- 团队成员的协作和沟通能力
- 发现问题并寻求解决方案的能力

数据资产管理团队

数据资产的分类、目录管理和价值评估情况
- 数据资产分类的准确率
- 数据资产目录的更新频率和准确性
- 数据资产价值评估的频次和准确度

数据资产的安全保障和合规性
- 数据资产的安全存储和传输比例
- 数据资产处理过程中的违规操作次数
- 数据资产处理的合规性

数据资产的组织内部利用和共享情况
- 数据资产在内部使用的覆盖率
- 数据资产在跨部门协作中的共享次数和效果

团队协作和持续改进能力
- 团队成员的协作和沟通能力
- 团队成员提出改进方案的能力

数据治理团队

数据治理政策和流程的制定和执行情况
- 数据治理政策和流程的完善度
- 数据治理政策和流程的执行率指标
- 数据治理政策和流程的更新频率

数据质量的监控和改进效果
- 数据质量检查的频次和范围
- 数据质量问题的解决率
- 数据质量指标的变化趋势

数据安全事件的应对和处理能力
- 数据安全事件应急预案的完善度和有效性
- 数据安全事件处理的平均响应时间

图 5-8　CDO 对数据团队考核时采用的考核指标

（2）数据流通管理团队

1）数据资产流通的效率包括以下几方面。

- 评估数据资产流通的平均响应时间（例如，90% 的数据请求在 1 小时内得到响应）。
- 设定数据流通的完成率指标（例如，至少 95% 的数据请求在规定时间内完成）。
- 评估数据流通的自动化程度（例如，至少 60% 的数据流通任务实现自动化处理）。

2）数据流通的安全性和合规性包括以下几方面。

- 评估数据在流通过程中的安全性（例如，100% 的数据流通实现加密传输）。
- 监控数据流通中的安全事件数量（例如，全年安全事件数量不超过 2 次）。
- 评估数据流通的合规性，确保 100% 符合相关法规和行业标准。

3）数据流通为组织带来的价值包括以下几方面。

- 分析数据流通对业务决策、产品创新或运营效率等方面的实际影响。
- 评估数据流通在促进跨部门协作和知识共享方面的作用。
- 分析数据流通带来的直接经济价值情况。

4）团队协作和跨部门协作能力包括以下几方面。

- 评估团队成员在数据流通管理过程中的协作和沟通能力。
- 鼓励团队成员与其他部门建立良好的合作关系，共同推动数据流通的顺畅进行。

（3）数据资源管理团队

1）数据采集的准确性和完整性包括以下几方面。

- 设定数据采集的准确率指标（例如，至少达到 99.5% 的准确率）。
- 评估数据字段的完整率（例如，关键字段的完整率不低于 98%）。
- 监控数据采集过程中的异常和错误率（例如，每日异常和错误率不超过 0.1%）。

2）数据存储、处理和分析的效率包括以下几方面。

- 评估数据存储系统的响应时间（例如，95% 的查询响应时间不超过 1 秒）。

- 设定数据处理和分析任务的平均完成时间指标（例如，不超过 4 小时）。
- 评估数据处理和分析流程中的自动化程度（例如，至少 70% 的任务实现自动化处理）。

3）数据质量情况包括以下几方面。

- 设定数据质量检查的频次（例如，每季度至少一次）。
- 跟踪并解决数据质量问题的平均时间（例如，不超过一周）。

4）数据资源的安全性和合规性包括以下几方面。

- 确保数据安全事件（如泄露、非法访问）的数量为零。
- 评估数据处理的合规性，确保 100% 符合相关法规和行业标准。

5）团队协作和问题解决能力包括以下几方面。

- 评估团队成员在数据资源管理过程中的协作和沟通能力。
- 鼓励团队成员积极发现问题并寻求解决方案，提高解决问题的效率。

（4）数据资产管理团队

1）数据资产的分类、目录管理和价值评估情况包括以下几方面。

- 设定数据资产分类的准确率指标（例如，至少 95% 的数据资产被正确分类）。
- 评估数据资产目录的更新频率和准确率（例如，每季度至少更新一次，且更新后的准确率不低于 98%）。
- 设定数据资产价值评估的频次和准确度（例如，每年至少进行一次价值评估，且评估结果的误差率不超过 5%）。

2）数据资产的安全保障和合规性包括以下几方面。

- 评估数据资产的安全存储和传输比例（例如，100% 的数据资产实现加密存储和传输）。
- 监控数据资产处理过程中的违规操作次数（例如，每月违规操作次数不超过 1 次）。
- 评估数据资产处理的合规性，确保 100% 符合相关法律法规和行业标准。

3）数据资产的组织内部利用和共享情况包括以下几方面。

- 评估数据资产在内部使用的覆盖率（例如，80% 以上的部门使用）。

- 跟踪数据资产在跨部门协作中的共享次数和效果。

4）团队协作和持续改进能力包括以下几方面。

- 评估团队成员在数据资产管理过程中的协作和沟通能力。
- 鼓励团队成员不断改进数据资产管理流程和方法，提高数据资产管理的效率和质量。

（5）数据治理团队

1）数据治理政策和流程的制定和执行情况包括以下几方面。

- 评估数据治理政策和流程的完善度（例如，至少覆盖 95% 的数据管理关键环节）。
- 设定数据治理政策和流程的执行率指标（例如，每季度执行率不低于 90%）。
- 评估数据治理政策和流程的更新频率（例如，每年至少更新一次）。

2）数据质量的监控和改进效果包括以下几方面。

- 设定数据质量检查的频次和范围（例如，每月至少进行一次全面检查，覆盖所有的关键数据资产）。
- 评估数据质量问题的解决率（例如，至少 90% 的数据质量问题在发现后一周内得到解决）。
- 监控数据质量指标的变化趋势（例如，数据准确率、完整率等指标的持续提升）。

3）数据安全事件的应对和处理能力包括以下几方面。

- 评估数据安全事件应急预案的完善度和有效性。
- 检查数据安全事件处理的平均响应时间（例如，不超过 30 分钟）。

在制定具体的考核指标时，CDO 应结合组织的战略目标、业务需求和行业特点，确保考核指标既具有针对性又具有可操作性。同时，CDO 还应注重与团队成员的沟通和反馈，确保考核结果能够真实反映团队的工作成效，并为团队的持续改进提供有力支持。

总的来说，CDO 在考核各数据管理团队时，应综合考虑团队的职责、目标和工作特点，制定科学合理的考核方案，以推动数据管理工作的持续改进和优化。通过有效的考核和反馈机制，可以激励团队成员不断提升自身能力，为组织的数据战略实施和业务发展提供有力保障。

5.5.3 考核内容

在数据管理领域，对团队成员或合作伙伴进行考核是一项至关重要的任务。它不仅关系到团队的整体绩效，还直接影响到项目的成功与否。CDO 对数据管理团队的考核，主要涉及工作业绩、工作能力和工作态度三个方面。

1. 工作业绩

工作业绩是衡量数据团队成员或合作伙伴在数据管理方面的实际成果的重要指标。首先，CDO 需要关注他们在数据收集方面的表现。这包括是否能够准确、高效地收集到所需的数据，并确保数据的完整性和准确性。其次，数据处理能力也是考核的重点之一。团队成员或合作伙伴需要熟练掌握各种数据处理工具和技术，能够高效地对数据进行清洗、整合和转换，以满足项目需求。再次，数据分析能力是数据团队成员的核心能力之一。他们需要运用各种数据分析方法，深入挖掘数据中的价值，为业务决策提供支持。最后，数据可视化能力也是考核内容的一部分。通过图表、图像等形式将数据呈现出来，可以更直观地展示数据的变化和趋势，帮助团队成员或合作伙伴更好地理解数据。

在考核工作业绩时，CDO 需要关注项目完成度。这包括项目是否按时交付、交付的成果是否符合预期等。同时，CDO 还需要关注数据质量的提升情况。团队成员或合作伙伴在数据处理和分析过程中，是否能够有效地解决数据质量问题，提升数据的准确性和可靠性。最后，CDO 还需要评估团队成员或合作伙伴在业务价值创造方面的贡献。他们是否能够通过数据分析，为业务决策提供有价值的建议和支持，推动业务的发展。

2. 工作能力

工作能力是评估团队成员或合作伙伴在专业技能、问题解决能力、团队协作能力等方面的重要指标。首先，CDO 需要关注他们的专业技能水平。这包括他们是否熟练掌握各种数据管理工具和技术，是否具备丰富的数据处理和分析经验。其次，问题解决能力也是考核的重点之一。在数据管理过程中，难免会遇到各种问题和挑战。团队成员或合作伙伴需要能够快速定位问题、分析问题并找到解决方案。最后，团队协作能力也是考核内容的一部分。数据管理团队需要密切合作，共同完成任务。团队成员或合作伙伴需要具备良好的团队协作能力，能够有效地与团队成员进行沟通和协作。

除了专业技能、问题解决能力和团队协作能力外，CDO 还需要评估团队成员或合作伙伴是否具备持续学习和适应新技术的能力。随着技术的不断发展，新的数据管理工具和技术不断涌现。团队成员或合作伙伴需要保持学习的热情，不断掌握新的技术和方法，以适应不断变化的市场需求。

3. 工作态度

工作态度是考察团队成员或合作伙伴责任心、主动性、沟通能力等方面的重要指标。首先，责任心是团队成员或合作伙伴必备的品质之一。他们需要对自己的工作负责，认真履行自己的职责和义务。其次，主动性也是考核的重点之一。在数据管理过程中，团队成员或合作伙伴需要积极主动地参与工作，主动承担责任和任务。此外，沟通能力也是考核内容的一部分。团队成员或合作伙伴需要具备良好的沟通能力，能够与团队成员、业务部门等各方进行有效的沟通和协作。

在考核工作态度时，CDO 需要关注团队成员或合作伙伴是否能够积极应对挑战。在数据管理过程中，难免会遇到各种问题和困难。团队成员或合作伙伴需要保持积极的心态，勇于面对挑战并寻求解决方案。同时，CDO 还需要关注他们是否能够与团队有效协作。数据管理是一个团队性的工作，需要团队成员之间密切合作才能完成任务。团队成员或合作伙伴需要具备良好的团队协作能力，与团队成员共同完成任务。

5.5.4　考核形式

考核形式在评估团队成员或合作伙伴的工作表现方面起着至关重要的作用。为了确保评估的公正性、客观性和全面性，首席数据官在制定考核计划时应充分考虑各种考核形式，并根据实际情况灵活运用。

1. 三种主要考核形式

（1）定量考核

定量考核是一种基于数据和指标的考核方式，它通过设定明确的、可量化的指标来评估团队成员或合作伙伴的工作表现。这种考核形式具有客观性和可衡量性，能够减少主观臆断和模糊不清的情况。在定量考核中，首席数据官可以根据团队或项目的实际需求，设定如项目完成率、数据准确率、工作效率等关键绩效指标。通过对这些指标进行收集和分析，首席数据官可以客观地评价团队成员或合作伙伴的工作表现，并为他们提供具体的改进方向。

（2）定性考核

定性考核则更注重对团队成员或合作伙伴的工作态度、能力、团队协作等方面的评估。它通过面谈、360 度反馈、自我评价等方式，收集团队成员或合作伙伴的反馈和建议，以了解其在工作中的优点和不足。这种考核形式能够更全面地了解团队成员或合作伙伴的实际情况，帮助他们认识自己的优点和不足，从而进行针对性地改进。在定性考核中，首席数据官应注重与团队成员或合作伙伴的沟通与交流，积极听取他们的意见和建议，共同制定改进措施，促进团队的整体发展。

（3）项目考核

项目考核是针对具体的数据项目进行的考核方式。在数据项目中，团队成员或合作伙伴需要承担不同的角色和任务，共同完成项目目标。因此，项目考核能够更直接地评估团队成员或合作伙伴在项目中的贡献和价值。在项目考核中，首席数据官可以设定项目目标、里程碑和验收标准，对项目完成情况进行考核。通过对项目完成情况进行考核，首席数据官可以了解团队成员或合作伙伴在项目中的表现，并为他们提供具体的反馈和建议。此外，项目考核还可以帮助团队成员或合作伙伴更好地了解项目的整体进展和存在的问题，促进项目的顺利进行。

综上所述，定量考核、定性考核和项目考核是三种主要的考核形式。在实际应用中，首席数据官应根据团队或项目的实际情况，灵活运用这些考核形式，以确保评估的公正性、客观性和全面性。同时，首席数据官还应注重与团队成员或合作伙伴的沟通与交流，积极听取他们的意见和建议，共同推动团队向更高的目标迈进。

2. 三种主要考核形式对比

在数据管理团队中，考核形式的选择应当紧密结合团队的核心职责和工作特点。以下是针对数据管理团队，对三种考核形式的适用性分析。

（1）定量考核

适用性：高。数据管理团队的主要工作是围绕数据进行的，包括数据治理、数据质量监控、数据分析等，这些工作往往可以设定明确的、可量化的指标。

优点：

- 客观性强：通过设定如数据准确率、数据完整性、数据处理效率等关键绩效指标，能够客观评估团队成员的工作表现。
- 激励效果好：明确的指标有助于团队成员明确工作目标，提高工作积极性。

（2）定性考核

适用性：中。虽然定性考核在评估工作态度、团队协作等方面具有优势，但数据管理团队的核心工作更侧重于数据的质量和效率，这些方面更适合用定量指标来衡量。

优点：

- 全面了解：通过面谈、360 度反馈等方式，可以全面了解团队成员在数据管理工作中的优势和不足。
- 针对性改进：根据定性考核的结果，可以为团队成员提供具体的改进建议。

（3）项目考核

适用性：高。数据管理团队经常需要参与或负责具体的数据项目，如数据迁移、数据清洗、数据分析项目等。项目考核能够直接反映团队成员在项目中的贡献和价值。

优点：

- 直接评估：通过设定项目目标、里程碑和验收标准，能够直接评估团队成员在项目中的工作表现。
- 团队协作：项目考核有助于促进团队成员之间的协作和沟通，提升团队整体效能。

总的来说，对于数据管理团队来说，定量考核和项目考核是更为适合的考核形式。这是因为数据管理团队的工作内容更侧重于数据的质量和效率，这些方面更适合用定量指标来衡量；同时，项目考核能够直接反映团队成员在项目中的贡献和价值，有助于提升团队整体效能。

定性考核虽然有其价值，但在数据管理团队中的适用性相对较低，可作为辅助考核形式，用于全面了解团队成员在数据管理工作中的优势和不足。

5.5.5 考核的注意事项

在考核过程中，确保考核流程的严谨性、公正性和有效性是至关重要的。这不仅关乎团队的整体绩效，更关系到每一位成员的职业成长和发展。因此，CDO在推进考核工作时，应特别注重以下几个方面的细节和策略。

第一，确保考核指标的客观性和可衡量性是考核工作的基础。这意味着CDO需要设定清晰、明确的指标，这些指标应能够真实反映团队成员的工作业绩和能力水平。同时，指标的设定应避免主观臆断和模糊不清，确保考核结果的公正性和可信度。例如，CDO可以通过数据分析、用户反馈、项目完成度等多个维度来设定指标，确保考核结果能够全面、准确地反映团队成员的实际情况。

第二，CDO应根据团队的实际情况和目标，不断调整和优化考核指标。团队的工作目标和环境是不断变化的，因此考核指标也应随之调整。这要求首席数据官具备敏锐的洞察力和灵活的应变能力，能够及时发现团队面临的问题和挑战，并制定相应的考核指标来激励团队成员积极应对。通过不断优化考核指标，CDO可以确保考核工作始终与团队的目标和需求保持一致。

第三，在考核过程中，及时反馈考核结果并与团队成员进行沟通和交流也是至关重要的。CDO应及时将考核结果告知团队成员，并与他们共同分析存在的问题和不足。通过沟通和交流，CDO可以帮助团队成员更好地理解自己的优势和不足，并制定针对性的改进措施。这不仅可以提高团队成员的工作效率和绩效水平，还可以增强他们的归属感和忠诚度。

第四，鼓励团队成员积极参与考核过程也是非常重要的。团队成员是考核工作的直接参与者，他们的意见和建议对于改进考核工作具有重要的参考价值。因此，CDO应鼓励团队成员积极提出建设性意见和建议，不断完善考核流程和指标。通过团队成员的参与和贡献，可以使考核工作更加贴近实际情况和团队需求，提高考核工作的针对性和有效性。

总的来说，考核应该全面、客观、公正。这意味着 CDO 需要关注团队成员的工作业绩、能力和态度等多个方面。同时，考核过程应该公开、透明，确保被考核者能够理解和接受考核结果。通过全面、公正、透明的考核工作，可以激发团队成员的工作积极性和创造力，促进团队的整体发展。在这个过程中，CDO 应发挥领导作用，引导团队成员积极参与考核工作，共同推动团队向更高的目标迈进。

第6章 CHAPTER

CDO能力模型与知识体系

随着数据成为企业竞争的核心资源，CDO的角色愈加关键，他们不仅需要在复杂多变的环境中应对各种挑战，还需要敏锐地捕捉并把握新的机遇。

首先，我们将分析CDO所面临的挑战。这些挑战包括业务、管理、数据与技术多个层面。同时，CDO还需要面对数据安全和隐私保护的严峻挑战，确保数据的合规使用。然而，挑战与机遇并存。随着数字化转型的深入，CDO将有更多机会推动数据驱动的创新，为组织带来更大的商业价值。

其次，我们将探讨内外部环境对CDO的要求和约束。外部环境的变化，如行业趋势、法规政策等，将对CDO的工作产生重要影响。同时，内部环境如组织需求、组织结构等也会对CDO的工作产生一定的约束。因此，CDO需要不断适应外部环境的变化，同时积极调整自身的工作方式，以更好地满足内部环境的要求。

在明确了CDO面临的挑战与机遇和内外部环境对CDO的要求和约束后，我们将进一步探讨CDO的能力模型。这个模型包括CDO在业务、管理、数据和技术等方面的综合能力。通过深入分析这些能力，我们可以为CDO的选拔、培养和评估提供有力指导。

最后，我们将讨论 CDO 的知识体系。这个知识体系涵盖了与能力要求所对应的业务、管理、数据及技术方面的专业知识。同时，随着新技术和新业务的不断涌现，CDO 还需要具备持续学习和适应新变化的能力。因此，构建和完善 CDO 的知识体系对于提升 CDO 的综合素质和应对未来挑战具有重要意义。在明确了 CDO 的知识体系后，我们还将探讨 CDO 的发展路线图，为 CDO 的职业规划提供指导。

6.1 CDO 面临的挑战与机遇

6.1.1 CDO 面临的挑战

如图 6-1 所示，CDO 面临的挑战包括多个层面。这些挑战不仅考验 CDO 在技术和数据处理方面的能力，更要求他们在组织结构和业务策略等多个层面上展现卓越的领导力与协调能力。

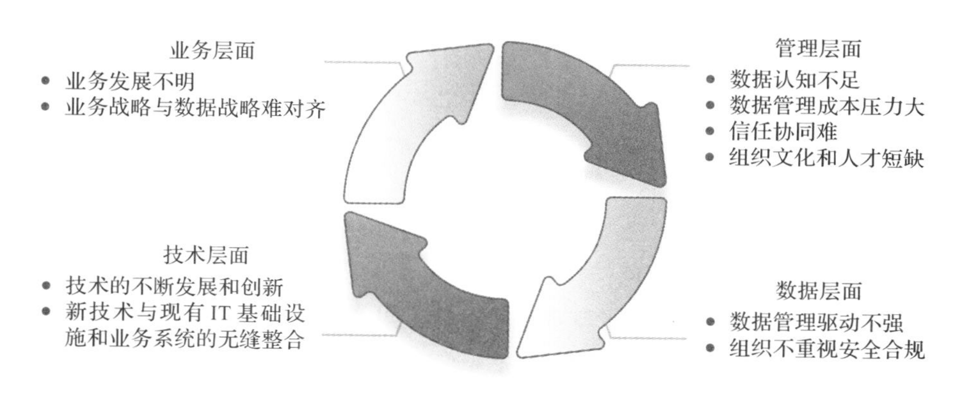

图 6-1　CDO 面临的挑战

（1）业务层面

1）业务发展不明。在快速变化的商业环境中，业务发展的不确定性常常使 CDO 在制定数据战略时面临诸多困难。业务周期带来的工作优先级变化以及高管们对短期目标的追求，都可能导致对长期数据战略投入不足。CDO 需要敏锐地捕捉业务发展趋势，灵活调整数据战略，确保数据成为推动业务增长的重要力量。

2）业务战略与数据战略难对齐。CDO 在推动数据战略时，必须确保它与组织的业务战略保持一致。然而，由于业务需求多样且变化迅速，CDO 需要不断深入了解业务需求，并将其转化为具体的数据需求。同时，他们还需要与业务部门紧密合作，才能确保数据真正支持业务决策和创新。

（2）管理层面

1）数据认知不足。组织管理层对数据资产的认知不足是 CDO 面临的一个重要挑战。管理层往往低估了构建数据应用能力所需要的努力和时间，甚至认为 CDO 可以凭一己之力解决所有问题。为了克服这一挑战，CDO 需要积极向管理层展示数据的价值，提升他们对数据资产的认知。同时，CDO 还需要制定明确的发展规划和实施路径，并说服其他人共同参与数据管理工作。

2）数据管理成本压力大。设立 CDO 制度和团队通常需要投入一定的资源和成本。如果预算有限或招聘压力大，CDO 需要寻求其他部门的支持和合作。这要求 CDO 具备出色的沟通和协调能力，能够说服各个业务单元、后台部门以及 IT 部门提供额外的资源。此外，CDO 还需要关注成本效益，确保数据管理工作的投入与产出相匹配。

3）信任协同难。与高管层面建立信任关系是 CDO 成功的重要基础。CDO 需要了解高管的期望和关注点，并积极回应他们的需求。同时，CDO 还需要与 CIO、CTO 等其他关键角色保持密切沟通，确保技术路线符合全局发展愿景，并具备相适应的优先级。为了实现这一目标，CDO 需要具备出色的沟通技巧和人际交往能力。

4）组织文化和人才短缺。推动数据驱动的文化变革是 CDO 的重要任务之一。然而，改变组织文化和员工的数据思维方式需要时间和耐心。CDO 需要制定长期的文化变革计划，并通过培训、激励和奖励机制等方式逐步改变员工的思维方式和行为习惯。此外，数据科学和大数据领域的专业人才短缺也是一个普遍问题。CDO 需要积极寻找和培养具备相关技能和经验的人才，以支持组织的数字化转型。

（3）数据层面

1）数据管理驱动不强。部门性数据孤岛是组织中常见的问题之一。业务部门往往认为组织级的数据管理会带来不必要的干扰，并忽视其潜在好处。为了解决这个问题，CDO 需要深入了解各个部门的业务需求和数据使用场景，并制定针对性的数据管理策略。同时，CDO 还需要通过沟通和合作，打破部门间的壁垒，促进数据的共享和利用。

2）组织不重视安全合规。在数据保护法规日益严格的背景下，组织对数据安全和合规性的重视程度直接影响 CDO 的工作效果。CDO 需要制定和执行严格的数据政策，确保数据的准确性、完整性和安全性。同时，他们还需要关注最新的法规动态，确保组织的数据管理工作符合相关要求。

（4）技术层面

1）技术的不断发展和创新。随着技术的持续进步和创新，CDO 必须保持对最新数据技术和趋势的敏感性。他们需要评估这些新兴技术对组织数据战略的潜在影响，并决定如何将这些技术融入组织运营中。CDO 的角色要求他们具备前瞻性的洞察力和快速学习能力，以便迅速适应新技术，并找到最适合组织需求的解决方案。这不仅涉及对技术的了解，还包括如何将这些技术转化为业务价值。

2）新技术与现有 IT 基础设施和业务系统的无缝整合。CDO 需要与 IT 部门紧密合作，确保新技术能够与现有的 IT 基础设施和业务系统实现无缝整合。这包括评估新技术的兼容性、安全性和效率，以及规划技术迁移和集成的路径。CDO 必须确保技术升级不会对业务连续性造成干扰，并且能够增强现有的数据处理和分析能力。这需要 CDO 在技术选型、项目管理和跨部门沟通方面发挥关键作用，以推动技术变革并实现组织的数据战略目标。

综上所述，CDO 面临的挑战是多方面的、复杂的。为了应对这些挑战，CDO 需要具备丰富的技术背景、战略眼光和领导力。他们需要深入了解业务需求、数据资产和技术趋势，制定符合组织目标的数据战略和管理策略。同时，他们还需要积极与各个部门合作，打破壁垒，促进数据的共享和利用。只有这样，CDO 才能推动组织的数据管理和数字化转型，为组织的长期发展提供有力支持。

6.1.2 CDO 面临的机遇

CDO 在当前数据驱动的时代正面临着前所未有的机遇。这些机遇不仅为 CDO 个人职业发展提供了广阔的空间，更为组织带来了在激烈的市场竞争中脱颖而出的可能。

第一，数据资产的战略价值在当今时代得到了显著提升。随着数据的爆炸性增长和其在业务决策中的核心地位日益凸显，CDO 有了将数据转化为组织战略优势的机会。通过制定前瞻性的数据战略，CDO 能够确保组织的数据资产得到充分利用和有效管理。他们可以通过优化数据治理流程，提升数据质量，确保数据的准确性和可靠性，从而为组织在市场竞争中提供有力的数据支持。

第二，数据驱动决策已经成为组织决策的常态。越来越多的组织开始意识到数据在决策中的重要性，并积极推动数据驱动的决策文化。CDO 作为数据领域的专家，可以借此机会发挥领导作用，推动组织内部形成数据驱动的决策习惯。通过构建数据驱动的决策框架和流程，CDO 可以确保组织在决策过程中充分考虑数据因素，提高决策的效率和准确性。这不仅有助于组织在市场竞争中取得优势，还能提高组织的整体运营效率。

第三，数字化转型的加速也为 CDO 带来了巨大的机遇。随着数字化转型的深入推进，组织对数据的需求和依赖程度不断增加。CDO 可以领导并推动组织的数字化转型进程，通过数据分析和挖掘，发现新的商业机会，优化业务流程，提高运营效率。他们可以利用先进的数据分析工具和技术，对组织内部的数据进行深度挖掘和分析，为组织提供有价值的洞察和建议。这些洞察和建议可以帮助组织更好地应对市场变化，把握发展机遇。

第四，技术创新的不断涌现也为 CDO 提供了更多的可能。人工智能、大数据、云计算等技术的快速发展为数据处理和分析带来了更多新的方法和工具。CDO 可以关注这些技术创新，将其应用于组织的数据管理和分析中，提高数据处理的效率和准确率。他们可以与技术团队紧密合作，共同探索新的数据应用场景和价值创造方式，为组织带来更多的商业机会和竞争优势。

第五，数据安全和隐私保护的需求也在不断增长。随着数据泄露和隐私侵犯事件的频发，组织对数据安全和隐私保护的需求日益迫切。CDO 可以借此机会加强组织的数据安全管理和隐私保护能力，确保组织的数据资产得到充分保护。他们可以通过建立完善的数据安全管理制度和流程，加强数据访问控制和加密措施，防止数据泄露和滥用事件的发生。这不仅有助于提升组织的信誉和声誉，还能为组织赢得客户的信任和支持。

第六，跨行业合作与数据共享的机会也为 CDO 带来了广阔的发展空间。随着数据共享和开放成为趋势，CDO 可以寻求与其他组织或行业进行合作，共同开发数据资源，实现数据的互通和共享。这种合作不仅可以提升组织的数据处理能力，还可以促进整个行业的创新发展。CDO 可以积极参与行业内的交流和合作活动，与其他组织共同探索数据共享和应用的新模式和新方法，为整个行业的发展贡献自己的力量。

综上所述，CDO 在当前数据驱动的时代面临多种机遇。要抓住这些机遇，CDO 需要不断提升自己的能力和素质，保持对新技术和新趋势的敏锐洞察力。他们需要具备扎实的数据管理和运用能力，能够制定前瞻性的数据战略并推动其有效实施。同时，CDO 还需要具备良好的沟通能力和团队合作精神，能够与其他部门和团队紧密合作，共同推动组织在数据驱动的竞争中取得优势。

6.2　内外部环境对 CDO 的要求和约束

CDO 作为组织内部数据管理和应用的核心角色，其工作既受到内部环境的影响，也受到外部环境的制约。下面分别就内部环境和外部环境对 CDO 的要求和约束进行详细分析。

6.2.1　外部环境对 CDO 的要求和约束

在当今日益数据驱动的商业环境中，CDO 的角色和职责变得愈加重要。他们不仅需要在组织内部推动数据战略的实施，还需要面对外部环境的各种挑战和机遇。这些外部环境因素，包括激烈的市场竞争、不断变化的政策法规、日新月异的技术发展以及不断变化的客户需求，都对 CDO 的工作产生了深远的影响。为了应对这些挑战和抓住机遇，CDO 需要具备更高的敏锐度和应变能力。

第一，市场竞争的激烈程度对 CDO 的工作提出了更高的要求。在竞争激烈的市场中，数据成为企业获取竞争优势的关键资源。CDO 需要密切关注市场动态，通过数据分析来洞察市场趋势和竞争对手的动向。他们需要利用数据来指导组织的战略决策，帮助组织在市场中快速响应变化，把握机会。这需要 CDO 具备出色的数据分析能力和市场洞察力，能够从海量数据中提取有价值的信息，为组织的业务发展提供有力支持。

第二，政策法规的变化对 CDO 的工作也带来了重要影响。随着数据保护意识的提高和法律法规的完善，数据领域的法律环境变得日益复杂。CDO 需要密切关注国内外与数据相关的法律法规，如数据保护法、隐私政策等，确保组织在数据收集、存储、处理和应用等各个环节都符合法律要求。他们需要了解并遵守这些法律法规，确保组织的数据活动合法合规，避免合规风险。这要求 CDO 不仅要具备扎实的法律知识，还需要将其转化为实际操作中的规范流程，确保组织的数据管理符合法律要求。

第三，技术发展对 CDO 的工作同样产生了深远的影响。大数据、人工智能、云计算等技术的快速发展为数据处理和分析提供了更多的可能性。CDO 需要保持对新技术的高度敏感，了解并掌握这些技术的最新动态和应用场景。他们需要与技术团队紧密合作，共同探索新技术在数据管理和应用方面的潜力，为组织提供更具创新性和更有价值的数据解决方案。通过不断学习和实践新技术，CDO 可以提升组织的数据处理能力，为组织的业务创新和发展提供有力支持。

第四，客户需求的变化也对 CDO 的工作提出了更高的要求。在竞争激烈的市场环境中，客户需求的变化直接影响着组织的业务方向和市场竞争力。CDO 需要通过数据分析，深入了解客户的需求和偏好，为组织提供精准的市场洞察和产品优化建议。他们需要关注客户反馈和市场趋势，及时调整组织的业务策略和产品方向，以满足客户的需求和提升市场竞争力。这需要 CDO 具备强大的数据分析能力和市场洞察力，能够迅速识别客户的需求变化并进行相应调整。

综上所述，外部环境对 CDO 的要求和约束是多元化的，包括市场竞争、政策法规、技术发展以及客户需求等方面。为了应对这些挑战和抓住机遇，CDO 需要具备全面的能力和高度的敏锐度。他们需要密切关注市场动态和法规变化，掌握新技术的发展动态，深入了解客户需求和偏好，为组织的业务创新和发展提供有力支持。在未来的工作中，CDO 需要不断学习和提升自己的能力，以应对更加复杂和多变的市场环境。

6.2.2　内部环境对 CDO 的要求和约束

CDO 在现代组织中的角色至关重要，他们不仅要面对外部环境的挑战，更要深入了解和适应组织内部的复杂环境。内部环境包括组织的运营状况、组织文化、战略目标和业务需求等因素，这些内部因素直接关系着 CDO 在数据管理和应用方面的工作重点和方向。这些内部因素不仅影响 CDO 的工作决策，也为其设定了一系列的要求和约束。

1. 遵循组织战略是 CDO 工作的基石

作为数据战略的引领者，CDO 需要全面、深入地理解组织的战略目标，并将其作为数据战略的核心。他们需要仔细研究组织的长期发展规划，了解组织的核心价值观和愿景，以及短期的业务目标和 KPI（关键绩效指标）。在此基础上，CDO 需要制定与组织战略高度契合的数据战略，确保数据工作能够紧密围绕组织的战略目标展开，为组织的长期发展提供坚实的数据支撑。

在遵循组织战略的过程中，CDO 需要展现出强烈的战略眼光和规划能力。他们需要能够洞察先机，预测市场趋势和行业发展，为组织提供前瞻性的数据战略建议。同时，CDO 还需要具备卓越的执行力，将数据战略转化为具体的行动计划，并确保各项计划都能得到有效实施。

2. 满足业务需求是 CDO 工作的关键所在

在组织中，各个业务部门都有着自己的数据需求和业务痛点。CDO 需要深入了解这些需求，与业务部门保持紧密沟通，确保数据能够准确、及时地服务于各个业务部门。为了做到这一点，CDO 需要建立与业务部门的长期合作关系，了解他们的业务流程、数据需求。同时，CDO 还需要与技术团队紧密合作，确保数据平台和技术架构能够满足业务部门的需求。

在满足业务需求的过程中，CDO 需要展现出强大的沟通能力和团队协作能力。他们需要能够用简单易懂的语言解释复杂的数据问题，帮助业务部门更好地理解数据战略和数据价值。同时，CDO 还需要与技术团队保持紧密合作，共同解决数据技术难题，提升数据平台的性能和稳定性。

3. 建立数据文化也是 CDO 的重要职责之一

在数据驱动的时代，数据已经成为组织内部沟通和决策的重要基础。CDO

需要在组织内部推广数据驱动的决策文化，提升员工的数据素养。这包括组织数据培训、分享数据洞察、制定数据标准等方面的工作。通过这些努力，CDO 可以逐步建立起一个以数据为中心的组织文化，使数据成为组织内部沟通和决策的重要工具。

在建立数据文化的过程中，CDO 需要展现出强大的影响力和领导力。他们需要能够激发员工对数据的兴趣和热情，鼓励他们积极参与数据分析和数据驱动的决策过程。同时，CDO 还需要制定和执行严格的数据标准和质量要求，确保组织内部的数据质量和准确性。

为了更好地适应内部环境的要求和约束，CDO 需要不断提升自己的能力和素质。他们需要关注数据领域的最新动态和技术发展趋势，了解新的数据工具和方法。同时，CDO 还需要与同行和业界专家保持交流，分享经验和心得。通过不断学习和提升自己的能力，CDO 可以更好地应对内部环境的挑战，从而为组织的长期发展做出更大的贡献。

在提升个人能力的过程中，CDO 需要注重以下几个方面。

- 数据管理能力的提升：CDO 需要熟悉各类数据资源 / 资产管理平台和工具，能够构建组织数据管理体系，固化管理职能和管理流程，提高数据资源的质量，推动数据资产的价值挖掘。
- 数据分析能力的提升：CDO 需要熟练掌握各种数据分析方法和工具，能够从海量数据中提取有价值的信息，为组织的决策提供有力支持。
- 沟通能力的提升：CDO 需要具备良好的沟通能力和团队协作能力，能够与业务部门、技术团队等利益相关者保持密切沟通和合作，共同推动数据战略的实施。
- 领导力的提升：CDO 需要展现出强大的领导力和影响力，能够激发员工对数据的兴趣和热情，推动组织内部数据文化的建立和发展。
- 战略思维能力的提升：CDO 需要具备前瞻性的战略眼光和规划能力，能够洞察先机，预测市场趋势和行业发展，为组织提供前瞻性的数据战略建议。

综上所述，内部环境对 CDO 的要求和约束是多方面的，包括遵循组织战略、满足业务需求、建立数据文化等方面。CDO 需要深入理解这些要求和约束，并据此制定和执行数据战略。通过不断提升自己的能力和素质，CDO 可以更好地适应内部环境变化，从而为组织的长期发展提供有力支持。

6.3　CDO 的能力模型

6.3.1　CDO 能力模型框架

在组织数字化转型过程中，CDO 只有理解了业务需求的实现方式，以及数据驱动业务的实质，才能明白在实际的转型工作中如何带领团队完成既定目标，挖掘业务价值。CDO 作为数字化业务的执行负责人，是组织内部负责数据战略、数据管理和治理的核心人物，需要具备一系列综合的能力来应对复杂的挑战，以支撑组织数字化转型。

CDO 需要具备一些基本能力：良好的职业道德和敬业精神，诚实守信、履职尽责；熟悉并遵守国家相关法律法规和标准，具有正确的数据价值观；有强烈的大数据意识和广阔的大数据视野；熟悉本组织的业务状况和所处的行业背景，有较强的创新、组织和协调能力；能够定期参加主管部门组织或指导的 CDO 专业能力培训。

CDO 能力框架如图 6-2 所示，CDO 还需要具备业务、管理、数据及技术方面的能力。

1）业务能力：CDO 的业务能力涉及对组织业务战略的深刻理解、业务洞察力、业务流程优化能力、业务创新能力和跨部门合作与沟通能力。CDO 需要像航海者一样，凭借精确的业务战略理解能力，引导数据战略与组织业务战略相协调。他们必须敏锐地捕捉市场趋势，从数据中提取关键信息，制定数据解决方案以支持业务目标。同时，CDO 需要具备业务洞察力，挖掘数据中的“金矿”，揭示业务趋势和市场需求，为决策提供支持。业务流程优化能力使 CDO 能够发现并解决流程瓶颈，提升业务效率。业务创新能力则要求 CDO 关注新兴技术和业务模式，推动组织的创新发展。在此过程中，跨部门合作与沟通能力是必不可少的，CDO 需要与不同业务部门进行密切沟通和协作，确保数据的跨部门流通和共享。

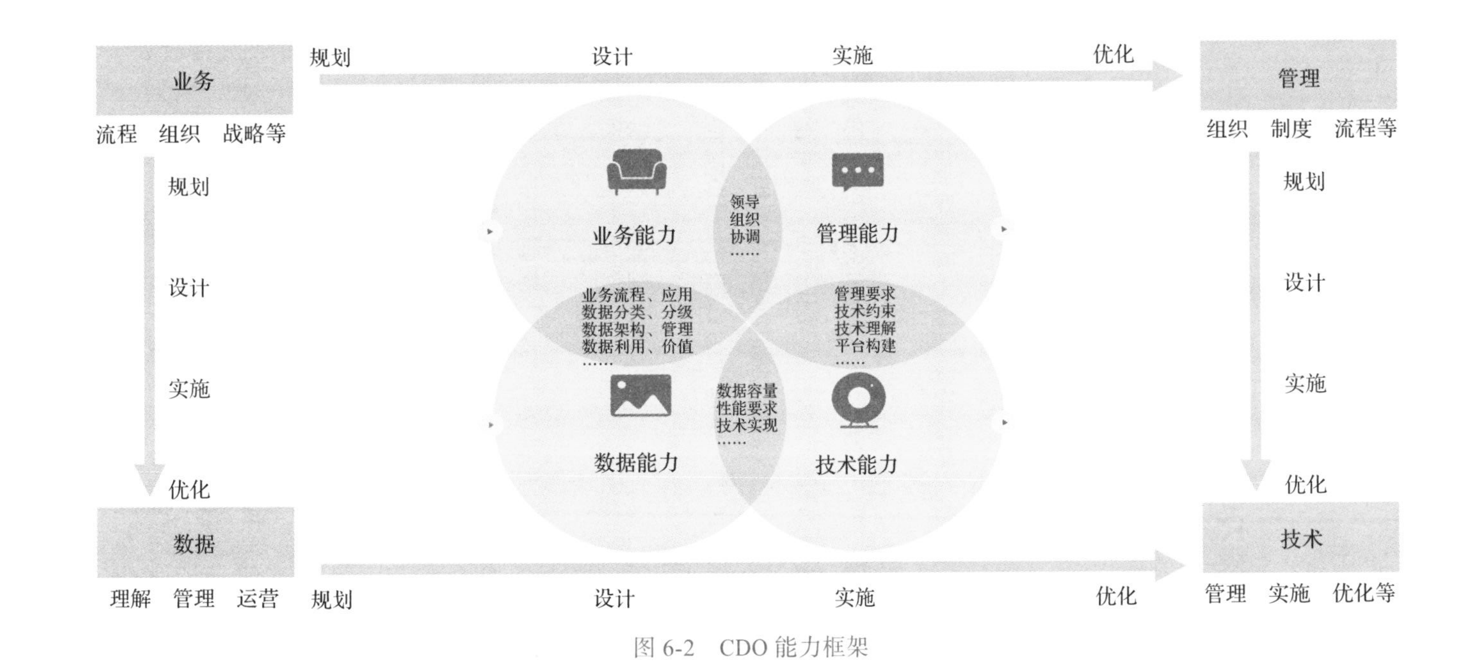
业务
流程 组织 战略等
规划
设计
实施
优化
管理
组织 制度 流程等
业务能力
领导
组织
协调
……
管理能力
业务流程、应用
数据分类、分级
数据架构、管理
数据利用、价值
……
管理要求
技术约束
技术理解
平台构建
……
数据容量
性能要求
技术实现
……
数据能力
技术能力
数据
理解 管理 运营
技术
管理 实施 优化等

图 6-2　CDO 能力框架

2）管理能力：CDO 的管理能力包括团队领导与协作能力、项目管理与执行能力、数据治理与合规管理能力以及变革管理与推动能力。CDO 需要展现出卓越的团队领导能力，激励团队成员追求卓越，并协调跨部门合作。项目管理与执行能力使 CDO 能够确保数据项目按时按质完成。数据治理与合规管理能力要求 CDO 建立有效的数据管理框架，确保数据的准确性、完整性和安全性。变革管理与推动能力则涉及 CDO 在组织数字化转型中的关键角色，推动数据驱动的文化和思维方式的转变。

3）数据能力：CDO 的数据能力涉及数据战略规划和执行能力、数据治理和管理能力、数据分析和洞察能力、挖掘数据资产价值和实现数据资产价值变现能力、数据技术选型与整合能力。CDO 需制定符合组织长期发展的数据战略，并具备强大的执行力。数据治理和管理能力要求 CDO 负责建立科学的管理体系，确保数据质量。数据分析和洞察能力使 CDO 能够从数据中提取有价值的信息，支持业务决策。挖掘数据资产价值和实现数据资产价值变现能力则要求 CDO 识别和开发数据的商业潜力，实现数据资产的市场化和价值变现。而在企业数据体系建设过程中，CDO 需要了解并掌握各种数据技术的特点和应用场景，能够根据组织的实际需求选择合适的技术。

4）技术能力：CDO 的技术能力包括宏观技术能力和微观技术能力。宏观技术能力涉及数据技术理解甄别能力、数据技术创新能力、数据平台管理实施能力以及数据产品实施能力。CDO 需理解 5G、IoT、云计算、人工智能等信息技术的原理，并能够将新技术与大数据、数据管理相互融合。微观技术能力则包括数据管理、数据分析和挖掘环境的应用、数据结构和数据集成、数据安全和隐私保护、大数据处理和分析以及数据安全保障和组织体系结构框架。这些技术能力使 CDO 能够有效管理和利用数据资源，推动组织的数字化转型和创新发展。

综上所述，CDO 的能力框架涵盖业务、管理、数据、技术等多个方面。这些能力相互关联、相互支持，共同构成了 CDO 的核心竞争力。为了不断提升这些能力，CDO 需要保持持续学习和探索的精神，紧跟数据领域的最新动态和发展趋势。

6.3.2 CDO 的业务能力

当我们深入探讨 CDO 在组织中所需具备的业务能力时，我们不难发现这些能力是多维度且复杂的。它们不仅要求 CDO 具备深厚的数据管理和运用技能，还需要他们具备对业务运作的深刻理解以及跨部门的协作能力。

（1）业务战略理解能力是 CDO 的基石

他们需要像航海者一样，拥有精确的罗盘，引导数据战略与组织的业务战略相互映照，确保两者并行不悖，甚至能够互相增强。CDO 不仅要对组织的核心业务战略有深入地理解，还要能够敏锐地捕捉市场趋势，预见可能的业务挑战和机遇。他们需要能够从海量的数据中筛选出关键的信息，将这些信息与业务战略相结合，制定出切实可行的数据解决方案，以支持业务目标的实现。

（2）业务洞察力是 CDO 的核心能力

在这个数据爆炸的时代，CDO 需要像矿工一样，从数据中挖掘出有价值的“金矿”。他们需要通过深入的数据分析和挖掘，揭示出业务趋势、市场变化和客户需求。这些洞察不仅可以帮助组织更好地理解市场，还可以为业务决策提供有力的支持。CDO 需要具备敏锐的洞察力，能够捕捉到数据中的微妙变化，从而帮助组织在竞争中保持领先地位。

（3）业务流程优化能力是 CDO 的重要任务

他们需要通过数据分析和洞察，发现业务流程中存在的问题和瓶颈，提出改进方案，并推动这些方案的实施。CDO 可以利用数据驱动的决策来改进产品设计、生产、销售等各个环节，提高业务效率和质量。他们还需要关注业务流程的持续优化，通过不断对数据进行分析和调整，使业务流程更加高效、灵活和适应市场变化。

（4）业务创新能力是 CDO 的重要素质

在这个快速变化的时代，创新已经成为组织生存和发展的关键。CDO 需要具备创新思维，能够关注新兴技术和业务模式，为组织带来新的增长点和竞争优势。他们可以利用数据驱动的新技术、新模式和新方法，推动业务的创新发展。同时，CDO 还需要具备风险意识，能够在创新过程中识别和管理风险，确保创新的顺利进行。

（5）跨部门合作与沟通能力是 CDO 的必备技能

他们需要与不同业务部门进行密切合作，确保数据的跨部门流通和共享。在这个过程中，CDO 需要具备良好的沟通能力，能够解释复杂的数据概念和技术问题，使业务部门能够理解和利用数据。他们还需要具备协调和解决冲突的能力，确保数据在各部门之间的顺畅流通和共享。

综上所述，CDO 的业务能力涵盖了从战略理解、洞察提取到流程优化和创新驱动等多个方面。这些能力不仅要求 CDO 具备深厚的数据管理和运用技能，还需要他们具备对业务运作的深刻理解以及跨部门的协作能力。这些能力能够帮助 CDO 将数据与业务紧密结合，为组织创造更大的价值。同时，CDO 还需要不断学习和更新自己的业务知识，以适应不断变化的市场环境和业务需求。在这个快速变化的时代，CDO 需要像一名全能的战士一样，具备多方面的能力和素质，为组织的成功贡献力量。

6.3.3　CDO 的管理能力

CDO 在组织中扮演着一个至关重要的角色，他们不仅需要具备深厚的数据管理和运用能力，还需拥有一系列卓越的管理能力来引领数据团队，推动数据驱动的文化变革，并为组织创造更大的价值。

（1）团队领导与协作能力是 CDO 的核心素质

作为数据团队的领导者，CDO 需要展现出卓越的团队领导能力，激励团队成员追求卓越，同时促进他们的专业成长。他们需要理解每个团队成员的优势和特长，为他们提供合适的任务和挑战，以充分发挥他们的潜力。此外，CDO 还需要具备良好的团队协作能力，能够协调不同部门和数据专家之间的合作，确保各部门之间信息的流通和资源的共享，从而共同推动数据项目的顺利进行。

（2）项目管理与执行能力是 CDO 不可或缺的能力

在数据驱动的时代，数据项目往往涉及多个部门和多个阶段，需要 CDO 具备出色的项目管理和执行能力。他们需要制定明确的项目计划和目标，确保数据项目按时按质完成。同时，CDO 还需要具备灵活应变的能力，能够根据项目的实际情况及时调整策略和措施，以应对可能出现的问题和挑战。在项目执行过程中，他们需要监控项目的进展和结果，确保项目按照既定的方向前进，并及时向高层管理人员报告项目的进展和成果。

（3）数据治理与合规管理能力是 CDO 必须重视的方面

随着数据量的不断增长和法规要求的不断提高，数据治理和合规管理成为组织不可忽视的任务。CDO 需要建立和维护一个有效的数据管理框架，确保数据的准确性、完整性和安全性。他们需要制定数据治理政策和流程，明确数据的所有权、使用权和管理权，确保数据的合法使用和流通。此外，CDO 还需要关注数据合规性要求，确保组织的数据活动符合相关法规和标准，避免因数据违规而带来的风险和损失。

（4）变革管理与推动能力是 CDO 的重要职责

在数字化时代，组织需要不断适应市场的变化和技术的发展，而数据驱动的文化和思维方式的转变是组织变革的关键。CDO 需要积极参与组织的变革过程，推动数据驱动的文化和思维方式的转变。他们需要与其他高层管理人员合作，共同制定和实施数据战略，确保数据在组织中发挥更大的价值。同时，CDO 还需要具备变革管理的能力，能够识别和应对变革中的风险和挑战，确保变革的顺利进行并带来预期的结果。

综上所述，CDO 的管理能力包括了团队领导与协作能力、项目管理与执行能力、数据治理与合规管理能力和变革管理与推动能力等多种能力。这些能力将有助于 CDO 有效地管理和指导数据团队，推动数据项目的成功实施，为组织创造更大的价值。同时，随着数据领域的不断发展和变化，CDO 还需要持续学习和提升自己的管理能力，以迎接新的挑战和机遇。

6.3.4 CDO 的数据能力

CDO 在现代企业中扮演着举足轻重的角色，其具备的数据能力直接决定了组织在数据驱动时代的竞争力。

（1）数据战略规划和执行能力是 CDO 的核心能力之一

CDO 需要具备前瞻性的思维，洞察行业趋势和市场需求，从而制定出符合组织长期发展的数据战略。在制定战略时，他们需要综合考虑组织的业务需求、技术能力和资源状况，确保数据战略与组织的整体战略紧密衔接。同时，CDO 还需要具备强大的执行力，能够将战略转化为具体的行动计划，并推动团队按照计划有序执行。这包括明确数据收集的范围、频率和质量要求，制定数据处理和分析的流程和标准，以及确定数据应用的场景和方式等。

（2）数据治理和管理能力是 CDO 不可或缺的素质

CDO 需要负责建立和维护一套科学、高效的数据管理框架，确保数据的准确性、一致性、可靠性和安全性。他们需要制定详细的数据管理政策、流程和标准，明确数据的所有权、使用权和管理权，规范数据的采集、存储、共享和使用等过程。此外，CDO 还需要对数据的质量进行持续监控和评估，及时发现并纠正数据中存在的问题，确保数据的准确性和可用性。在数据治理过程中，CDO 还需要与各个部门密切合作，共同推进数据管理的规范化、标准化和自动化。

（3）数据分析和洞察能力是 CDO 的关键技能

他们需要掌握数据分析和挖掘的技能，能够从海量数据中提取有价值的信息。CDO 应熟悉各种数据分析工具和技术，如统计分析、机器学习、数据挖掘等，并能够灵活运用这些工具和技术对业务数据进行深入分析。通过数据分析，CDO 可以帮助组织发现新的业务机会、优化业务流程、提高决策效率等。同时，他们还需要具备敏锐的商业洞察力，能够将数据分析结果与组织的实际业务相结合，为组织提供有价值的建议和决策支持。

（4）挖掘数据资产价值和实现数据资产价值变现能力也是 CDO 的关键技能

CDO 应识别和开发数据的商业潜力，将数据作为产品和服务的一部分进行市场化。准确评估数据资产的价值，制定和执行数据变现的策略，与外部合作伙伴建立和维护良好的关系，可通过第三方的数据交易平台，推动数据资产流通与交易，给组织带来直接的经济收入。同时，在数据资产流通与交易过程中，关注数据资产的安全性和合规性。

（5）数据技术选型与整合能力是 CDO 必须掌握的技能

随着技术的不断发展和更新，新的数据技术层出不穷。CDO 需要了解并掌握各种数据技术的特点和应用场景，能够根据组织的实际需求选择合适的技术。他们需要对大数据、云计算、人工智能等前沿技术进行深入了解，并能够评估这些技术在组织中的应用潜力和风险。同时，CDO 还需要具备技术整合能力，能够将不同的数据技术、系统和工具进行有效的集成和整合，实现数据的共享和互通。这有助于打破信息孤岛，提高数据的利用效率和价值。

综上所述，CDO 的数据能力涵盖了数据战略规划和执行能力、数据治理和管理能力、数据分析和洞察能力以及数据技术选型与整合能力等多种能力。这些能力将帮助他们更好地管理和利用组织的数据资源，为组织的业务发展和创新提供有力的支持。同时，随着数据技术的不断发展和应用场景的不断拓展，CDO 还需要不断学习和提升自己的数据能力，以适应新的挑战和机遇。他们需要保持对新技术和新应用的敏感度，不断更新自己的知识和技能，以更好地应对未来的挑战和机遇。

6.3.5 CDO 的技术能力

1. CDO 的宏观技术能力

CDO 应具备足够的技术能力。CDO 需要具备数据技术理解甄别能力、数据技术创新能力、数据平台管理实施能力以及数据产品实施能力，并能够结合实际情况进一步追踪技术趋势对自身数字化转型的影响，以及评估数字技术深化应用对组织业务目标实现的价值。

CDO 应具备强大的数据管理技术知识体系，并具备 IT 领域的知识体系，了解最新信息技术原理和应用情况。

CDO 应该对数据领域有充分的理论体系和实践经验，能够在充分理解数据是数字经济以及组织数字化的重要基础这一原则的前提下，良好地组织数据管理以及数据驱动业务的工作，尤其是在实际工作中，当遇到复杂场景时，要能够找到有效解决办法。CDO 应该能够把握数据要素市场的发展动态，充分挖掘组织数据的价值与潜力。CDO 要熟悉数据平台与业务数据平台等技术框架，要能够对有关产品进行科学合理选型，并不断改善产品的有效运转以达到业务目标。CDO 应能够有力组织搭建数字化共享平台，以便为组织数字化转型提供有效支撑和促进。

CDO 应理解 5G 技术、IOT（Internet of Things，物联网）技术、数字孪生、云计算、人工智能、区块链等信息技术的原理，要能够对新技术在行业和组织的实践应用有深刻认识，特别是要有将新技术与大数据、数据管理相互促进融合的能力。

（1）数据技术理解甄别能力

所谓技术理解力和甄别能力，就是能够懂得、明白和感悟技术中所蕴含的全部意义和价值。它强调的是对技术本质性、应用性的理解和感知，而后通过感知转化为运用指导，转化到管理职能的内涵中，转化到组织的目标计划中。

具体来说，在管理者技术理解力的实践层面，管理者应当具备两种决策素养，即具备对前沿数据技术追踪领会的技术敏感性，能创造性地将数据产品需求与数据技术有机融合，能前瞻判定数据技术运用的输出点，通过前瞻性的感知让技术进入管理视野、产品流程，从而让技术真正落到数据产品中，形成数据效益点。

从管理的发展史看，当生产处于家庭制时，有必要对管理的技术进行指导，越往后，随着生产规模的扩大，管理层级的增多，对管理者技术指导的要求越低，管理更多地在强调领导力、人际关系、战略管理等思维和个性要求，这是管理研究方向的变迁趋势，也越考验管理者的认知能力、思维素养。

（2）数据技术创新能力

“创新”这一概念最早由政治经济学家约瑟夫·熊彼特（Joseph Alois Schumpeter）提出的，他认为：创新是指把一种新的生产要素和生产条件的“新结合”引入生产体系。它包括五种情况：引入一种新产品，引入一种新的生产方法，开辟一个新的市场，获得原材料或半成品的一种新的供应来源，新的组织形式。

数据技术创新价值链对创新能力形成过程的映射，也是大数据价值孕育、释放和实现的过程。

- 在数据创意形成阶段，组织基于数据资源挖掘创新机会形成新观点，数据价值在此阶段得以孕育。
- 在数据创意转化阶段，组织将数据资源有效集成并作用于研发、生产、物流、营销等运营活动，将新思想、新观点从抽象观念转变为现实产品或实践。在此阶段，组织借助数字技术对数据资源进行挖掘和加工，将其转化为有价值的信息数据，价值得以释放。
- 在数据创意传播阶段，组织将大数据创新结果应用于终端市场，形成商业化产出，实现数据价值。

在评价数据技术产业创新能力时，可以从创新投入、创新产出、创新绩效和创新环境 4 个维度开展。

- 数据创新投入指的是数据创新活动所投入的资金和人力。数据资金投入可以用研发支出占比衡量，指的是研发支出占营业收入的比值，评价的是研发投入强度。数据人力投入可以用研发人员占比衡量，指的是数据研发人员占员工总数的比值，评价的是人员方面的投入强度。
- 数据创新产出评价数据创新活动所创造的知识资本，并由此转化为产品的能力。数据创新产出采用人均专利授权数和数据资产占比两个指标衡量。数据人均专利授权数指的是人均数据专利授权量，是数据专利授权量与研发人员数量的比值，评价的是数据专利的产出效率。数据资产占比指的是数据资产与总资产的比值，评价的是数据转化为有价值资产的能力。
- 数据创新绩效评价数据创新活动最终带来的可持续发展能力。数据创新绩效可以用市净率和营业收入增长率两个指标衡量。市净率是每股股价与每股净资产的比值，评价的是长期绩效。营业收入增长率评价的是绩效成长性。
- 数据创新环境分为内部环境和外部环境，内部环境考察组织是否建立了一种鼓励数据创新、持续学习的文化，外部环境考察组织的数据创新方向是否被政府所支持。内部环境可以采用应付数据职工薪酬占比衡量，是应付数据职工薪酬占营业成本的比例，评价的是是否通过合理配置资金，将数据创新失败的风险事先以工资的形式补偿给员工。外部环境可以用年度政府补贴占比衡量，是年度政府补贴占营业收入的比例，评价的是政府对数据创新的支持程度。

（3）数据平台管理实施能力

随着传统行业数字化改革不断深入，过去以经验决策为主的经营模式慢慢变为通过智能数据工具对用户进行深层次统计分析。于是，经过多方迭代更新的数字技术越来越受组织重视。但面对组织级市场内数据分析工具繁杂的现状，组织无法准确分辨出适合自己的数据分析产品。因此，了解软件购置的误区并选择合适的数据平台及工具是非常重要的。

合适的数据平台和工具应满足以下几点要求。

- 契合组织发展。配置数据平台及工具首先需要考虑是否契合组织发展。不同规模和体量的公司选择的数据平台及工具是不一样的，比如大型电商巨头本身具备互联网特性，拥有数字技术的实战经验，因此在选择上有很大空间。
- 契合业务需求。组织也可以借助服务商的技术能力，选购适合自己业务需求的数据平台及工具。
- 契合使用者需求。数据平台及工具要根据目标人群选择。有的工具使用者是一般的业务人员，那么呈现的分析方式、算法、模型需要一步到位，只需简单操作即可。有的工具面向的是专业的数据分析师，需要根据数据分析师的需求配置更复杂的模块。
- 契合使用需求。不同行业选择数据平台及工具的出发点是不一样的。有些行业数据量不大，重在数据的存储管理；有些行业数据量较大，偏重于数据分析产生价值，因而对分析模块比较重视；还有些行业采用数据平台及工具是为了优化报表、改善数据仓库性能。因此，传统行业配置数据平台及工具时要考虑应用目的。
- 延展性能良好。如果组织规模较小、数据量不大、功能需求较单一，可能对数据平台的要求不高，但随着组织业务的拓展及组织规模的扩大，当初购置的数据平台可能无法跟上组织发展的需求，需要重新配置一套满足目前及未来发展的数据平台，这样会造成资源浪费，成本无法控制。因此，配置一款延展性能良好、可以满足定制化需求、具备良好运维服务的数据平台，对于组织而言是非常重要的，它既可以无缝衔接组织内部传统的数据管理软件，又能流畅接入外部数据，同时面对组织不断发展壮大的数据分析需求也具备一定的扩展性。
- 价格合适。传统行业可能会认为昂贵、具备一定品牌效应的知名软件才是优质产品。但实际上购置软件要看是否适合自己，要看软件的功能是否契合业务需求、软件的性价比如何、内存计算能力如何、操作是否简便、技术是否先进、售后及运维服务如何。特别是中小型组织，要根据经济能力配置数据平台及工具。

（4）数据产品实施能力

在数字经济时代，算法对组织业务增长至关重要，是组织进行数字化转型、构建竞争优势的关键。IT 工程师或数据分析师可能会将算法描述为一组由数据操作形成的规则。而从业务价值方面考虑，算法是一种捕获商业机会、提高商业洞察力的方法，对其进行产品化并应用于业务分析，可以为前端业务部门提供更多便利。

CDO 作为组织数字化转型重要的推动者，应积极探索算法在驱动业务、提升用户体验方面的价值，不仅要深谙算法盘点方式以及通过算法推动业务增长的方法，还要明晰算法驱动业务的要点。

CDO 对算法的盘点和管理至关重要，可以从明晰算法类型、培养算法服务业务的思维、构建协同合作的工作流程、形成有效的算法模型管理框架、多维盘点算法、全面管理算法市场、形成算法激励模式这 7 个方面进行盘点。

1）明晰算法类型。CDO 在管理算法的过程中，首先要明晰算法的类型。其次 CDO 要了解与算法有紧密联系的行业模型，也就是将算法与行业应用场景结合，对结果进行业务处理而得出的大数据分析模型。

2）培养算法服务业务的思维。业务数字化转型程度不同的组织，算法团队隶属于不同的部门。但在以“业务变现”为最高目标的数字化转型过程中，算法团队无论是向谁汇报，最后的服务对象都应该是业务部门，而不是 IT 部门。

3）构建协同合作的工作流程。明确了算法团队的组织关系后，CDO 便可带领团队进行算法和模型的开发。在进行算法开发工作前，CDO 应构建算法团队的工作流程，合理规划数据使用、流程管理、技术配给、人员安排，形成协同有效、合作无间的工作单元。

4）形成有效的算法模型管理框架。如今越来越多的业务会用到算法和模型技术，这些专业技术构成了数字化转型组织的无形资产。为了管理这些无形资产，CDO 需要构建有效的管理框架，比如模型验证测试方法、模型加载环境配置、模型升级方案等。

5）多维盘点算法。在形成算法和模型管理框架后，CDO 需要与算法团队编制算法目录，对现有的算法进行盘点。在盘点的过程中，CDO 要对算法和模型的各类情况做到充分了解。在完成对现有算法的盘点后，CDO 还需要与各个业务线的负责人沟通，了解可以开发哪些算法来提升业务价值，然后安排算法团队进行开发。

6）全面管理算法市场。CDO 需要对这些算法进行管理，搭建一个管理展示平台，将不同类别、不同属性的算法和模型放到一个平台上，形成算法市场。CDO 还需要配置算法的开发、上传、下载、应用一条龙服务路径，明确第三方团队如何参与平台算法的开发与合作。

7）形成算法激励模式。伴随人工智能的发展，算力和数据不断被深度利用，算法会深化到各种垂直需求中，为业务贡献的利润将是客观且可统计的。构建针对算法贡献者的激励模式，可以让更多的人参与到算法开发和建设中来。

2. CDO 的微观技术能力

CDO 作为组织数据战略的引领者和执行者，其所需具备的微观技术能力不仅广泛而且深入。这些技术能力不仅能够帮助 CDO 更好地管理和利用数据资源，还能为组织的数字化转型和创新发展提供有力支持。以下是关于 CDO 应具备的微观技术能力的详细阐述。

第一，数据管理能力是 CDO 的核心技能之一。这要求 CDO 不仅要对数据生命周期有深入了解，还要能够熟练掌握数据收集、存储、处理、分析和利用等各个环节的技术和方法。他们需要确保数据的准确性和完整性，为组织提供高质量的数据支持。

第二，CDO 需要深入了解并应用各类数据分析和挖掘环境，如数据仓库、商业智能工具、数据湖和数据中台等。他们需要熟悉这些环境的构建和管理，了解如何优化数据查询和分析的性能，以及如何利用这些工具进行数据挖掘和分析，从而提取有价值的业务信息。此外，CDO 还需要关注新兴的数据分析和挖掘技术，如机器学习、深度学习等，以便更好地应对不断变化的业务需求。

第三，在数据结构和数据集成方面，CDO 需要掌握各种数据结构的特点和应用场景，并能够根据业务需求进行数据集成。他们需要了解关系型数据库、非关系型数据库、图形数据库等不同类型的数据库技术，以及数据集成工具和方法。通过数据集成，CDO 可以实现数据的共享和互通，为组织提供全面的数据支持。

第四，数据安全和隐私保护的技术能力也是CDO必须重视的方面。他们需要了解并掌握最新的数据安全技术和隐私保护策略，如数据加密、访问控制、数据脱敏等。CDO需要确保组织的数据资产不受损害和泄露，保障数据的机密性、完整性和可用性。

第五，随着大数据技术的快速发展，大数据处理和分析的能力也变得越来越重要。CDO需要熟悉大数据平台的搭建和管理，了解如何处理海量数据，并能够利用大数据技术进行数据分析和挖掘。他们还需要关注大数据技术的最新发展，如实时大数据分析、流处理等，以便更好地满足组织的业务需求。

第六，数据安全保障和组织体系结构框架的理解和应用也是CDO不可或缺的技术能力。他们需要确保整个数据管理和分析过程的安全性，并能够根据组织的整体架构来设计和优化数据管理系统。CDO需要了解网络安全、应用安全、数据安全等方面的知识，并能够制定和实施相应的安全策略和措施。

综上所述，CDO的微观技术能力涵盖了数据管理、数据分析和挖掘环境的应用、数据结构和数据集成、数据安全和隐私保护、大数据处理和分析以及数据安全保障和组织体系结构框架等多个方面。这些技术能力的掌握将有助于CDO更好地管理和利用组织的数据资源，推动组织的数字化转型和创新发展。同时，随着技术的不断发展和应用场景的不断拓展，CDO还需要不断学习和提升自己的技术能力，以适应新的挑战和机遇。

6.4 CDO 的知识体系

6.4.1 CDO 的知识结构

CDO作为组织数据战略的核心管理者，需要具备多方面的知识，以应对日益复杂的数据挑战和业务需求。图6-3是CDO应具备的几类知识。

1. 业务知识

作为CDO，对业务知识的深入掌握是不可或缺的。在确保业务连续性的同时，CDO必须全面了解旧业务的运营模式和优劣势。这不仅仅是对过去业务的一种回顾，更是对未来业务发展的基础铺垫。此外，随着数字化转型的加速，

CDO 还需要深入了解通过数字化手段如何创新业务，并评估这种创新对业务增长和效率提升的实际效果。

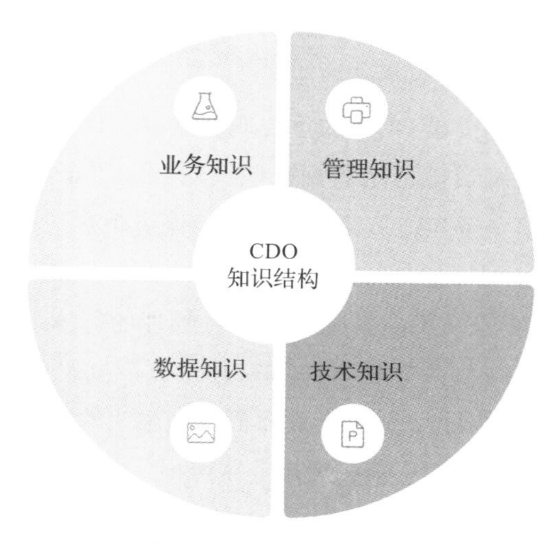

图 6-3　CDO 的知识结构

- 在深入理解组织的业务模型时，CDO 需要仔细分析公司的核心业务流程、价值创造方式以及市场定位。同时，他们还需要密切关注行业动态，了解竞争对手的策略和市场趋势，以便为组织制定更具前瞻性的业务战略。
- 熟悉组织的业务流程和关键绩效指标（KPI）对于 CDO 来说至关重要。这要求他们不仅了解每个部门的运营情况，还要能够洞察各部门之间的协作与配合。在业务决策过程中，CDO 需要运用数据洞察能力，将业务需求转化为具体的数据需求，为决策提供有力的数据支持。

总之，CDO 在业务知识方面的要求非常高，他们需要具备全面的业务视角和深入的业务洞察力，以便更好地为组织创造价值。

2. 管理知识

作为数据领域的领导者，CDO 在管理知识方面的要求同样非常严格。他们需要管理好各类数据资源，确保数据的准确性和安全性。同时，CDO 还需要协调数据管理工作与数据应用工作，确保数据能够充分发挥其价值。

- 在建立数据管理团队时，CDO 需要注重团队成员的专业素养和团队协作能力。他们需要制定明确的管理机制和管理流程，确保数据工作的有序进行。此外，CDO 还需要建设考评机制，激励团队成员积极投入工作，提高数据工作的质量和效率。
- 推动数据文化建设是 CDO 的重要职责之一。他们需要倡导数据驱动决策的理念，鼓励员工运用数据来解决问题和制定策略。同时，CDO 还需要关注数据安全和隐私保护问题，确保组织在利用数据的同时遵守相关法律法规。
- 在项目管理方面，CDO 需要掌握项目管理的基本原理和方法，能够制定数据战略、规划数据项目并监控其执行进度。此外，CDO 还需要擅长跨部门沟通和协作，能够协调不同部门之间的数据需求和资源分配。

总之，CDO 在管理知识方面的要求非常全面，他们需要具备出色的管理能力、领导力和团队协作能力，以便更好地推动数据工作的进展。

3. 数据知识

对于 CDO 来说，数据知识是他们专业素养的核心。他们需要具备对数据市场发展情况、技术变革趋势和组织生存状态的敏锐洞察力。这要求 CDO 不仅要关注数据的数量和质量，还要了解如何运用智能化的数据工具、平台、技术和服务来创造新的业务价值。

- 在数据理解方面，CDO 需要深入理解数据的生命周期，包括数据采集、存储、处理、分析和可视化等各个环节。他们需要了解不同数据类型的特点和应用场景，并能够根据业务需求选择合适的数据处理和分析方法。
- 在数据管理方面，CDO 需要熟悉数据管理的原理和方法。他们需要确保数据的准确性、一致性和安全性，并能够通过数据治理和质量控制等手段提高数据质量。
- 在数据运用和流通方面，CDO 需要关注数据的流动和价值转化过程。他们需要了解数据在业务流程中的应用场景和效果，并能够推动数据在组织内部的共享和流通。此外，CDO 还需要关注数据安全和隐私保护问题，确保数据在流通过程中不会泄露或滥用。

总之，CDO 在数据知识方面的要求非常高，他们需要具备全面的数据素养和深入的数据洞察力，以便更好地利用数据为组织创造价值。

4. 技术知识

随着数据技术的不断发展，CDO 在技术知识方面的要求也越来越高。他们需要了解最新的技术趋势和应用场景，并能够评估这些技术对组织的影响和价值。

- 在大数据和云计算方面，CDO 需要熟悉这些技术的基本原理和应用场景。他们需要了解如何通过大数据技术处理海量数据并提取有价值的信息；如何利用云计算技术提高数据处理和分析的效率和灵活性。
- 在人工智能方面，CDO 需要了解机器学习、深度学习等技术的原理和应用场景。他们需要了解如何通过人工智能技术实现自动化决策、智能推荐等功能；如何运用人工智能技术提高业务效率和客户体验。
- 在数据处理和分析工具方面，CDO 需要了解常见的数据库、数据挖掘软件、数据可视化工具等的使用方法。他们需要能够选择合适的工具来支持数据分析和数据挖掘工作。
- 在新技术架构的发展趋势和特点方面，CDO 需要了解数据中台等新技术架构的优劣势、成本效益以及适用范围；并能够评估这些新技术架构与组织的匹配度和可行性。

总之，CDO 在技术知识方面的要求非常全面，他们需要紧跟技术发展的步伐，不断学习新知识、掌握新技能，以便更好地为组织提供数据支持和服务。同时，他们还需要将技术与业务需求紧密结合，运用技术手段解决业务问题，提高业务效率和效果。

6.4.2 CDO 的必备能力

在当今数据驱动的商业环境中，一个由 CDO 领导的成熟组织，能够显著地展现并积极地推动数据管理能力的提升，为组织提供关键业务智能所需的深刻洞察力。这种能力不仅满足了财务、风险、营销、销售、合规、产品开发、人力资源等各部门的具体业务需求，而且推动了组织的整体发展和创新。然而，要实现这一目标，CDO 在组织中必须具备相匹配的影响力，这就要求他们拥有一系列必要的业务、技术和管理技能，以及独特的经验。

1）CDO 需要具备深厚的领域经验。他们必须全面掌握某一行业（如金融、保险、医疗、交通、能源等）的知识，了解该行业的关键业务、客户交互方式以及内部和外部利益相关者的期望与需求。这种深入的行业理解有助于 CDO 更准确地把握业务需求，为组织制定更为有效的数据战略。

2）CDO 需要具备全面的业务视角。他们不仅要精通风险、财务和客户等业务领域，还要能够将这些领域的知识与数据相结合，驱动业务价值的实现。同时，CDO 还需要对监管环境有充分理解，并能够利用数据来确保组织的合规性和风险管理。

3）CDO 还需要具备量化思维。他们应该能够建立典型的业务案例和业绩指标体系，以展示数据对业务价值的贡献，并争取到必要的项目资金资源。量化思维有助于 CDO 在组织中树立数据驱动的文化，推动数据在决策中的广泛应用。

4）领导力是 CDO 不可或缺的技能。他们需要了解组织架构设计，并能够管理和推动大规模、跨职能、多级的项目。这要求 CDO 具备强大的协调能力，能够整合人员、技术、流程和工具，形成长期战略和速赢成果。

5）沟通能力也是 CDO 的重要技能之一。他们需要在组织中宣传数据战略及实施路线，并就组织数据蕴含的内在价值对多层次的利益相关者进行培训。此外，CDO 还需要作为组织变革的推动者，破除固有的文化阻力，推动组织向数据驱动转型。

6）在技术领域，CDO 需要展现出信息管理和量化分析技能。这包括了解数据解决方案的基础架构、各种数据技术 / 平台、与供应商协商的能力以及领导关键业务系统建设的经验。这些技术能力有助于 CDO 更好地管理组织的数据资源，提高数据的质量和价值。

综合来看，CDO 需要具有将业务需求转化为数据技术方面的方法、经验和专业知识。他们需要理解风险、产品、客户等方面的核心数据，但并不过于侧重于技术细节。相反，CDO 需要具备很强的技术背景，以便更好地与技术人员沟通协作。此外，CDO 还需要具备综合的技术能力、业务知识和人员沟通管理技巧，以便在组织中发挥更大的影响力。

6.4.3　CDO 的个人特质

CDO 作为组织内部数据管理和应用的核心驱动力，他们不仅要掌握专业的技能和知识，还需拥有一系列独特的个人特质，以便应对复杂多变的数据环境。如图 6-4 所示，这些特质不仅塑造了他们作为数据领袖的形象，也决定了他们能否有效推动数据战略的实施，为组织带来实质性的价值。

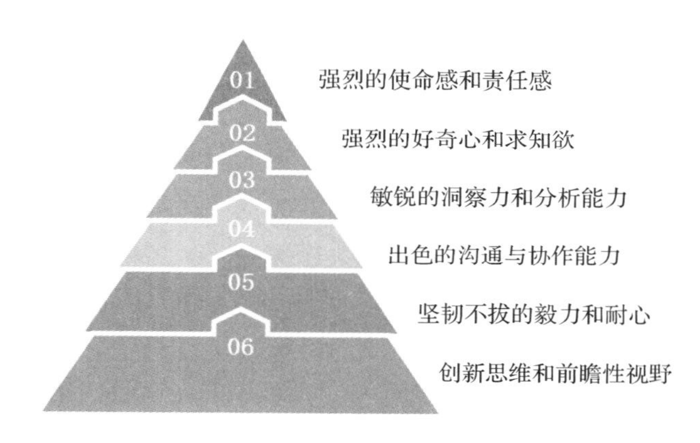

图 6-4　CDO 的个人特质

1）CDO 具备强烈的使命感和责任感。他们深知数据在当今时代的重要性，并坚信通过数据驱动可以带来组织的创新和竞争优势。因此，他们不仅将数据视为一种资源，更将其视为一种战略资产。CDO 会全身心投入到数据工作中，不断寻求机会和挑战，以实现数据价值的最大化。他们的使命感和责任感驱使他们不断前行，为组织的发展贡献自己的力量。

2）CDO 拥有强烈的好奇心和求知欲。数据世界是一个充满未知和变化的领域，每天都有新的技术和应用出现。为了跟上时代的步伐，CDO 必须具备不断学习和探索的精神。他们关注最新的数据科学研究和行业趋势，积极学习新的知识和技能，以便为组织提供最佳的数据解决方案。这种好奇心和求知欲使 CDO 能够保持敏锐的洞察力，及时发现并抓住数据中的机遇。

3）CDO 具备敏锐的洞察力和分析能力。面对海量的数据，CDO 需要具备能够从中提取有价值信息的能力。他们运用各种数据分析工具和方法，对数据进行深入挖掘和解读，发现数据中的规律和趋势。这种能力使 CDO 能够为组织提供深刻的业务洞察和决策支持，帮助组织做出更明智的决策。

4）CDO 还需要具备出色的沟通与协作能力。作为组织内部数据领域的领导者，他们需要与不同部门和团队进行有效的沟通和协作。CDO 需要具备良好的沟通技巧和人际交往能力，能够清晰地传达数据战略和价值，并听取他人的意见和建议。同时，他们还需要具备团队合作精神，能够带领团队共同实现数据目标。这种沟通与协作能力有助于 CDO 在组织中建立广泛的人脉和影响力，推动数据工作的顺利进行。

5）CDO 还需要具备坚韧不拔的毅力和耐心。数据管理和应用是一个长期且复杂的过程，需要付出大量的时间和精力。CDO 在面对困难和挑战时能够保持冷静和乐观，持续推动数据工作的进展。他们不畏艰难，勇于面对挑战，不断寻求解决方案，确保数据战略的有效实施。

6）CDO 需要具备创新思维和前瞻性视野。他们不仅关注当前的数据应用和技术趋势，还思考如何将这些技术应用于组织中，以推动组织的数字化转型和业务发展。CDO 善于跳出传统的思维模式，探索新的数据应用和创新点，为组织带来前所未有的机遇和价值。

这些个人特质共同构成了 CDO 独特的魅力，使他们在数据管理和应用领域中脱颖而出。当然，不同的 CDO 可能具有不同的特质组合，这些特质也会随着其职业发展和组织需求的变化而有所调整。但无论如何，这些特质都是 CDO 成功不可或缺的因素。

6.4.4 CDO 与新业务

CDO 与新业务之间的关系是深远且多维度的。在数字化时代，数据已经成为推动业务增长和创新的关键动力，而 CDO 作为这一动力系统的核心人物，发挥着不可或缺的作用。

1）CDO 在新业务开发阶段发挥着至关重要的作用。在新业务的策划初期，CDO 利用先进的数据分析工具和方法，对市场趋势、客户需求和竞争对手进行细致入微的挖掘。他们通过数据分析，为业务团队提供有力的数据支持，帮助确定新业务的定位、目标和策略。同时，CDO 还深度参与新业务的产品设计、服务创新和流程优化，确保新业务能够精准地满足客户需求，从而在激烈的市场竞争中脱颖而出。

2）CDO 在新业务推广和营销中的价值不可估量。他们通过构建数据驱动的营销策略，精准地定位目标客户，制定个性化的推广计划。这种基于数据的营销策略能够大大提高新业务的知名度和影响力，吸引更多的潜在客户。此外，CDO 还利用数据分析和预测技术，对营销效果进行实时监测和评估。他们通过数据反馈，及时调整营销策略，确保营销活动的有效性和高效性。

3）CDO 在新业务的数据治理和安全管理方面也扮演着关键角色。随着新业务的开展，数据量将呈现爆炸式增长，数据的安全性和隐私保护变得尤为重要。CDO 通过建立完善的数据治理体系，确保新业务的数据质量、安全性和合规性。他们制定严格的数据管理政策，规范数据的收集、存储、处理和共享流程。同时，CDO 还通过技术手段，如数据加密、访问控制等，保护新业务的敏感数据，防止数据泄露和滥用。

4）CDO 在新业务的风险管理和决策支持方面也发挥着重要作用。他们通过对新业务数据的深入挖掘和分析，能够发现潜在的风险和机会。CDO 利用数据洞察，为业务团队提供及时的风险预警和决策建议，帮助他们做出更加明智的决策。同时，CDO 还利用数据模型和算法，对新业务的收益、成本和风险进行量化评估。他们通过数据分析和预测，为管理层的决策提供有力支持，确保新业务能够在风险可控的前提下实现稳健发展。

5）在业务运营过程中，CDO 还扮演着数据驱动的业务优化者的角色。他们通过持续的数据监控和分析，发现业务运营中的瓶颈和痛点，提出改进建议。CDO 与业务团队紧密合作，共同优化业务流程、提升服务质量、降低运营成本。他们利用数据洞察来指导业务决策，推动业务持续改进和创新。

综上所述，CDO 与新业务之间存在着密不可分的关系。CDO 通过运用数据洞察和策略，为新业务的开发、推广和营销、数据治理和安全管理、风险管理和决策支持以及业务运营等方面提供了全方位的支持。他们不仅是数据的守护者，更是新业务的推动者和创新者。在 CDO 的引领下，新业务能够在数据驱动下实现快速增长和持续成功。

6.4.5 CDO 与新模式

CDO 与新模式之间的关系在现代商业环境中愈加凸显其重要性，特别是在数据驱动的业务创新和数字化转型的浪潮中。随着科技的飞速发展和市场竞争的日益激烈，组织不得不寻求新的业务模式来应对挑战、抓住机遇，而 CDO 在这一过程中扮演着不可或缺的角色。

1）CDO 作为数据领域的专家，通过深入挖掘和分析数据，为组织提供了宝贵的市场趋势、客户需求、产品性能等方面的洞察。这些洞察不仅帮助组织识别出潜在的商业机会和潜在风险，还为组织制定更加精准和有效的战略提供了有力支持。在新模式的构建过程中，CDO 运用其专业的数据分析能力，评估不同模式的可行性和潜在影响，为决策层提供决策依据，确保组织能够选择最符合市场趋势和自身特点的业务模式。

2）CDO 在推动数据驱动的业务创新方面发挥着关键作用。他们不仅关注数据的收集和分析，更致力于将数据洞察转化为具体的业务行动。CDO 带领团队探索新的数据应用场景和解决方案，帮助组织开发出更具竞争力的产品和服务。他们与业务部门紧密合作，将数据分析结果转化为具体的业务策略和执行计划，推动组织在新模式中脱颖而出。通过数据驱动的创新，CDO 帮助组织在市场中获得竞争优势，实现持续增长。

3）CDO 还负责构建和维护组织的数据生态系统。数据生态系统是组织内部数据流通和共享的基础，对于实现数字化转型至关重要。CDO 需要与各个部门密切合作，确保数据的准确、及时和有效流通。他们推动跨部门之间的数据共享和协同工作，打破信息孤岛，提高组织整体的数据利用效率。在新模式的实施过程中，CDO 能够协调各方资源，确保数据在各个环节得到有效利用，为组织的数字化转型提供有力支持。

4）CDO 在推动组织文化变革方面也扮演着重要角色。随着数据成为组织核心竞争力的重要组成部分，组织需要培养一种以数据为驱动的文化氛围。CDO 通过倡导数据思维、推广数据文化，帮助组织员工树立数据意识，提高数据素养。他们鼓励员工主动关注数据、运用数据、分析数据，将数据作为决策的重要依据。通过文化变革，CDO 帮助组织建立起一种以数据为核心的工作方式，为组织在新模式下的持续发展奠定坚实基础。

综上所述，CDO 与新模式之间的关系紧密而复杂。他们通过深入挖掘和分析数据、推动数据驱动的业务创新、构建和维护组织的数据生态系统以及推动组织文化变革等方式，为组织在新模式下的成功转型和持续发展提供了有力支持。CDO 不仅是数据的守护者，更是组织转型的推动者和创新者，他们的工作对于组织的未来发展具有重要意义。

6.4.6　CDO 与技术

CDO 与技术的关系，可以说是紧密相连、相得益彰的。作为组织内部负责数据战略和管理的核心角色，CDO 的工作几乎无法离开技术的支持，而技术的进步也为 CDO 的工作带来机遇和挑战。

1）技术是 CDO 履行职责不可或缺的基石。CDO 需要借助各种先进的数据管理工具、高效的数据处理和分析软件以及直观的数据可视化平台等技术手段，来全面、深入地管理和利用组织的数据资源。这些技术工具不仅能够帮助 CDO 在海量数据中快速找到有价值的信息，还能够将这些信息以直观、易于理解的方式呈现给非数据专家，从而帮助他们更好地理解和利用数据。

2）技术的飞速发展也在不断推动 CDO 工作的进步。随着大数据、人工智能、机器学习等技术的不断创新和突破，数据的处理和分析能力得到了前所未有的提升。CDO 需要密切关注这些技术趋势，及时了解并掌握最新的技术应用，以便更好地应对组织面临的挑战和机遇。同时，CDO 还需要与技术团队保持紧密的合作关系，共同探索新的数据应用场景和价值创造方式，推动组织在数据领域的创新发展。

然而，尽管技术对于 CDO 的工作至关重要，但技术本身并不是万能的。CDO 在工作中需要正确处理与技术的关系，既要充分利用技术工具提高工作效率和质量，又要避免过度依赖技术而忽视数据的本质和业务需求。

为了充分发挥技术在 CDO 工作中的价值，CDO 需要注意以下几点。

- 深入理解业务需求。CDO 需要深入理解组织的业务战略和目标，明确数据在业务中的角色和价值。在此基础上，CDO 可以选择最适合的技术工具和方法来支持业务决策和创新发展。这需要 CDO 与业务部门保持紧密的沟通和协作，确保数据工作的方向与业务需求相一致。

- 保持技术的灵活性和前瞻性。技术的发展日新月异，CDO 需要保持对新兴技术的敏感度和开放度。在选择技术工具时，CDO 应该注重技术的可扩展性和适应性，以便在未来能够灵活应对技术和业务的变化。同时，CDO 还需要关注技术的发展趋势，预测未来可能出现的技术变革，并提前做好准备。
- 强调数据的质量和价值。在利用技术工具处理和分析数据时，CDO 需要始终关注数据的质量和价值。技术只是手段，数据的质量和价值才是关键。CDO 需要确保数据的准确性和完整性，避免因为数据质量问题导致决策失误。同时，CDO 还需要通过深入的数据分析和洞察来提取有价值的信息，为组织的决策提供有力支持。
- 培养技术团队和数据团队的协作能力。CDO 需要与技术团队和数据团队保持紧密的合作关系。技术团队负责为 CDO 提供技术支持和解决方案，而数据团队则负责数据的收集、整理和分析。CDO 需要促进两个团队之间的沟通和协作，确保技术工具和数据分析能够更好地服务于组织的业务需求。

综上所述，CDO 与技术的关系是相互依存、相互促进的。CDO 需要在工作中正确处理与技术的关系，既要充分利用先进的技术工具来提高工作效率和质量，又要注重数据的本质和业务需求，确保数据能够为组织的业务发展和创新提供有力支持。同时，CDO 还需要与技术团队和数据团队保持紧密的合作关系，共同推动组织在数据领域的创新和发展。

6.5 CDO 路线图理论

6.5.1 isCDO 的理论

isCDO 对于 CDO 的行动计划路线图给出了一个基于最佳实践的方法论《CDO90 天行动计划》。在最新发布的 V1.6 版本中将 CDO 的前 90 天分为 3 个阶段，每个阶段都包括若干的活动和成果，详见图 6-5[⊖]。

1～30天	31～60天	61～90天
活动： 1.管理活动 2.企业活动 成果： 1. CDO办公室的数据愿景/价值主张（第30天） 2. 当前状态、数据管理实践（初稿） 3. 数据道德、隐私和数据保护计划（初稿） 4. 数据战略演示和文档（初稿）	活动： 1.管理活动 2.企业活动 3.数据团队活动 成果： 1. 当前状态、数据管理实践（修订版） 2. 数据道德、隐私和数据保护计划（修订版） 3. 数据治理工作组（专案组） 4. 数据战略演示和文档（修订版）	活动： 1.管理活动 2.企业活动 成果： 1. 当前状态、数据管理实践（最终版） 2. 数据道德、隐私和数据保护计划（最终版） 3. 数据治理工作组（专案组） 4. 数据战略演示和文档（最终版）

图 6-5　CDO 前 90 天的活动和成果

如图 6-5 可知，isCDO 将 CDO 的前 90 天分成 3 个等长的时间段，每段时间的活动类型和成果类型基本相同，但细节上并不完全相同，其总体上采用敏捷迭代的交付思维。

另外，CDO 除了着眼于最近 90 天的活动和成果外还应该具有 1～2 年的投资规划能力。CDO 第一年和第二年投资计划示例如图 6-6 所示。

第一年	第二年
运营投资（OpEx）： 1.投资-1：高级管理人才招聘与培养 2.投资-2：数据治理团队招聘与培养 3.投资-3：数据质量团队招聘与培养 4.投资-4：数据实施团队招聘与培养 资金投资（CapEx）： 1.投资-1：CCPA/实现数据透明度 2.投资-2：实施数据生态系统管理和可追溯性 3.投资-3：实施数据信任（MDM、RDM（参考数据管理）、数据质量和数据治理）	运营投资（OpEx）： 1.投资-1：数据科学团队招聘与培养 2.投资-2：数据分析团队招聘与培养 3.投资-3：数据挖掘团队招聘与培养 4.投资-4：数据交易团队招聘与培养 资金投资（CapEx）： 1.投资-1：GDPR/实现数据隐私保护 2.投资-2：提高全局数据治理和数据编织能力 3.投资-3：创造数据价值（AI、BI、ML（机器学习）、预测分析和规范分析）

图 6-6　CDO 第 1～2 年的投资计划示例

⊖ 上海市静安区国际数据管理协会 . 首席数据官知识体系指南 [M]. 北京：人民邮电出版社，2024.

6.5.2 Gartner 的理论

Gartner 对于 CDO 的行动计划路线图给出一个《CDO 前 100 天》的方法论，下载地址如下[㊀]：

https://emtemp.gcom.cloud/ngw/globalassets/en/doc/documents/3171017-the-chief-data-officers-first-100-days.pdf

本文档的上次审查时间为 2017 年 3 月 31日，Gartner 将 CDO 的前 100 天分成 6 个持续时间相互重叠的阶段，包括准备、评估、规划、行动、测量和沟通，如图 6-7 所示。其中沟通是贯穿始终的，这强调了沟通对于 CDO 的成功起到至关重要的作用。

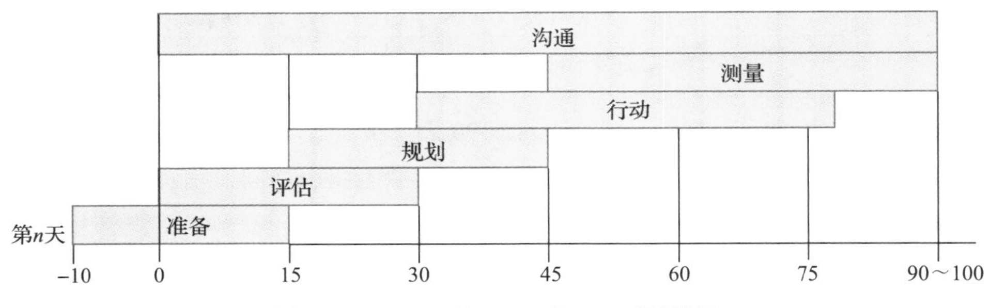

图 6-7 Gartner 的 CDO 前 100 天路线图

如图 6-7 可知，本模型中的活动相互重叠、沟通贯穿始终，其非常类似于项目管理的交付过程（参考 PMBOK 第 6 版）。另外，Gartner 还强调了就职之日之前，提前就启动准备工作。每个阶段都包括关键的目标成果、活动和资源，以及在时间和资源允许的情况下需要考虑的一些可选想法。沟通阶段跨越整个持续时间，每个阶段包括有效沟通的具体行动。

对于准备、评估、规划、行动、测量这五个阶段，文中提供了结构化的模式进行描述。每个阶段都包括：目标成果、活动、沟通、资源等相同的结构，参考表 6-1。

㊀ 上海市静安区国际数据管理协会．首席数据官知识体系指南 [M]. 北京：人民邮电出版社，2024.

表 6-1　五个阶段的结构化的模式

准备阶段 / 评估阶段 / 规划阶段 / 行动阶段 / 测量阶段		
目标成果		
活动	沟通	资源
		Gartner 资源： 其他建议资源：

6.5.3　MIT iCDO & IQ 的理论

MIT iCDO & IQ 的理论与 isCDO 理论比较接近，采用敏捷思维。30 天为一个小周期，90 天为一个大周期，反复循环、持续推进。在每个 90 天的周期中都包括重塑团队思维模式（愿景、文化价值观和行动准则）的过程，差距分析之后制定解决方案、规划路线图和投资计划，以及敏捷冲刺和重复过程[⊖]，如图 6-8。

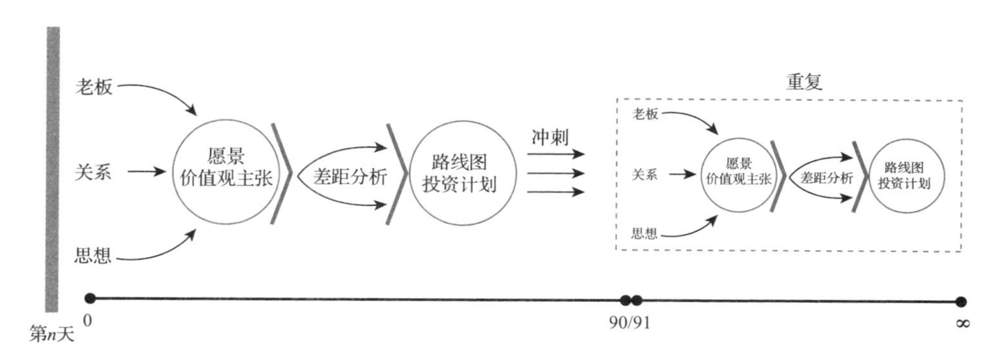

图 6-8　MIT iCDO & IQ 的 CDO 敏捷模式路线图

MIT iCDO & IQ 认为，虽然在不同的企业内部以及他们在建立 CDO 办公室的过程中存在差异，但以下通用地总结了 CDO 在前 90 天内应该完成的工作。

⊖ 上海市静安区国际数据管理协会 . 首席数据官知识体系指南 [M]. 北京：人民邮电出版社，2024.

1）CDO 将负责与内部利益相关者建立牢固的关系，从 IT、法律、人力资源、财务和风险部门的人员开始。与这些部门就信息治理的业务收益和他们各自领域的盈利进行沟通是至关重要的。

2）从 CIO 的组织中任命两个以信息为中心的 IT 角色作为副 CDO。一个专注于技术，另一个专注于业务案例。

3）建立一个与业务战略相关联的信息战略。

4）在组织内招聘以信息为中心的角色：信息架构师（Information Architect）和数据管理专员（Data Steward），以开始构建 CDO 团队。

5）参与 CDO 学习社区（研讨会）、认证项目、在线 CDO 论坛等。跳跃的想法和向其他 CDO 学习，将是 CDO 学习曲线的重要组成部分。

6）开始建立里程碑。定义和传达现实的、可测量的和有时限的目标。

7）开始赢得 CDO 的小胜利，帮助 CDO 角色获得可信度。思考远大，从小做起，快速行动。

6.6 CDO 路线图最佳实践

参考 isCDO、Gartner、MIT iCDO & IQ 的最佳实践和方法论，提出一个适用于数字化转型组织的通用的 CDO 行动路线图（示例），如图 6-9 所示。

6.6.1 如何成为 CDO

要成为一名 CDO，需要经历一系列的学习、实践和经验积累的过程。下面是对这个过程的详细认识，以及如何去做的一些建议。

1. 全面且深入地理解 CDO 的角色与职责

在探讨如何成为一名成功的 CDO 时，首要任务是全面且深入地理解这一职位的核心角色与职责。CDO 不仅是组织中的数据战略家，更是推动数字化转型的关键驱动力。他们需要洞察业务趋势，将数据视为组织的核心资产，并通过数据驱动决策来推动业务增长和创新。

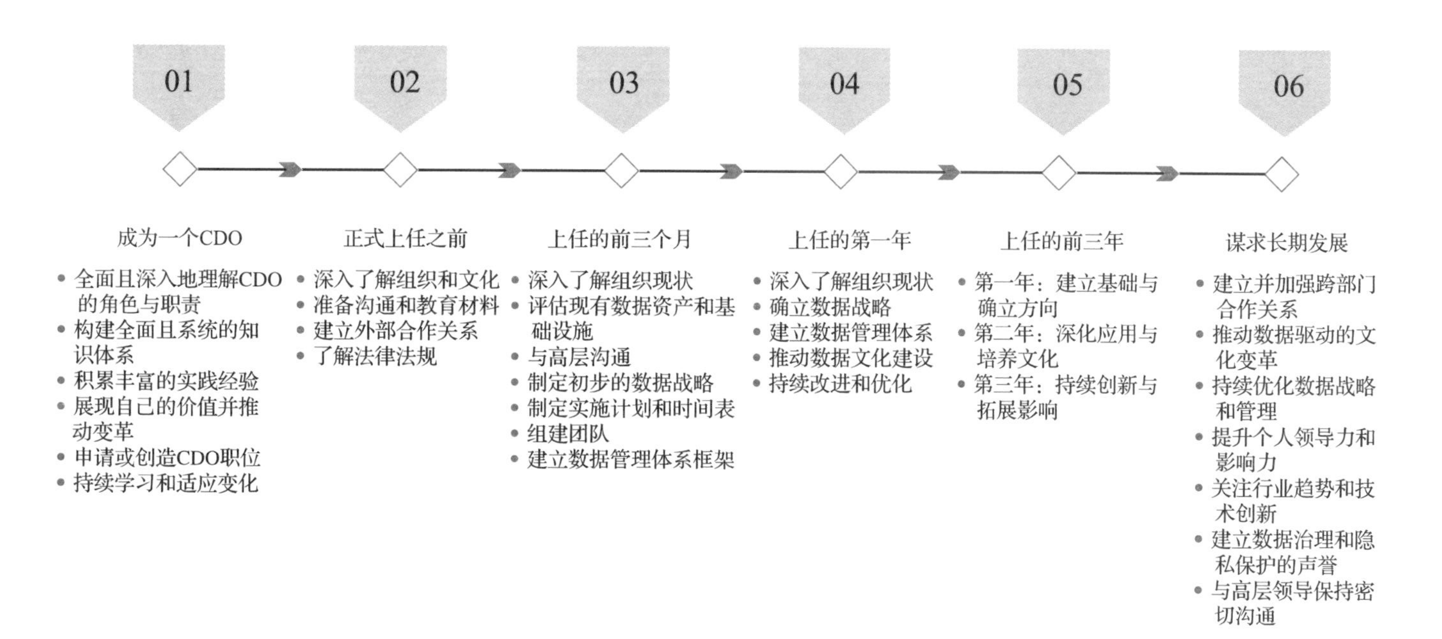

图 6-9　通用的 CDO 行动路线图（示例）

具体来说，CDO 需要负责以下几个方面的工作：首先，他们需要制定数据战略，确保数据的使用与组织的战略目标保持一致；其次，他们需要领导数据管理团队，确保数据的准确性、一致性和安全性；再次，CDO 还需要推动数据驱动的文化，让数据成为组织决策的重要依据；最后，他们还需要与业务部门紧密合作，将数据洞察转化为实际业务成果。

2. 构建全面且系统的知识体系

要胜任 CDO 这一职位，个人需要构建全面且系统的知识体系。这包括但不限于以下几个方面。

- 业务知识。CDO 需要深入了解所在行业的市场动态、竞争格局以及业务流程。只有对业务有深刻理解，才能将数据战略与业务需求相结合，为组织创造更大的价值。
- 领导力与沟通。CDO 需要具备出色的领导力和沟通能力，以便带领团队并与其他部门合作，共同推动数字化转型。他们需要能够有效地传达数据驱动的价值观，并激发团队成员的积极性和创造力。
- 数据科学与分析。CDO 需要掌握数据分析的基本方法和工具，如数据挖掘、机器学习等。他们需要具备强大的数据处理和分析能力，以便从海量数据中提取有价值的信息，为组织提供决策支持。

3. 积累丰富的实践经验

除了构建知识体系外，CDO 还需要通过实践来积累经验和提升技能。以下是一些建议。

- 参与项目。寻找与数据相关的项目机会，通过实际操作来积累经验和提升技能。这可以包括数据分析项目、数据挖掘项目以及数据驱动的产品开发项目等。
- 建立人脉。与同行和业界专家建立联系，了解最新的行业动态和技术趋势。这有助于 CDO 保持敏锐的洞察力，及时调整数据战略和治理方法。
- 持续学习。参加行业会议、研讨会和培训课程，不断更新自己的知识和技能。这有助于 CDO 跟上技术发展的步伐，提高自己在组织中的竞争力。

4. 展现自己的价值并推动变革

在积累了足够的知识和实践经验后，CDO 需要展现自己的价值并推动变革。以下是一些建议。

- 制定数据战略。CDO 需要结合组织的业务需求和市场环境，制定符合实际的数据战略。这需要 CDO 具备前瞻性的思维能力和对市场趋势的敏锐洞察力。
- 推动数据管理。CDO 需要建立数据管理框架，确保数据的准确性、一致性和安全性。这需要 CDO 具备强大的组织能力和协调能力，确保数据管理团队能够高效协作并达成目标。
- 推广数据文化。CDO 可以通过培训和宣传，增强员工的数据意识和数据应用能力。这需要 CDO 具备出色的沟通能力和影响力，能够激发员工对数据驱动的兴趣和热情。

5. 申请或创造 CDO 职位

当个人已经具备了必要的知识和技能，并且积累了足够的实践经验后，可以开始寻找 CDO 的职位机会。如果所在组织尚未设立 CDO 职位，可以向上级领导提出设立该职位的建议，并阐述其对组织数字化转型的重要性。这需要 CDO 具备强烈的使命感和责任感，愿意为组织的未来发展和成功贡献自己的力量。

6. 持续学习和适应变化

在担任 CDO 的过程中，需要不断学习和适应变化。随着技术的不断进步和市场的不断变化，数据战略和治理方法也需要不断更新和完善。因此，CDO 需要保持敏锐的洞察力和学习能力，以便及时应对各种挑战和机遇。他们需要关注最新的技术趋势和行业动态，及时调整数据战略和治理方法，确保组织能够保持竞争优势并实现可持续发展。

总之，成为一名 CDO 是一个长期且复杂的过程，需要个人具备坚定的信念、持续的学习和创新能力以及良好的沟通和协作能力。通过全面且深入地理解 CDO 的角色与职责、构建全面且系统的知识体系、积累丰富的实践经验、展现自己的价值并推动变革、申请或创造 CDO 职位以及持续学习和适应变化，个人可以逐步走向这个职位并成功胜任。

6.6.2 CDO 在正式上任之前应该做什么

CDO 在正式上任之前，为确保能够顺利融入组织，深入理解业务需求，并准备实施有效的数据战略，需要经历一系列详尽且关键的准备阶段，如图 6-10 所示。

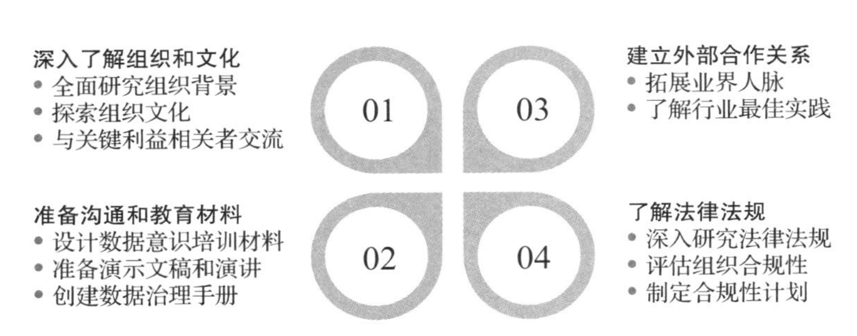

图 6-10 CDO 正式上任之前的工作

1. 深入了解组织和文化

- 全面研究组织背景：详细研究组织的历史、发展历程、业务模型、市场定位以及核心竞争力。了解组织在过去是如何应对市场变化的，以及它在行业中的地位和影响力。
- 探索组织文化：深入了解组织的文化和价值观，特别是与数据使用和治理相关的态度和行为。这包括了解组织对数据驱动决策的重视程度，以及员工对数据的认知和使用习惯。
- 与关键利益相关者交流：与不同部门的关键利益相关者进行面对面交流，了解他们对数据的期望、需求和挑战。这些利益相关者可能包括业务部门的领导、IT 部门的专家以及数据分析师等。

2. 准备沟通和教育材料

- 设计数据意识培训材料：针对不同受众（如新员工、中层管理者、高层领导等）开发一系列数据意识和数据管理培训材料。这些材料应简洁明了，易于理解，并能够通过实例和案例来展示数据的重要性和价值。
- 准备演示文稿和演讲：准备一系列针对不同场合的演示文稿和演讲，以解释数据战略的重要性、目标以及实施计划。这些演示文稿应能够清晰传达数据战略对组织的潜在价值和影响。

- 创建数据治理手册：编写一份数据治理手册，明确数据的质量标准、管理流程和责任分配。这份手册将成为组织内部数据治理的重要参考文档。

3. 建立外部合作关系

- 拓展业界人脉：与业界专家、数据供应商或咨询公司建立联系，参加行业会议和研讨会，拓展自己的专业人脉。这些人脉将为 CDO 提供宝贵的建议和资源，帮助 CDO 更好地了解行业趋势和最佳实践。
- 了解行业最佳实践：深入研究行业内的最佳实践和标准，了解其他组织在数据管理、数据分析和数据治理方面的成功经验和教训。这将有助于 CDO 在制定数据战略时避免走弯路，提高实施效率。

4. 了解法律法规

- 深入研究法律法规：详细研究与数据相关的法律法规，包括数据保护、隐私和信息安全等方面的规定。了解这些法律法规对组织数据战略和治理的影响和要求。
- 评估组织合规性：评估组织现有业务战略和数据战略是否符合法律法规的要求。如果发现任何不合规之处，应及时提出改进建议并推动整改。
- 制定合规性计划：制定一份详细的合规性计划，明确组织在数据保护、隐私和信息安全等方面的责任和措施。这将有助于确保组织在数据使用和管理过程中始终符合法律法规的要求。

在正式上任之前，CDO 还需要保持灵活和开放的心态，准备好面对可能的挑战和变化；同时，通过与团队和利益相关者的积极互动，建立起良好的合作关系和信任基础，为未来的工作奠定坚实的基础。

6.6.3　CDO 在上任的前三个月应该做什么

CDO 上任的前三个月，是他们迅速适应新环境、确立领导地位并引领数据战略和管理方向的关键时期。在这一阶段，他们需要全面而深入地了解组织现状，评估数据资产和基础设施，与高层沟通并制定初步的数据战略，如图 6-11 所示。

1 深入了解组织现状
- 了解组织
- 评估现有数据
- 分析强项和弱点

2 评估现有数据资产和基础设施
- 全面审查数据资产
- 评估数据情况
- 识别潜在的风险和改进点
- 评估现有数据工具、技术和平台

3 与高层沟通
- 了解战略目标和未来发展方向
- 阐述数据在实现组织战略目标中的关键作用
- 听取高层的意见和建议
- 获取高层的支持和认可

4 制定初步的数据战略
- 制定全面而具体的数据战略
- 明确数据战略的目标、原则、策略和关键成功因素
- 确保数据战略的可行性和有效性

5 制定实施计划和时间表
- 为数据战略的实施制定详细的计划和时间表
- 确定关键里程碑和交付成果
- 确保实施计划具有可操作性

6 组建团队
- 根据需要，组建或优化数据团队
- 招募或选拔具备相关技能和经验的人才
- 明确团队成员的职责和角色

7 建立数据管理体系框架
- 制定数据管理的政策和流程
- 建立数据质量监控机制
- 制定数据安全和隐私保护政策

图 6-11　CDO 上任前三个月的工作

1. 工作内容

（1）深入了解组织现状

- 首要任务是了解组织的业务模式、运营流程以及数据在其中的作用。
- 评估现有数据的质量、完整性、可用性和安全性，了解数据收集、存储、处理和分析的各个环节。
- 分析组织在数据管理和应用方面的强项和弱点，以便后续制定针对性的策略。

（2）评估现有数据资产和基础设施

- 对组织的数据资产进行全面审查，包括数据库、数据仓库、数据湖等存储形式。
- 评估数据类型、来源、质量和存储方式，了解数据的流转路径和使用情况。
- 分析现有的数据治理、数据安全和隐私保护措施，识别潜在的风险和改进点。
- 了解当前的数据分析工具、技术和平台，评估它们是否满足业务需求，以及是否需要升级或替换。

（3）与高层沟通

- 与高层管理人员进行深入交流，了解组织的战略目标和未来发展方向。
- 阐述数据在实现组织战略目标中的关键作用，以及数据战略对组织的重要性和价值。
- 听取高层的意见和建议，确保数据战略与组织战略相一致，并得到高层的支持和认可。

（4）制定初步的数据战略

- 基于对组织的深入了解，制定全面而具体的数据战略。
- 明确数据战略的目标、原则、策略和关键成功因素。
- 制定数据收集、处理、分析、应用和安全等方面的具体规划，确保数据战略的可行性和有效性。

（5）制定实施计划和时间表

- 为数据战略的实施制定详细的计划和时间表。

- 确定关键里程碑和交付成果，以便跟踪进度并评估成果。
- 确保实施计划具有可操作性，并考虑到各种可能的风险和挑战。

（6）组建团队

- 根据需要，组建或优化数据团队。
- 招募或选拔具备相关技能和经验的数据科学家、数据分析师、数据工程师等人才。
- 明确团队成员的职责和角色，建立团队工作机制，确保团队高效协作并共同推动数据战略的实施。

（7）建立数据管理体系框架

- 制定数据管理的政策和流程，确保数据的准确性、完整性和安全性。
- 建立数据质量监控机制，定期评估数据质量并采取相应的改进措施。
- 制定数据安全和隐私保护政策，确保数据的合规性和安全性。

2. 注意事项

（1）沟通与合作

- 作为首席数据官，需要与各部门保持密切的沟通和合作。
- 建立有效的沟通渠道和机制，确保信息畅通和共享。
- 倾听各部门的意见和建议，理解他们的需求和痛点，并寻求共同的解决方案。

（2）技术选型

- 在推进数据战略时，需要选择合适的技术和工具。
- 根据组织的实际情况和需求进行技术选型，避免盲目追求新技术而忽视实际效果。
- 评估技术的可行性、稳定性和可扩展性，确保技术能够满足业务需求并适应未来的发展。

（3）风险管理

- 数据工作涉及大量的敏感信息和核心资产，因此需要高度重视风险管理。
- 建立完善的风险防范机制，确保数据的安全和合规性。

- 定期进行风险评估和审计，及时发现并应对潜在的风险和挑战。

（4）持续学习

- 数据领域的技术和方法在不断更新和演进。
- 首席数据官需要保持持续学习的态度，关注最新的技术趋势和行业动态。
- 不断提升自己的专业能力和认知水平，以应对不断变化的挑战和机遇。

（5）建立信任与影响力

- 在上任初期，建立信任和影响力至关重要。
- 通过与各部门合作、分享成功案例和提供有价值的建议来展示自己的能力和价值。
- 积极参与组织内部的讨论和决策过程，树立自己在数据领域的权威和影响力。

（6）关注员工培训和文化建设

- 数据文化的培养需要时间和努力。
- 首席数据官需要关注员工的培训和发展，提高员工的数据意识和技能水平。
- 通过举办讲座、研讨会和内部培训等活动来传播数据文化，激发员工对数据驱动决策的兴趣和热情。

（7）关注业务成果和 ROI（投资回报率）

- 数据战略的实施需要关注业务成果和 ROI。
- 制定明确的业务指标和 KPI 来衡量数据战略的实施效果。
- 定期评估数据战略对业务增长的贡献度，并根据评估结果调整策略和优化实施计划。

6.6.4 CDO 在上任的第一年应该做什么

CDO 正式上任的第一年，对于其职业生涯和组织的数字化转型都具有里程碑式的意义。在这一年里，CDO 将深入了解组织现状，确立明确的数据战略，构建稳固的数据管理体系，并致力于推动组织内部的数据文化建设，具体工作如图 6-12 所示。

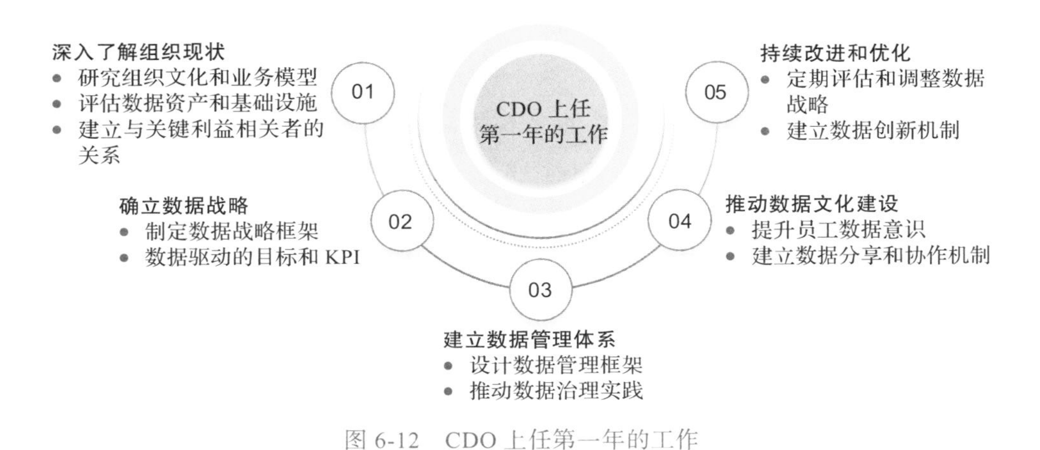

图 6-12　CDO 上任第一年的工作

1. 深入了解组织现状

（1）研究组织文化和业务模型

作为 CDO，首先需要深入了解组织的历史、文化、价值观和使命。这有助于理解组织对数据利用和管理的态度，以及数据在业务决策中的作用。同时，分析组织的业务模型、市场定位以及核心竞争力，明确数据在其中的核心价值和潜在作用。

（2）评估数据资产和基础设施

对组织的数据资产进行全面审计和评估，了解数据的类型、来源、质量和存储方式。这包括对现有数据管理系统、分析工具和技术平台的评估，识别其优缺点以及可能的改进空间。此外，还需关注数据的安全性和合规性，确保数据的合法、合规使用。

（3）建立与关键利益相关者的关系

与业务部门、IT 部门、数据科学家等关键利益相关者建立紧密的合作关系。通过定期会议、研讨会等方式，深入了解他们的数据需求、挑战和期望。这有助于确保数据战略与业务需求紧密结合，为组织的业务目标提供有力支持。

2. 确立数据战略

（1）制定数据战略框架

基于对组织现状的深入理解，制定一个明确、可操作的数据战略框架。该框架应涵盖数据收集、存储、处理、分析和应用等各个环节，确保数据在整个组织中的有效流动和利用。同时，数据战略应与组织的业务目标紧密结合，为业务决策和战略制定提供有力支持。

（2）数据驱动的目标和 KPI

将数据战略与组织的业务目标相结合，设定具体、可衡量的数据驱动目标。这些目标应具有挑战性但可实现，能够激发团队成员的积极性和创造力。同时，确定关键绩效指标（KPI），用于评估数据战略的实施效果和业务价值的提升情况。通过定期监控和评估 KPI，及时调整策略和优化实施计划。

3. 建立数据管理体系

（1）设计数据管理框架

制定数据管理政策，明确数据的所有权、使用权和管理责任。这有助于确保数据的准确性和一致性，防止数据泄露和滥用。同时，建立数据质量标准，确保数据的准确性和可靠性。通过定期的数据质量评估和改进措施，不断提升数据质量水平。

（2）推动数据治理实践

组织数据治理培训和宣传活动，提高员工对数据治理的认识和遵守程度。建立数据质量监控机制，定期评估数据质量并进行改进。此外，还需关注数据安全和隐私保护，确保数据在使用过程中符合相关法规和规定。

4. 推动数据文化建设

（1）提升员工数据意识

通过内部培训、研讨会等方式，提升员工对数据的认识和理解。鼓励员工在日常工作中积极使用数据，培养数据驱动的思维模式。这有助于打破传统的工作方式和思维习惯，提升组织的整体数据素养。

（2）建立数据分享和协作机制

打破部门壁垒，促进不同部门之间的数据共享和协作。建立数据驱动的决策机制，确保决策基于可靠的数据分析和洞察。通过数据分享和协作，可以充分挖掘数据的价值，为组织的业务发展提供新的动力。

5. 持续改进和优化

（1）定期评估和调整数据战略

根据业务发展和市场变化，定期评估数据战略的有效性和适用性。根据评估结果调整数据战略，确保其始终与组织的业务目标保持一致。这有助于保持数据战略的灵活性和适应性，为组织的长期发展提供有力支持。

（2）建立数据创新机制

鼓励员工提出创新性的数据应用建议，为组织的业务发展提供新的动力。与外部合作伙伴开展合作，共同探索数据驱动的新业务模式和机会。通过数据创新，可以不断拓宽组织的业务范围和市场份额，提升组织的竞争力和影响力。

通过以上工作，CDO 可以在上任的第一年内为组织的数据管理和应用奠定坚实的基础，为组织的数字化转型和业务发展提供有力的支持。同时，CDO 还需要保持敏锐的洞察力和学习能力，不断适应变化的市场和技术环境，为组织的长期发展做出贡献。

6.6.5 CDO 在上任的前三年应该做什么

CDO 正式上任的前三年，对于推动组织数据管理和应用实现显著进步具有决定性意义。图 6-13 是 CDO 在这三年中应该重点关注和推进的工作。

第一年：建立基础与确立方向

（1）深入了解组织现状
- 数据资产审计
- 系统与技术评估
- 员工数据素养调研

（2）制定数据战略
- 明确目标
- 业务对齐
- 制定路线图

（3）建立数据管理体系
- 制定政策与标准
- 建立数据治理组织
- 质量监控与改进

（4）推动跨部门协作
- 建立数据共享机制
- 促进沟通与合作

第二年：深化应用与培养文化

（1）推进数据驱动决策
- 案例分享
- 数据分析团队建设
- 培训与支持

（2）优化数据分析与应用
- 技术升级
- 流程优化
- 应用拓展

（3）培养数据人才
- 培训计划
- 内部实践
- 激励机制

（4）加强数据安全管理
- 安全策略
- 加密与备份
- 审计与监控

第三年：持续创新与拓展影响

（1）探索数据创新应用
- 新技术应用
- 可视化与交互

（2）拓展数据合作伙伴关系
- 外部合作
- 数据共享与交换

（3）提升数据战略影响力
- 内部影响力深化
- 外部影响力拓展

（4）持续改进数据战略与治理
- 战略评估与调整
- 治理体系优化
- 持续学习与创新

图 6-13 CDO 上任前三年的工作

1. 第一年：建立基础与确立方向

（1）深入了解组织现状

在上任之初，CDO 的首要任务是全面评估组织的数据现状。这包括详细审计数据资产，了解其类型、来源、质量以及存储方式；评估现有数据管理系统、分析工具和技术平台的性能和潜力；同时，还需要了解员工的数据素养水平和数据使用习惯。

- 数据资产审计：列出所有关键数据资产，包括数据库、数据仓库、数据湖、大数据平台等；评估数据的质量（完整性、准确性、一致性、时效性）；识别数据孤岛和冗余数据；分析数据的敏感性和合规性需求。
- 系统与技术评估：评估现有数据管理系统的性能、可扩展性和维护成本；调研市场上新兴的数据管理、分析和可视化工具；识别技术瓶颈和潜在的技术升级需求。
- 员工数据素养调研：通过问卷调查、访谈等方式了解员工对数据的认知、使用习惯及培训需求；识别数据驱动文化的障碍和机遇。

（2）制定数据战略

基于对组织现状的深入理解，CDO 需要制定一套清晰、全面的数据战略。这包括长期和短期的目标，以及数据在业务决策、产品创新、客户服务等方面的具体作用和价值。数据战略需要紧密结合组织的业务需求和市场趋势，确保数据能够真正为业务提供有力支持。

- 明确目标：设定短期目标（如提升数据质量、建立数据共享机制）和长期目标（如实现全面数据驱动决策、创新业务模式）；量化目标，如提高数据准确性至 99% 以上，减少数据查询时间 50% 等。
- 业务对接：与各部门领导沟通，了解业务需求和数据需求；将数据战略与业务战略紧密结合，确保数据服务于业务目标。
- 制定路线图：设计详细的实施步骤、时间表和责任人；设定里程碑和评估标准，以监控进度和效果。

（3）建立数据管理体系

为确保数据的合规性、安全性、准确性和一致性，CDO 需要设计并推行一套完善的数据管理框架。这包括制定数据管理政策、建立数据质量标准、明确数据的所有权和使用权等。同时，CDO 还需要建立数据质量监控机制，确保数据的准确性和可靠性。

- 制定政策与标准：编写数据管理政策、数据分类标准、数据质量标准等文件；明确数据的所有权、使用权、访问权限和保密要求。
- 建立数据治理组织：成立数据治理委员会或工作小组，负责数据战略的制定、执行和监督；分配数据治理责任到各部门和个人。
- 质量监控与改进：实施数据质量监控机制，定期检查和报告数据质量问题；建立数据质量改进流程，确保问题得到及时解决。

（4）推动跨部门协作

数据的价值在于其能够跨部门流动和应用。因此，CDO 需要积极推动不同部门之间的数据共享和协作。通过建立数据共享机制、制定数据交换规范等方式，打破部门壁垒，促进数据的跨部门流动和应用。

- 建立数据共享机制：制定数据共享协议和流程，明确数据提供方和接收方的责任；建立数据共享平台或目录，方便不同部门之间查找和请求数据。
- 促进沟通与合作：组织跨部门数据研讨会和工作坊，加强对数据价值的认识和理解；鼓励数据驱动的跨部门项目合作，共同解决业务问题。

2. 第二年：深化应用与培养文化

（1）推进数据驱动决策

在第二年，CDO 需要通过实际案例和成果展示，推动组织内部形成数据驱动的决策文化。这包括鼓励业务部门使用数据来制定策略、评估效果、优化流程等。同时，CDO 还需要建立数据分析团队，为业务部门提供数据支持和分析服务。

- 案例分享：收集并分享成功的数据驱动决策案例，展示数据价值；鼓励业务部门提出数据驱动的需求和想法。
- 数据分析团队建设：组建专业的数据分析团队，负责提供数据洞察和决策支持；建立数据分析流程和规范，确保分析结果的准确性和可靠性。
- 培训与支持：为业务部门提供数据分析工具和技术的培训和支持；建立数据分析咨询服务，解答业务部门的疑问和需求。

（2）优化数据分析与应用

随着数据量的不断增长和数据分析技术的不断进步，CDO 需要关注如何提升数据分析的准确性和效率。这包括建立数据分析模型、优化数据分析流程、引入先进的数据分析工具和技术等。通过不断提升数据分析的能力，为业务提供更有价值的信息。

- 技术升级：引入先进的数据分析工具和技术，如机器学习、深度学习等；优化现有数据分析模型的性能和提高准确性。
- 流程优化：简化数据分析流程，提高分析效率；建立数据分析结果的验证和反馈机制。
- 应用拓展：探索数据分析在新产品开发、客户体验优化、市场营销等方面的应用；推动数据分析成果在实际业务中的落地和应用。

（3）培养数据人才

为了支撑数据驱动的组织文化，CDO 需要关注数据人才的培养。通过设立数据培训计划、组织内部培训、邀请外部专家授课等方式，提升员工的数据素养和分析能力。同时，CDO 还需要建立数据人才激励机制，吸引和留住优秀的数据人才。

- 培训计划：设计多层次、多形式的数据培训计划，满足不同员工的需求；邀请外部专家和行业领袖进行授课和分享。
- 内部实践：鼓励员工参与数据项目和数据竞赛，提升实战能力；建立数据学习小组或社群，促进员工之间的交流和学习。
- 激励机制：设立数据相关的奖励和晋升机会，激发员工的学习和工作热情；认可并表彰在数据领域做出突出贡献的员工。

（4）加强数据安全管理

随着数据量的不断增长和数据应用场景的不断拓展，数据安全问题日益凸显。CDO 需要关注数据的安全性和隐私保护问题，完善数据安全策略和措施。这包括建立数据安全管理制度、加强数据加密和备份、定期进行数据安全审计等。

- 安全策略：制定全面的数据安全管理制度；设立数据安全委员会或小组负责监督执行。
- 加密与备份：加强数据加密和备份措施；定期测试数据恢复流程。

- 审计与监控：定期进行数据安全审计和风险评估；设立数据安全监控系统和应急响应机制。

3. 第三年：持续创新与拓展影响

（1）探索数据创新应用

在第三年，CDO 需要鼓励团队探索新的数据应用场景和模式。这包括利用大数据、人工智能等先进技术进行数据挖掘和预测分析；通过数据可视化技术将复杂的数据转化为易于理解的图形和报表等。通过不断探索新的数据应用场景和模式，为业务创造更多价值。

- 新技术应用：深入研究和应用大数据、AI 等前沿技术；探索数据在预测分析、个性化推荐等方面的应用。
- 可视化与交互：开发数据可视化工具和平台，提升数据可理解性；引入交互式数据分析界面，提升用户体验。

（2）拓展数据合作伙伴关系

为了获取更多高质量的数据资源和提升数据处理能力，CDO 需要积极与外部数据供应商、研究机构等建立合作关系。通过共享数据资源、共同开发数据分析工具和技术等方式，实现互利共赢。

- 外部合作：寻求与数据供应商、研究机构等的合作机会，共同开发数据分析工具和寻找技术解决方案。
- 数据共享与交换：建立数据共享和交换的协议和标准；参与或建立行业数据联盟或社群。

（3）提升数据战略影响力

随着数据在业务中的价值日益凸显，CDO 需要积极提升数据战略在组织内部和外部的影响力。通过发布数据报告、参与行业会议、举办数据主题活动等方式，展示组织在数据领域的成果和实力。同时，CDO 还需要与其他部门领导和高层领导保持紧密沟通和合作，共同推动组织的数据战略发展。

1）内部影响力深化。内部影响力深化主要包括以下几方面。

- 高层汇报与沟通：定期向 CEO、董事会等高层汇报数据战略的执行进展和成果；邀请高层参与数据相关的战略决策会议，确保数据战略与组织整体战略紧密结合。

- 跨部门数据倡议：发起跨部门数据倡议项目，如"数据驱动的业务转型""数据文化月"等，以实际项目推动数据文化的深入；设立数据大使或倡导者角色，从各部门选拔，负责在各自领域内推广数据战略和文化。
- 数据成果展示：定期发布数据洞察报告，展示数据在提升业务效率、优化客户体验、创新产品等方面的实际贡献；利用内部通信、会议、培训等渠道，分享数据应用的成功案例和最佳实践。

2）外部影响力拓展。外部影响力拓展主要包括以下几方面。

- 行业参与发声：积极参与行业会议、研讨会和论坛，分享组织在数据管理和应用方面的经验和见解；发表行业白皮书、研究报告或技术论文，提升组织在数据领域的专业形象和影响力。
- 合作伙伴与媒体关系：与行业内的知名企业、研究机构、咨询公司等建立合作伙伴关系，共同推动数据行业的发展；与主流媒体和垂直媒体建立良好关系，及时传播组织在数据领域的最新动态和成果。
- 社会责任与品牌塑造：利用数据技术为社会公益事业提供支持，如数据驱动的扶贫项目、环境监测等，提升组织的社会责任感和品牌形象。

（4）持续改进数据战略与治理

随着业务发展和技术进步的不断变化，CDO 需要不断调整和优化数据战略和管理体系。通过定期评估数据战略的有效性、收集员工和客户的反馈意见、关注行业动态和技术发展等方式，确保数据战略始终与组织的战略目标保持一致。同时，CDO 还需要不断完善数据管理结构和流程，提升数据治理的效率和效果。

1）战略评估与调整。战略评估与调整包括以下两方面。

- 定期评估：设立数据战略评估机制，每年至少进行一次全面评估；评估内容包括战略目标的实现情况、数据管理的效率与效果、数据应用的价值等。
- 灵活调整：根据评估结果，及时调整数据战略的目标、策略和行动计划；对外部环境变化（如行业趋势、技术革新）和内部需求变化（如业务调整、组织变革）保持敏感，快速响应并调整数据战略。

2）治理体系优化。治理体系优化包括以下几方面。

- 政策与流程完善：根据业务发展需求和技术进步情况，持续优化数据管理政策、流程和标准；确保数据治理体系与组织的整体管理体系相协调、相匹配。
- 技术与工具升级：跟踪数据管理和分析技术的最新发展动态，评估并引入新技术和工具；对现有技术平台进行升级和优化，提高数据处理和分析的效率和准确性。
- 风险管理与合规性：加强数据风险管理和合规性建设，确保数据在收集、存储、处理和应用过程中符合法律法规要求；定期进行数据安全和隐私保护的风险评估和审计，及时发现并纠正潜在问题。

3）持续学习与创新

- 团队建设与培训：鼓励数据团队成员持续学习新知识、新技能和新方法，保持团队的活力和创新能力；定期组织内部培训和外部交流活动，提升团队成员的专业素养和综合能力。
- 创新激励机制：设立创新奖励机制，鼓励团队成员提出新的数据应用方案和创新思路；对在数据领域取得突出成果和贡献的团队成员给予表彰和奖励。
- 知识共享与传承：建立知识共享平台或社区，促进团队成员之间的知识交流和经验分享；重视数据领域的知识积累和传承工作，确保组织在数据管理和应用方面的持续进步和发展。

在这三年中，CDO 需要持续学习、不断创新，与团队成员和合作伙伴保持紧密的沟通和合作。通过共同努力，为组织的数据管理和应用奠定坚实的基础，为组织的数字化转型和业务发展提供有力的支持。同时，CDO 自身也将在这个过程中不断成长和进步，成为组织内部不可或缺的关键角色。

6.6.6 CDO 如何谋求长期发展

CDO 在组织内谋求长期发展，需要采取一系列深入且细致的策略和行动，以确保其角色和价值在组织中持续获得认可和提升。

1. 建立并加强跨部门合作关系

CDO 的首要任务是打破部门之间的壁垒，建立并维护跨部门的紧密合作关系。这要求 CDO 不仅要有深厚的数据专业知识，还需要具备出色的沟通和协调能力。通过主动寻求与其他关键业务和技术部门的合作机会，CDO 可以深入了解各部门的业务需求和数据使用场景，进而确保数据战略能够紧密贴合组织的整体战略。同时，CDO 还可以通过参与跨部门项目、定期沟通和分享最佳实践，增强与其他部门的互信和合作意愿，共同推动数据在业务决策和增长中的广泛应用。

2. 推动数据驱动的文化变革

数据驱动的文化变革是 CDO 在组织内实现长期发展的关键。为了推动这一变革，CDO 需要从多个方面入手。首先，CDO 需要积极倡导数据驱动的理念，向员工传递数据在业务决策中的重要性。其次，CDO 可以组织各种培训活动，提升员工的数据素养和分析能力，使他们能够更好地理解和使用数据。此外，CDO 还可以通过设立数据驱动的奖励机制，激励员工主动运用数据进行决策和创新。通过这些努力，CDO 可以逐渐改变组织的决策方式，使数据成为组织的核心竞争力。

3. 持续优化数据战略和管理

数据战略和管理是 CDO 工作的核心。为了确保数据战略能够始终与组织目标保持一致，CDO 需要持续优化数据战略和管理体系。这包括定期评估数据的质量、安全性和可用性，以及根据业务需求调整数据管理政策和流程。同时，CDO 还需要关注数据治理的完善，确保数据的合规性和一致性。通过持续优化数据战略和管理，CDO 可以确保组织的数据资源得到充分利用，为业务增长提供有力支持。

4. 提升个人领导力和影响力

CDO 需要具备强大的领导力和影响力，以推动组织的数据管理工作。为了提升个人领导力和影响力，CDO 可以从以下几个方面入手。首先，CDO 需要清晰传达数据战略的价值和意义，让员工和高层领导充分认识到数据在业务决策中的重要性。其次，CDO 需要有效协调各方资源，确保数据管理工作的顺利进行。此外，CDO 还需要具备解决复杂问题的能力，能够在遇到挑战时迅速做出决策并带领团队克服困难。通过提升个人的沟通技巧、决策能力和团队建设能力，CDO 可以在组织中树立权威和信任，为数据管理工作的顺利开展提供有力保障。

5. 关注行业趋势和技术创新

数据领域的技术发展趋势日新月异，CDO 需要密切关注这些变化以便及时调整组织的数据战略。为了保持对行业趋势和技术创新的敏锐度，CDO 可以参加各种行业会议、研讨会和论坛等活动，与同行交流学习。此外，CDO 还可以关注各种专业媒体和研究机构的报告和文章，了解最新的技术动态和市场趋势。通过关注行业趋势和技术创新，CDO 可以为组织的数据管理工作提供有力支持，帮助组织抓住市场机遇并实现持续增长。

6. 建立数据治理和隐私保护的声誉

在数据安全和隐私保护日益受到关注的今天，CDO 需要确保组织的数据管理活动符合相关法律法规和标准。为了建立数据治理和隐私保护的声誉，CDO 需要建立健全的数据治理机制和隐私保护政策。这包括制定明确的数据收集、存储、处理和共享规范以及建立数据安全监测和应急响应机制等。同时，CDO 还需要加强员工的数据安全意识培训，确保他们严格遵守相关政策和规定。通过建立健全的数据治理机制和隐私保护政策以及加强员工培训，CDO 可以赢得员工和客户的信任，为组织树立良好的声誉。

7. 与高层领导保持密切沟通

与高层领导的沟通是 CDO 工作的重要一环。为了获得高层领导的支持和认可，CDO 需要定期向高层领导汇报数据战略的执行情况、业务价值和潜在风险。在与高层领导的沟通中，CDO 需要清晰阐述数据在业务决策中的重要作用以及数据管理工作对组织发展的贡献。同时，CDO 还需要倾听高层领导的意见和建议，及时调整工作方向和策略，确保数据战略与组织目标保持一致。通过与高层领导的沟通，CDO 可以获得更多的支持，推动数据管理工作在组织中得到更高的重视和认可。